高等学校规划教材

数控机床操作与维修基础

主　编　宋晓梅
副主编　王庆顺

北　京

冶金工业出版社

2010

内 容 提 要

　　本书为高等学校规划教材。全书共分 6 章,主要内容包括:数控机床概述、数控机床的安装调试与验收、数控机床的操作、数控机床的维护与维修管理、数控机床机械部件的故障诊断与维修、机床数控系统的故障诊断与维修等。本书所涉及的数控机床都是常用的 FANUC 数控系统及通用型号,书中故障诊断部分多出自现场实例,通过理论与实践相结合,其内容更具实用性。

　　本书可作为大中专院校的教学用书,也可供广大企业技术人员阅读参考。

图书在版编目(CIP)数据

数控机床操作与维修基础/宋晓梅主编. —北京:冶金
工业出版社,2010.8
高等学校规划教材
ISBN 978-7-5024-5314-5

Ⅰ.①数…　Ⅱ.①宋…　Ⅲ.①数控机床—操作—高等
学校—教材　②数控机库—维修—高等学校—教材
Ⅳ.①TG659

中国版本图书馆 CIP 数据核字(2010)第 149112 号

出 版 人　曹胜利
地　　址　北京北河沿大街嵩祝院北巷 39 号,邮编 100009
电　　话　(010)64027926　电子信箱　yjcbs@cnmip.com.cn
责任编辑　廖　丹　程志宏　美术编辑　李　新　版式设计　葛新霞
责任校对　刘　倩　责任印制　张祺鑫
ISBN 978-7-5024-5314-5
北京兴华印刷厂印刷;冶金工业出版社发行;各地新华书店经销
2010 年 8 月第 1 版,2010 年 8 月第 1 次印刷
787 mm×1092 mm　1/16;13.25 印张;352 千字;203 页
29.00 元

冶金工业出版社发行部　电话:(010)64044283　传真:(010)64027893
冶金书店　地址:北京东四西大街 46 号(100010)　电话:(010)65289081(兼传真)
(本书如有印装质量问题,本社发行部负责退换)

前　言

    数控机床是机械制造业中的重要设备,它融合了机械制造技术、计算机技术、微电子技术、现代控制技术、网络信息技术以及机电一体化技术等多学科的高新技术,在提高生产率、降低成本、保证加工质量以及改善劳动条件等方面均有很大的优越性。目前我国装备制造业的发展日新月异,数控机床加工设备大量普及,因此急需培养一大批能熟练掌握数控机床操作、编程及维修等技能的应用型技术人才。

    本书在编写过程中,从数控机床概述、数控机床的安装调试与验收、数控机床的操作、数控机床的维护与维修管理、数控机床机械部件的故障诊断与维修、机床数控系统(含数控系统软硬件、伺服系统、检测元器件及可编程控制器四部分)的故障诊断与维修等几部分着手,所举示例均为 FANUC 数控系统,以使读者对此系统有较完整的了解和掌握。此外,本书注重培养学生的实际动手能力,用较大篇幅介绍了数控机床典型结构及各组成部分故障诊断与维修的应用实例,讲练结合,内容浅显、易懂、实用,具有很强的针对性和可操作性。

    全书共分 6 章,总课时为 32～60 学时,各院校可根据自身课程设置的实际情况决定内容的取舍。

    本书由宋晓梅担任主编,王庆顺担任副主编。第 3、4、5 章及附录部分由宋晓梅编写,第 1、2、6 章由王庆顺编写。

    本书在编写过程中,得到了张磊教授、吴杰副教授、姚志敏工程师及宋颖老师等的指导和帮助,在此表示诚挚的谢意。

    书中吸取和参考了许多专家和学者的研究成果以及一些工厂企业现场的资料和文献,有些文献虽未直接引用,但为方便读者寻源,亦将其列入了参考文献,谨向文献作者致谢意。

    限于编者水平和经验,书中难免有不妥之处,敬请广大读者批评指正。

编　者

2010 年 5 月

目　　录

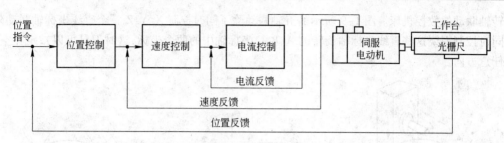

图 1-11　进给伺服全闭环控制系统框图

1.2.4.3　半闭环控制数控机床

半闭环控制方式对工作台的实际位置不进行检测,而是通过与伺服电机相关联的测量元件(如测速发电机和光电编码盘等)间接测出伺服电机的转角,推算出运动部件的实际位移量,用此值与指令值进行比较,用差值实现控制。由于运动部件没有完全包括在控制回路内,因此该控制系统称为半闭环控制系统。因为这种系统未将丝杠螺母副、齿轮传动副等传动机构包含在闭环反馈系统中,所以半闭环系统不能补偿由丝杠等传动装置带来的误差。半闭环系统的控制精度没有全闭环系统高,调试却相对方便,因此在标准型数控机床上得到了广泛应用。进给伺服半闭环控制系统框图如图 1-12 所示。

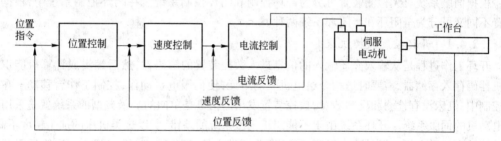

图 1-12　进给伺服半闭环控制系统框图

1.3　数控机床的发展趋势

目前,世界各工业发达国家都把机械加工设备的数控化率作为衡量一个国家工业化水平的重要标志,因此,竞相发展数控技术。许多国家通过制定特殊的产业政策,从产业组织结构、设备折旧制度、技术攻关和人才培训等方面引导数控技术的发展。

1.3.1　数控系统的新发展

数控系统是数控机床的核心装置,是区别于传统机床的标志。数控系统采用位数和频率更高的微处理器,如用 64 位的 CPU,以提高系统的基本运算速度。为适应现代制造业的发展要求,人们提出了新一代数控系统——开放式 CNC 系统。开放式 CNC 系统就是要求能够在普及型个人计算机的操作系统上轻松地使用系统所配置的软件模块和硬件运行控制插件卡,机床制造商和用户能够方便地进行软件开发,能够追加功能和实现功能的个性化。从使用角度看,新型的数控系统应能运用各种计算机软硬件平台,并提供统一风格的用户交互环境,以便于用户的操作、维护和更新换代。数控系统的新发展主要体现在以下几个方面。

A　开发更具通用性、适应性和可扩展性的 SOFT 型开放式数控系统

开放式数控系统就是开发的数控系统基于统一的运行平台,面向机床厂家和最终用户。通

回转轴联动的数控机床。图 1-9 所示的五轴联动除了同时控制 X、Y、Z 三个直线坐标轴联动外，还同时控制围绕这些直线坐标轴旋转的 A、B、C 坐标轴中的两个坐标，这时刀具可以被定在空间的任意方向。

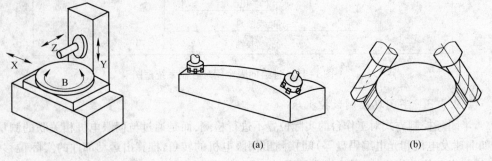

图 1-8　四坐标联动的数控机床

图 1-9　五坐标联动的数控加工
（a）五坐标端铣；（b）五坐标侧铣

1.2.4　按伺服系统有无检测装置分类

根据伺服系统有无检测装置可分为开环控制和闭环控制系统。在闭环控制系统中，根据其位置不同又可分为全闭环和半闭环系统两种。

1.2.4.1　开环控制数控机床

开环工作过程是从输入介质输入的信息进入数控装置的解码器，然后编辑成计算机能识别的机器码存入存储器，需要时送指令给电机驱动单元，使伺服电机动作，控制工作台移动。在开环控制中，机床没有检测和反馈装置，数控装置发出的信号是单向的。最典型的系统就是采用步进电动机的伺服系统。开环系统由于不能纠正伺服系统的差错，所以这类机床的加工精度不高，多采用功率步进电机。但是这类机床反应迅速、调试方便、性能稳定、维修简单。进给伺服开环控制系统框图如图 1-10 所示。

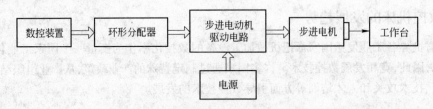

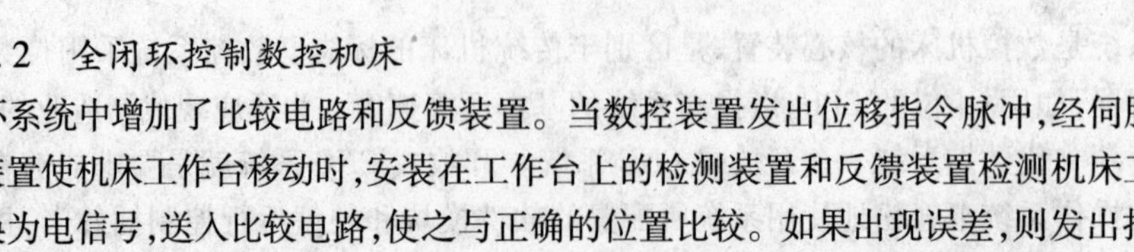

图 1-10　进给伺服开环控制系统框图

1.2.4.2　全闭环控制数控机床

全闭环系统中增加了比较电路和反馈装置。当数控装置发出位移指令脉冲，经伺服电动机和机械传动装置使机床工作台移动时，安装在工作台上的检测装置和反馈装置检测机床工作台的位移量并转换为电信号，送入比较电路，使之与正确的位置比较。如果出现误差，则发出指令减少误差至零；如果误差较大，数控装置可暂停执行程序中的下一条指令，直到误差被纠正。这类伺服系统因为把机床工作台纳入了位置控制环，故称为全闭环控制系统。这种全闭环控制可以消除包括工作台传动链在内的伺服机构中出现的误差，从而提高机构精度。但由于这类系统受进给丝杠的拉压刚度、扭转刚度、摩擦阻尼特性和间隙等非线性因素的影响，给调试和维修带来很大困难，而且系统复杂、成本高，稳定性更是其主要问题。进给伺服全闭环控制系统框图如图 1-11 所示。

辅助装置严格地按照加工程序规定的顺序、轨迹和参数有条不紊地工作,从而加工出符合要求的零件。

(1) 程序编制。程序编制是将零件的加工工艺、工艺参数、刀具位移量以及位移方向和有关辅助操作,按指令代码和程序格式编制成加工程序单,然后将加工程序单以代码形式记录在信息载体上。程序编制可以是手工编制,也可以是自动编制。对于自动编程,目前已较多地采用计算机 CAD/CAM 图形交互式自动编程。通过计算机有关处理后自动生成的数控程序,可通过接口直接输入数控系统内。

(2) 数控代码与译码。数控代码是用来表示数控系统中的符号、字母和数字的专用代码,并组成数控指令。对数控代码进行识别,并翻译成数控系统能用于运算控制的信号形式称为译码。在计算机数控中,译码之前,先将零件程序存放在缓冲器里。译码时,译码程序依次将一个个字符和相应的数码与缓冲器中零件程序进行比较。若两者相等,说明输入了该字符。译码程序是串行工作的,它有较高的译码速度。

(3) 刀具轨迹计算。刀具轨迹计算是根据输入译码后的数据段参数,进行刀具补偿计算、绝对值与相对值的换算等,把零件程序提供的工件轮廓信息转换为系统认定的轨迹。

(4) 插补运算。插补运算是根据刀具中心点沿各坐标轴移动的指令信息,以适当的函数关系进行各坐标轴脉冲分配的计算。只有通过插补运算,使两个或两个以上坐标轴协调地工作,才能合成所需要的目标位置的几何轨迹,或加工出需要的零件形状。

1.1.3 数控机床的基本组成

为了了解数控机床的基本组成,首先分析数控机床的加工过程。在数控机床上,为了进行零件加工,可通过如下步骤进行:

(1) 根据零件加工图样进行工艺分析,确定加工方案、工艺参数和位移数据。

(2) 用规定的程序代码和格式编写零件加工程序;或用自动编程软件进行 CAD/CAM 工作,直接生成零件的加工程序。

(3) 程序的输入或传输。由手工编写的程序,可以通过数控机床的操作面板输入;由编程软件生成的程序,则通过计算机的串行通信接口直接传输到数控机床的数控单元。

(4) 将输入或传输到数控单元的加工程序,进行试运行、刀具路径模拟等。

(5) 通过对机床的正确操作运行程序,完成零件加工过程。

由此可知,数控机床的基本组成应包括输入/输出装置、数控装置、伺服驱动装置、位置检测及反馈装置、辅助控制装置及机床本体等。其组成框图见图1-5。

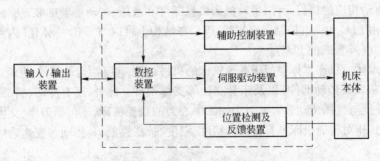

图1-5 数控机床的组成框图

数控机床最基本组成部分的作用如下:

(1) 输入/输出装置。输入装置的作用是将数控加工或运动控制程序、加工与控制数据、机

床参数、刀补值、间补值以及坐标轴位置、检测开关的状态等数据输入到机床数控装置。数控机床的输入设备主要有键盘、光电阅读机、磁盘及磁带接口、通信接口等。输出设备主要是将工件加工过程和机床运行状态等打印或显示输出,以便于工作人员操作。一般的数控机床输出设备主要有 CRT 显示器、LED 显示器、LCD 显示器以及各种信号指示灯、报警蜂鸣器等。RS-232 接口是一种标准的串行输入、输出接口,可实现工件加工程序的打印、数控机床之间或机床与计算机之间的数据通信等。

(2) 数控装置,即 CNC 系统。数控装置是所有数控设备的核心,它的主要控制对象是坐标轴的位移(包括移动速度、方向、位置等)、角度、速度等机械量以及温度、压力、流量等物理量。其控制信息主要来自于数控加工或运动控制程序。数控装置主要由监视器、主控制系统、各类输入/输出接口等组成,主控制系统主要由 CPU 存储器、控制器等组成。数控装置的控制方式分为数据运算处理控制和时序逻辑控制两大类。其中主控制器内的插补模块就是根据所读入的零件程序,通过译码、编译等处理后,进行相应的刀具轨迹插补运算,并通过与各坐标伺服系统的位置、速度反馈信号的比较,控制机床各坐标轴的位移。而时序逻辑控制通常由可编程控制器 PLC 来完成,它协调机床加工过程中的各个动作要求,对各检测信号进行逻辑判别,从而控制机床各个部件有条不紊地按顺序工作。

(3) 伺服驱动装置。伺服驱动装置是数控系统和机床本体之间的电气联系环节,主要由伺服电动机、驱动控制系统等组成。伺服电动机是系统的执行元件,驱动控制系统则是伺服电动机的动力源。数控装置发出的指令信号与位置反馈信号比较后作为位移指令,再经过驱动控制系统的功率放大后,驱动电动机运转,最后通过机械传动装置拖动工作台或刀架运动。

(4) 位置检测及反馈装置。在数控机床中,检测装置的作用主要是对机床的转速及进给实际位置进行检测并反馈回数控装置,进行补偿处理。反馈装置是闭环(半闭环)数控机床的检测环节,其作用是将检测到的数控机床坐标轴的实际位置和移动速度反馈到数控装置或伺服驱动中,构成闭环调节系统。运动部分通过传感器,将角位移或直线位移转换成电信号输送给数控装置,与给定位置进行比较,并由数控装置通过计算,继续向伺服机构发出运动指令,对产生的误差进行补偿,使工作台精确地移动到要求的位置。检测装置的安装、检测信号反馈的位置,决定于数控装置的结构形式。伺服电动机内装式脉冲编码器、测速机以及直线光栅都是 NC 机床常用的检测器件。

(5) 辅助控制装置。辅助装置的主要作用是根据数控装置输出主轴的转速、转向和启停指令,刀具的选择和交换指令,冷却、润滑装置的启停指令,工件和机床部件的松开、夹紧指令,工作台转位等辅助指令所提供的信号,以及机床上检测开关的状态等信号,经过必要的编译和逻辑运算,以放大后驱动相应的执行元件,带动机床机械部件和液压、气动等辅助装置完成指令规定的动作。它通常由 PLC 和强电控制回路构成,PLC 在结构上可以与 CNC 一体化(内置式的 PLC),也可以相对独立(外置式的 PLC)。

(6) 机床本体。机床本体类似于普通机床的机械部件,包括主运动部件、进给运动执行部件(如工作台、拖板及其传动部件)以及床身立柱等支撑部件。此外,还有冷却、润滑、转位和夹紧等辅助装置、液压与气压传动装置。对于加工中心类的数控机床,还包括刀库、交换刀具的机械手等部件。但其相对普通机床具有更高的精度、刚度、抗振性能,其传动与变速系统更便于自动化控制。

随着数控技术的发展和机床性能水平的提高,用户对数控装置功能的要求也在不断提高。为了满足不同机床的多种控制要求,保证数控装置的完整性和统一性,并方便用户使用,常用较先进的数控装置一般都带有内部可编程控制器作为机床的辅助控制装置。此外,在金属切削机

床上,主轴驱动装置也可以成为数控装置的一个部分;在闭环数控机床上,测量、检测装置也是数控装置必不可少的。先进的数控装置采用计算机作为数控装置的人机界面和数据的管理、输入/输出设备,从而使数控装置的功能更强、性能更完善。

1.2 数控机床的分类

数控机床经过几十年的发展,其种类越来越多,结构和功能也各具特色。数千种数控机床如何分类,目前还无统一规定。我们从应用角度出发,可以分为以下类别。

1.2.1 按加工方式和工艺用途分类

与普通机床分类方法相似,按切削方式不同,可分为数控车床、数控铣床、数控钻床、数控镗床、数控磨床等。

有些数控机床具有两种以上切削功能,例如以车削为主兼顾铣、钻削的车削中心;具有铣、镗、钻削功能,带刀库和自动换刀装置的镗铣加工中心(简称加工中心)。

另外,还有数控线切割、数控电火花、数控激光加工、等离子弧切割、火焰切割、数控板材成型、数控冲床、数控剪床、数控液压机等各种功能和种类的数控加工机床。

1.2.2 按加工路线分类

数控机床按其刀具相对于工件运动的方式,可以分为点位控制、直线控制和轮廓控制。

1.2.2.1 点位控制

点位控制方式就是刀具与工件相对运动时,只控制从一点运动到另一点的准确性,而不考虑两点之间的运动路径和方向,见图1-6(a)。这种控制方式多应用于数控钻床、数控冲床、数控坐标镗床和数控点焊机等。

图1-6 数控机床分类
(a) 点位控制;(b) 直线控制;(c) 轮廓控制

1.2.2.2 直线控制

直线控制方式就是刀具与工件相对运动时,除控制从起点到终点的准确定位外,还要保证平行坐标轴的直线切削运动,见图1-6(b)。刀具在移动过程中进行切削,由于只做平行坐标轴的直线进给运动,因此不能加工复杂的工件轮廓。这种控制方式用于简易数控车床、数控铣床、数控磨床。

1.2.2.3 轮廓控制

轮廓控制也称连续控制,见图1-6(c)。它的特点是刀具与工件相对运动时,能对两个或两个以上坐标轴的运动同时进行严格的连续控制,不仅能控制每个坐标的行程位置,还能控制每个坐标的运动速度,这样形成所需的斜线、曲线、曲面,即所谓的"插补运算"。轮廓控制既要保证

尺寸的位置,还要保证形状的精度,可以加工平面曲线轮廓或空间曲面轮廓。采用这类控制方式的数控机床有数控车床、数控铣床、数控磨床、加工中心等。

1.2.3　按可控制联动的坐标轴分类

数控机床可控制联动的坐标轴,是指数控装置控制几个伺服电动机同时驱动机床移动部件运动的坐标轴。

1.2.3.1　两坐标联动

数控机床能同时控制两个坐标轴联动,即数控装置同时控制 X 和 Z 方向运动,可用于加工各种曲线轮廓的回转体类零件;或机床本身有 X、Y、Z 三个方向的运动,数控装置中只能同时控制两个坐标,实现两个坐标轴联动,但在加工中能实现坐标平面的变换,用于加工零件沟槽,见图1-7(a)。

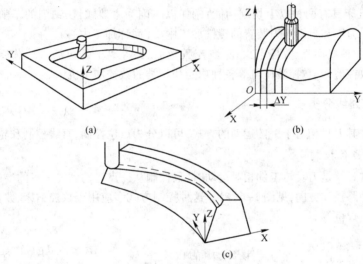

图1-7　不同联动轴数的铣削
(a) 两坐标联动;(b) 两轴半坐标联动;(c) 三坐标联动

1.2.3.2　两轴半坐标联动

数控机床本身有三个坐标,但只能做两个方向的运动,即控制装置只能同时控制两个坐标,而第三个坐标只能做等距周期移动,可加工空间曲面。数控装置在 XOZ 坐标平面内控制 X、Z 两坐标联动,可加工垂直面内的轮廓表面,控制 Y 坐标做定期等距移动,即可加工出零件的空间曲面,见图1-7(b)。

1.2.3.3　三坐标联动

数控机床能同时控制三个坐标轴联动,可用于加工曲面零件。三坐标联动一般分为两类,一类就是 X、Y、Z 三个直线坐标轴联动,比较多地用于数控铣床、加工中心等,如用球头铣刀铣切三维空间曲面,见图1-7(c)。另一类是除了同时控制 X、Y、Z 其中的两个直线坐标轴联动外,还同时控制围绕其中某一直线坐标轴旋转的旋转坐标轴,如车削加工中心,它除了纵向(Z 轴)、横向(X 轴)两个直线坐标轴联动外,还需同时控制围绕 Z 轴旋转的主轴(C 轴)联动。

1.2.3.4　多坐标联动

数控机床能同时控制四个以上坐标轴联动,主要用于加工形状复杂零件。该类机床结构复杂、精度要求高、程序编制复杂。图1-8 所示为同时控制 X、Y、Z 三个直线坐标轴与一个工作台

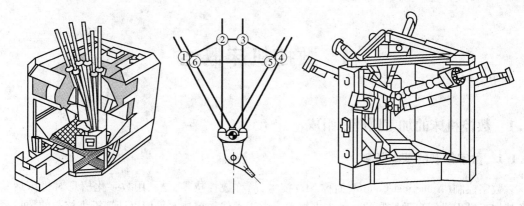

图 1-3　六杆加工中心示意图

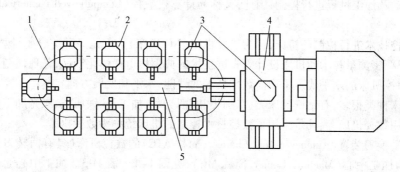

图 1-4　托盘交换式 FMC 示意图

1—环形交换工作台；2—托盘座；3—工件托盘；4—卧式镗铣加工中心；5—托盘交换装置

较完善的自动监测、监控功能而使其可以在一定时间内实现无人化加工，从而进一步提高了设备的加工效率。柔性加工单元既是柔性制造系统（Flexible Manufacturing System，简称 FMS）的基础，又可以作为独立的自动化加工设备使用，因此其发展速度较快。

在柔性加工单元和加工中心的基础上，通过增加物流系统、工业机器人以及其他相关设备，并由中央控制系统进行集中统一控制和管理的制造系统称为柔性制造系统（FMS）。柔性制造系统不仅可以实现较长时间的无人化加工，而且可以实现多品种零件的加工和部件装配，实现车间制造过程的自动化。为了适应市场需求多变的形势，对现代制造业来说，不仅需要发展车间制造过程的自动化，而且要实现从市场预测、生产决策、产品设计、产品制造直到产品销售的全面自动化。将这些要求构成的完整的生产制造系统，称为计算机集成制造系统（Computer Integrated Manufacturing System，简称 CIMS）。计算机集成制造系统将一个周期更长的生产、经营活动进行了有机的集成，实现了高效益、高柔性的智能化生产，是当今自动化制造技术发展的最高阶段。在计算机集成制造系统中，不仅是生产设备的集成，更主要的是以信息为特征的技术集成和功能集成。计算机是集成的工具，以计算机为核心的自动化单元技术是集成的基础，信息和数据的交换及共享是集成的桥梁，最终形成的产品可以看成是信息和数据的物质体现。

1.1.2　数控机床的加工原理

用数控机床加工零件时，首先应编制零件的加工程序作为数控机床的操作指令。将加工程序送到数控装置，由数控装置控制机床主传动的变速、启停，进给运动的方向、速度和位移量，以及其他（如刀具选择交换、工件的夹紧与松开、冷却和润滑的开关等）动作，使刀具与工件及其他

1 数控机床概述

1.1 数控机床的加工原理及组成

1.1.1 数字控制的基本概念

数字控制(Numerical Control,简称 NC)技术,简称数控技术,是利用数字化信息对机床运动及其加工过程进行自动控制的一种先进技术。由于现代数控技术采用以计算机为核心的数控系统对机械运动及加工过程进行控制,因此,又称为计算机数控(Computerized Numerical Control,简称 CNC)。

采用数控技术进行控制的机床,称为数控机床(NC 机床)。它是一种综合了计算机技术、自动控制技术、精密测量技术和机床设计等先进技术的典型机电一体化产品,是现代制造技术的基础。因此,数控机床的水平代表了当前数控技术的性能、水平和发展方向。

数控机床种类很多,有钻铣镗床类、车削类、磨削类、电加工类、锻压类、激光加工类和其他特殊用途的专用数控机床等,凡是采用了数控技术控制的机床统称为数控机床。

带有自动换刀装置(Automatic Tool Changer,简称 ATC)的数控机床(具有回转刀架的数控车床除外)称为加工中心(Machine Center,简称 MC),见图 1-1～图 1-3。加工中心通过刀具的自动交换,使工件经一次装夹后便可完成多工序的加工,实现了工序的集中和工艺的复合,从而缩短了辅助加工时间,提高了机床的效率。同时,它减少了工件安装、定位次数,从而提高了机床的加工精度。加工中心是目前应用最广泛的数控机床。

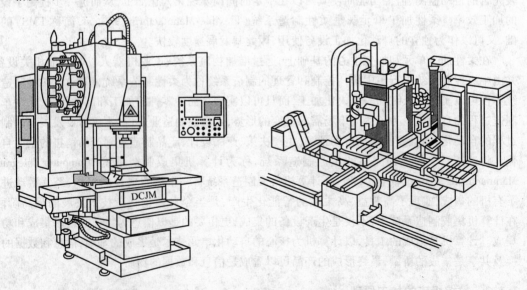

图 1-1　立式镗铣加工中心　　　　　　　　图 1-2　卧式镗铣加工中心

在加工中心的基础上,通过增加多工作台(托盘)自动交换装置(Auto Pallet Changer,简称 APC)以及其他相关装置组成的加工单元称为柔性加工单元(Flexible Manufacturing Cell,简称 FMC),见图 1-4。它不仅实现了工序的集中和工艺的复合,而且因工作台(托盘)的自动交换和过改变、增加或剪裁结构对象(数控功能),形成系列化,并方便地将用户的特殊应用和技术诀窍集成到控制系统中,快速实现不同品种、不同档次的开放式数控系统,形成具有鲜明个性的名牌产品。这种开放体系结构的数控系统能提供给用户最大的选择性和灵活性,它的 CNC 软件全部装在计算机中,而硬件部分仅是计算机与伺服驱动和外部 I/O 之间的标准化通用接口。就像计算机中可以安装各种品牌的声卡和相应的驱动程序一样,用户可以在 Windows NT 平台上,利用开放的 CNC 内核,开发所需的各种功能。

国内外在这方面作了大量的研究,如美国的 NGC(The Next Generation Work—Station/Machine Control)、欧共体的 OSACA(Open System Architecture for Control within Automation Systems)、中国的 ONC(Open Numerical Control System)等。典型产品有美国 MDSI 公司的 Open CNC、德国 Power Automation 公司的 PA8000 NT 等。近年来,我国相继开发出了如华中 I 型、航天 I 型、中华 I 型和蓝天 I 型等数控系统。华中 I 型是以通用工业微机为硬件平台的模块化开放式体系结构,达到了国际先进水平。开放式数控系统软硬件平台已在 DOS、Linux 操作系统平台开发成功,开发出了车床、铣床、加工中心、仿形、轧辊磨、镗床、激光加工、玻璃机械、纺织机械和医疗机械等 30 多个数控系统应用品种。

目前,开放式数控系统的体系结构规范、通信规范、配置规范、运行平台、数控系统功能库及数控系统功能软件开发工具等是当前研究的核心。

B 数控系统的智能化、网络化发展趋势

21 世纪的数控系统将具有一定的智能化,智能化的内容包括数控系统中的各个方面:追求加工效率和加工质量方面的智能化,如加工过程的自适应控制、工艺参数自动生成;提高驱动性能及使用连接方面的智能化,如前馈控制、电机参数的自适应运算、自动识别负载、自动选定模型、自整定等;简化编程和操作方面的智能化,如智能化的自动编程、智能化的人机界面等。此外还有智能诊断、智能监控以及方便的系统诊断及维修等方面的智能化内容。

数控机床通信功能的增强促进了数控设备的网络化发展。现代数控机床很多都具备串口 RS232 接口通信、RS485 并口或者 DNC 数控接口等,丰富的接口功能促进了机床的网络化发展,也使得信息资源得以共享,极大地满足了生产线、制造系统、制造企业对信息集成的需求,也是实现新的制造模式如敏捷制造、虚拟企业、全球制造的基础单元。国内外著名数控机床和数控系统制造公司都在近两年推出了相关的新概念和样机,如日本山崎马扎克(Mazak)公司展出的 Cyber Production Center(智能生产控制中心,简称 CPC)、德国西门子(Siemens)公司展出的 Open Manufacturing Environment(开放制造环境,简称 OME)等,反映了数控机床加工向网络化方向发展的趋势。

数控系统的网络化也进一步促进了柔性自动化制造技术的发展,使现代柔性制造系统从点(数控单机、加工中心和数控复合加工机床)、线(FMC、FMS、FTL、FML)向面(工段、车间、独立制造岛、FA)、体(CIMS、分布式网络集成制造系统)的方向发展。柔性自动化技术以易于联网和集成为目标,同时注重加强单元技术的开拓、完善。数控机床及其构成柔性制造系统能方便地与 CAD/CAM、CAPP、MTS 联结,实现中央集中控制的群控加工。

C 数控系统向高速度、高精度、复合化方向发展

数控机床是综合了计算机、微电子、传感器检测、液压、模糊控制和神经网络等多学科技术的机电液一体化的设备。速度与精度是其两个重要的技术指标,它们直接关系到产品的加工效率和质量问题。高速度化首先是要求计算机数控系统在读入加工指令数据后,能高速度处理并计算出伺服电动机的位移量,并要求伺服电机做出快速反应,这就要求提高数控系统主 CPU 的运行速度及其他的微处理器的性能。电子技术的发展无疑也促进了数控系统的迅速发展。

此外,要实现生产系统的高速度化,还必须谋求主轴、进给、刀具交换等各种关键部位实现高速化。现代数控机床主轴转速在 12000 r/min 以上的已较为普及,高速加工中心的主轴转速更是高达 100000 r/min;快速进给速度,一般机床都在每分钟几十米以上,有的机床高达 120 m/min。加工高精度比加工速度更为重要,微米级精度的数控设备正在普及,一些高精度机床的加工精度已达 0.1 μm。

D　提高数控系统的可靠性和可维修性

数控机床系统功能的增加使系统也变得更加复杂,因此可能影响或降低系统的可靠性。为此许多厂家采取了各种措施,以保证数控系统的平均无故障率进一步提高。如 FANUC16 系统采取了 RISC 指令集运算芯片,避免了在插补运算高速运行中的多 CPU 结构;SIEMENS 808 系统采用了专用集成芯片的可靠性检测和特殊工艺。

提高系统的可靠性,就要提高其硬件的质量,如选用高质量的集成电路芯片、印制电路板和其他元器件,采用零件三维高密度安装工艺、性能测试等一系列完整的质量保证体系;现代数控系统的硬件、软件结构设计越来越趋向于模块化、标准化和通用化,以便数控系统进一步扩展和升级,促进数控技术向深度和广度方面发展,增强故障自诊断、自恢复和保护功能。

为了提高系统的自动化监控及维修性能,许多系统在开发中,都设计有良好效果的刀具监控系统、主轴监控系统,在传感器应用和开发方面下了很大工夫。图 1-13 所示的是当代加工中心和高水平数控机床应该具备的测量—监控系统。此外,在数控系统中,无论在硬件配置、插件板的装卸还是在软件中建立的自诊断,都构成了专家系统中必需的数据库,以降低维修系统的周期和费用,使数控机床更加智能化。

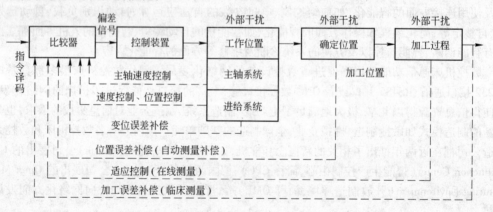

图 1-13　某加工中心的测量—监控系统框图

1.3.2　检测装置的新进展

精密测试技术——视觉测试技术被广泛应用于数控机床中。非接触测试技术很多,特别值得一提的是视觉测试技术。现代视觉论和技术的发展,不仅在于模拟人眼所完成的功能,更重要的是它能完成人眼所不能胜任的工作。所以,在电子、光学和计算机等技术不断成熟和完善的基础上,视觉测试技术得到了突飞猛进的发展。在 1999 年 10 月的北京国际机床博览会上,已见到国外利用视觉测试技术研制成功的仪器。

1.3.3　伺服驱动装置大量采用新技术

新一代伺服驱动装置采用的新技术主要有智能化交流伺服驱动装置、无刷直流伺服电机及驱动系统以及双励磁绕组同步电机及其控制装置。双励磁绕组同步电机的矢量控制调速系统比交流电机的调速系统简单得多,其静、动态特性也优于交流调速系统。

1.3.4 设计与生产的绿色制造化

数控机床的出现体现了现代社会绿色制造的发展要求。绿色制造,又称环境意识制造(Environmentally Conscious Manufacturing)、面向环境的制造(Manufacturing for Environment)等。它是一个综合考虑环境影响和资源效率的现代制造模式,其目标是使产品从设计、制造、包装、运输、使用到报废处理的整个产品生命周期中,对环境的影响(副作用)最小,资源利用率最高,并使企业经济效益和社会效益协调优化。

数控机床设计与生产的绿色制造主要从以下三方面考虑:

(1) 结构设计采用模块化设计,并在可能的情况下用软件技术代替硬件达到同样的功能。

(2) 实施绿色工艺规划。即通过对工艺路线、工艺方法、工艺装备(机床、刀具、夹具、量具、刀具等)、切削液、切削用量、工艺方案等进行优化决策和规划,从而改善工艺过程及其各个环节的环境友好性,达到对资源的合理利用、降低成本、改善环境的目标。干式加工技术也是绿色工艺的重要内容。干式加工即加工过程中不需要切削液,西欧国家已有半数采用了这种技术。

(3) 采用工艺模拟技术和虚拟制造技术。过去必须做大量的实验才能初步控制和保证质量的工件,采用工艺模拟技术将数值模拟、物理模拟和专家系统相结合,确定最佳工艺参数,优化工艺方案,即可有效地一次性保证工件质量,并最大限度地控制污染物的产生。应用虚拟制造技术,以产品生产的数字模型代替传统的试制生产,并进行实验和试验,既实现了对市场的快速响应,又节约了能源和原材料,降低了成本,减少了对环境的污染。

思 考 题

1-1 什么叫数控技术?
1-2 试述数控机床的组成。
1-3 试述数控装置的基本组成。
1-4 数控系统按加工路线分类有哪几类? 各有什么特点?
1-5 数控系统按有无检测装置分类有哪几类? 各有什么特点?
1-6 简述数控系统的发展趋势有何特点。

2 数控机床的安装调试与验收

安装、调试和验收是数控机床前期管理的重要环节。当机床运到工厂后，首先要进行安装、调试，并进行试运行，且精度验收合格后才能交付使用。安装、调试与验收能否达到预期效果，直接关系到数控机床投入使用后所能实现的技术性能指标和使用功能水准。对于小型数控机床，这项工作比较简单，机床到位固定好地脚螺栓后，就可以连接机床总电源线，调整机床水平。大中型数控机床的安装比较复杂，一般是解体后分别装箱运输，到货后再进行组装并重新调试。

2.1 数控机床的安装

2.1.1 数控机床安装前的准备

2.1.1.1 对安装环境的要求

A 对安装位置的要求

机床的安装位置应避免阳光直接照射和热辐射的影响，远离振源，避免潮湿和气流的影响。如机床附近有振源，则机床四周应设置防振沟，否则将影响机床的加工精度及稳定性，还有可能使电子元器件接触不良，发生故障，影响数控机床的可靠性。

B 对温度的要求

数控机床安装环境的温度应低于30℃，相对湿度应不超过80%。一般来说，数控电控箱内部应设有排风扇或冷风机，以保证电子元器件特别是中央处理器的工作温度恒定或温度变化小。

过高的温度和湿度将使控制系统元器件寿命降低，导致故障增多，还会使灰尘增多，导致电路板短路。

C 对机床电源的要求

安装数控机床的场所，需要对电源电压有严格控制。电源电压波动必须在允许范围内，并且保持相对稳定，否则会直接影响数控系统的正常工作。如果车间有机床网络管理系统，还要考虑网络接口。将数控机床安装在一般的机加工车间，由于环境温度变化大，使用条件差，而且各种机电设备多，会使电网波动大，影响数控机床的正常工作。

2.1.1.2 数控机床的就位

数控机床运达目的地后，按照机床说明书的规定把调整垫块、垫铁和地脚螺栓等部件相应对号入座，使组成机床的各大部件也分别在地基上就位。

机床就位的注意事项包括以下几个方面：

(1) 机床到场后，必须认真检查包装的完整性，并进一步开箱检查。参加人员应包括设备管理人员、设备采购人员、设备计划调配员、档案人员和供应方的指定负责人。如果是进口设备，则还需要设备代理、海关商检人员等。

(2) 拆箱时，严禁顶盖及四侧包装物掉入或挤入包装箱内，以免损坏机床零件或电子元器件等。

(3) 机床未就位前，严禁拆卸用于限制机床活动部件的固定物。

(4) 要了解机床净重、毛重，选择合适的起运工具，并检查吊具和起吊钢丝是否完好。

（5）吊运时，必须注意机床包装箱的吊运位置及重心位置，防止损坏机床不能受力的部件，防止机床倾斜。

（6）起吊时，严禁将身体的任何部位置于起吊的包装箱下面，严禁将起吊的包装箱从人头顶越过。

（7）铲运时，铲尖应该超过重心位置适当的距离。

2.1.2 数控机床的安装

首先要根据数控设备厂商所提供的安装要求进行各项工作，如果在实施过程中，由于具体条件限制，不能完全按照厂商的要求进行，应该在 GB 50271—1998《金属切削机床安装工程施工及验收规范》和 GB 50231—1998《机械设备安装工程施工及验收通用规范》两个规范指导下进行相关的安装工作。

2.1.2.1 机床的基础处理

先仔细阅读机床安装说明书，按照《动力机器基础设计规范》和说明书的机床基础图做好安装基础。然后在基础养护期满并完成清理工作后，将调整机床水平用的垫铁、垫板逐一摆放到位，最后吊装机床的基础件（或整机）就位，同时将地脚螺栓放进预留孔内，并完成初步找平工作。

2.1.2.2 机床部件的组装

机床部件的组装是指将机床分解运输后重装组合成整机的过程。组装前应将所有连接面、导轨、定位和运动面上的防锈涂料清洗干净，然后准确可靠地将各部件连接组装成整机。

组装数控系统柜、立柱、电器柜、刀具库和机械手时，机床各部件之间的连接定位均要求使用原装的定位销、定位块和其他定位元器件，这样各部件在重新连接组装后，能保持机床原有的制造和安装精度。

2.1.2.3 气管、油管和电缆的连接

按机床说明书中的气压、液压管路图和电气连接图，将有关管道和电缆按标记对应接好。连接时特别要注意清洁工作以及可靠的接触和密封，接头一定要拧紧，否则试机时会漏水、漏油，给试机带来麻烦。油管、气管连接时要特别注意防止异物从接口中进入管路，造成整个气压、液压系统故障。管路和电缆连接完毕后，要做好就位固定，安装好防护罩，保证整齐的外观。最后，检查机床中是否按要求加了润滑油和切削液等。

2.1.2.4 数控系统的连接

A 外部电缆的连接

数控系统外部电缆连接包括数控装置与 MDI/CRT 单元、强电柜、机床操作面板、进给伺服单元和主轴伺服单元、检测装置反馈信号线的连接等，这些连接必须符合随机床提供的连接手册的规定。

数控机床地线的连接十分重要，良好的接地不仅对设备和人身的安全十分重要，同时能减少电气干扰，保证机床的正常运行。地线一般都采用辐射式接地法，即数控柜中的信号地、强电地、机床地等连接到公共接地点上，公共接地点再与大地相连。数控柜与强电柜之间的接地电缆要足够粗，截面积要在 5.5 mm² 以上。地线必须与大地接触良好，接地电阻一般要求小于 4～7 Ω。

B 电源线的连接

数控系统电源线的连接是指数控柜电源变压器输入电缆的连接和伺服变压器绕组抽头的连接。对于进口的数控系统或数控机床更要注意，由于各国供电制式不完全一致，国外机床生产厂

家为了适应各国不同的供电情况,无论是数控系统的电源变压器,还是伺服变压器都有多个抽头,必须根据我国供电的具体情况,正确地连接。我国供电制式是交流 380 V,三相;交流 220 V,单相;频率为 50 Hz。进口设备一般都配有电源变压器,变压器上设有多个抽头供用户选择使用。电路板上设有 50/60 Hz 频率转换开关。所以,对于进口的数控机床或数控系统一定要先看随机说明书,按说明书规定的方法连接。通电前一定要仔细检查输入电源电压是否正确,频率转换开关是否已置于"50 Hz"位置。

一般数控系统允许电压的波动范围为额定值的 −10% ~ +15%,而欧美的一些系统要求更高一些。当供电质量不太好、电压波动大、电气干扰比较严重以及电源电压波动范围超过数控系统的要求时,需要配备交流稳压器,以提高数控机床的稳定性。

目前,数控机床的进给控制单元和主轴控制单元的供电电源大都采用晶闸管控制元件,如果相序不对,接通电源,可能会烧断进给控制单元的输入熔丝。

检查相序的方法很简单,一种是用相序表测量,如图 2-1 所示。当相序接法正确时,相序表按顺时针方向旋转,否则就是相序错误,这时可将 R、S、T 中任意两条线对调一下就行了。另一种是用双线示波器来观察二相之间的波形,如图 2-2 所示,两相在相位上相差 120°。

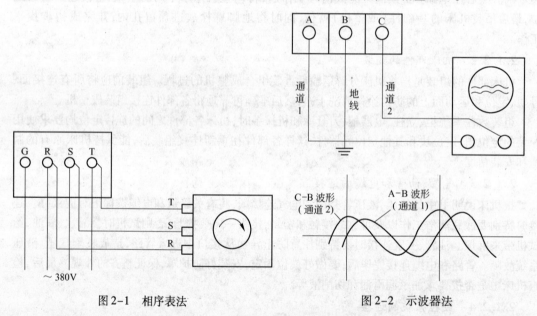

图 2-1　相序表法　　　　　　　　　　　　　　图 2-2　示波器法

各种数控系统内部都有直流稳压电源单元,为系统提供所需的 +5 V、+15 V、+24 V 等直流电压。因此,在系统通电前应当用万用表检查数控系统内部的直流稳压电源单元,看其输出端是否有对地短路现象,如有短路就必须查清短路的原因,在解决短路问题后方可通电。

通电前还应进行电气、数控系统电气、电磁阀、限位开关等检查。检查继电器、接触器、熔断器、伺服电动机控制单元插座、主轴电动机控制单元插座、CNC 各类接口插座有无松动;检查所有的接线端子,包括强、弱电部分在装配时机床生产厂自行接线的端子及各电动机电源线的接线端子,用工具紧固每个端子,用手推动数次所有的电磁阀,以防止长时间不通电造成的动作不良;检查所有限位开关动作的灵活性和固定性。

C　数控机床的抗干扰

干扰是影响数控机床正常运行的一个重要原因,常见的干扰有供电线路干扰、电磁波干扰和信号传输干扰。

a 供电线路干扰

数控系统对输入电压的允许范围都有要求,如果过电压或欠电压都会引起电源电压监控报警,从而停机。如果线路受到干扰,就会产生谐波失真,频率与相位漂移。

动力电网的另一种干扰是由大电感负载引起的。大电感在断电时要把存储的能量释放出来,在电网中形成高峰尖脉冲,它的产生是随机的,波形如图2-3所示。由于这种电感负载产生的干扰脉冲频域宽,特别是高频窄脉冲,峰值高、能量大,干扰严重,但变化迅速,不会引起电源监控的反应,如果通过供电线路窜入数控系统,引起的错误信息会导致CPU停止运行,系统数据丢失。

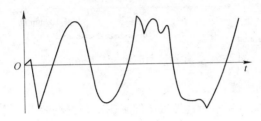

图2-3 电网干扰电压的波形

b 电磁波干扰

工厂中,电火花、高频电源等都会产生强烈的电磁波,这种高频辐射能量通过空间的传播,被附近的数控系统所接收,如果能量足够,就会干扰数控机床的正常工作。

c 信号传输干扰

数控机床电气控制的信号在传递过程中若受到外界干扰,常会产生常模干扰(又称差模干扰、串模干扰)和共模干扰。图2-4所示为串模干扰的等效电路及电压波形。从图中可以看出,串模干扰电压U_{N1}叠加在有用信号上,从而对信号传输产生干扰。

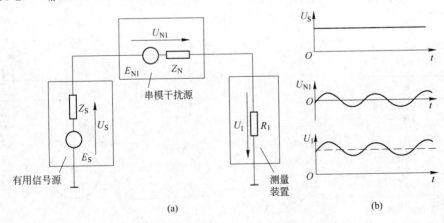

(a)   (b)

图2-4 串模干扰的等效电路及电压波形

(a) 等效电路;(b) 输入端的电压波形

d 抗干扰措施

(1) 减少供电线路干扰。数控机床的安置要远离中频、高频的电气设备;要避免大功率启动、停止频繁的设备和电火花设备同数控机床位于同一供电干线上,而要采用独立的动力线供电。在电网电压变化较大的地区,供电电网与数控机床之间应加自动调压器或电子稳压器,以减小电压的波动。动力线与信号线要分离,信号线采用绞合线,以减少和防止磁场耦合和电场耦合的干扰,如变频器中的控制电路接线要距离电源线至少 100 mm 以上,两者绝对不可放在同一个导线槽内。另外,控制电路配线与主电路配线相交时要成直角,如图 2-5 所示。控制电路的配线应采用屏蔽双绞线。

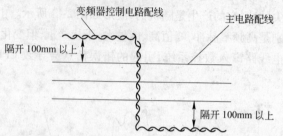

图 2-5　变频器控制电路与主电路的配线

(2) 减少机床控制中的干扰。

1) 压敏电阻保护。图 2-6 所示为数控机床伺服驱动装置电源引入部分压敏电阻的保护电路。在电路中加入压敏电阻(又称浪涌吸收器),可对线路中的瞬变、尖峰等噪声起一定的保护作用。压敏电阻是一种非线性过电压保护元件,抑制过电压能力强、反应速度快,平时漏电流很小,而放电能力异常大,可通过数千安培电流,且能重复使用。

2) 阻容保护。图 2-7 所示是数控机床电气控制中交流负载的阻容保护电路。交流接触器和交流电动机频繁启停时,其电磁感应现象会在机床的电路中产生浪涌或合峰等噪声,干扰数控系统和伺服系统的正常工作。在这些电器上加入阻容吸收回路,会改变电感元件的线路阻容,使交流接触器线圈两端和交流电动机各相的电压在启停时平稳,抑制了电器产生的干扰噪声。交流接触器的阻容吸收回路,其电阻一般为 220 Ω,电容一般为 0.2 μF/380 V;交流电动机各相之间的阻容吸收回路,电阻一般为 300 Ω,电容一般为 0.47 μF/380 V。

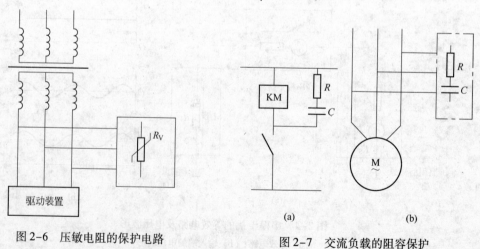

图 2-6　压敏电阻的保护电路　　　　　　图 2-7　交流负载的阻容保护

目前,有些交流接触器配备有标准的阻容吸收器件,如 TE 公司的四系列接触器,交流接触器中的 LA4 线圈抑制模块,如图 2-8(a) 所示,可直接插入接触器规定的部位,安装方便。图 2-8 (b) 所示是三相负载的阻容吸收器件。

3) 续流二极管保护。图 2-9 所示是数控机床电气控制中直流继电器、直流电磁阀续流二极管保护电路。直流电感元件在断电时线圈中将产生较大的感应电动势,在电感元件两端反向并联一续流二极管,释放线圈断电时产生的感应电动势,可减小线圈感应电动势对控制电路的干扰噪声。目前,有些直流电器已与续流二极管做成一体,如 FUJI 中间继电器 DC24VHH53P-FL 在其线圈两端并有二极管,给使用安装带来了方便。

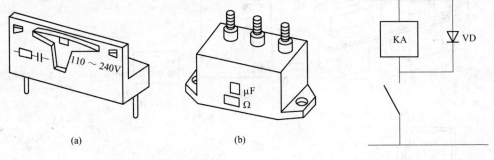

图 2-8　阻容吸收器件　　　　　　　图 2-9　续流二极管保护电路

　　(3) 屏蔽技术。利用金属材料制成容器,将需要防护的电路或线路包在其中,可以防止电场或磁场的耦合干扰,此方法称为屏蔽。屏蔽可以分为静电屏蔽、电磁屏蔽和低频磁屏蔽等几种。通常使用的铜质网状屏蔽电缆能同时起到电磁屏蔽和静电屏蔽的作用;将屏蔽线穿在铁质蛇皮管或普通铁管内,可达到电磁屏蔽和低频磁屏蔽的目的;仪器的铁皮外壳接地能同时起到静电屏蔽和电磁屏蔽的作用。

　　(4) 保证"接地"良好。"接地"是数控机床安装中一项关键的抗干扰技术。电网的许多干扰都是通过"接地"这条途径对机床起作用的。数控机床的地线系统有如下三种:1)信号地用来提供电信号的基准电位(0 V)。2)框架地是以安全性及防止外来噪声和内部噪声为目的的地线系统,它是装置的面板、单元的外壳、操作盘及各装置间接口的屏蔽线。3)系统地将框架地与大地相连接。

　　图 2-10 所示为数控机床的地线系统。系统接地电阻应低于 100 Ω,连接的电缆必须具有足够的截面积,一般应等于或大于电源电缆的截面积,以保证在发生短路等事故时,能安全地将短路电流传输到系统地线中。图 2-11 所示为数控机床实际接地的方法。

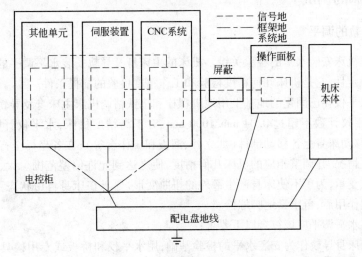

图 2-10　数控机床的地线系统

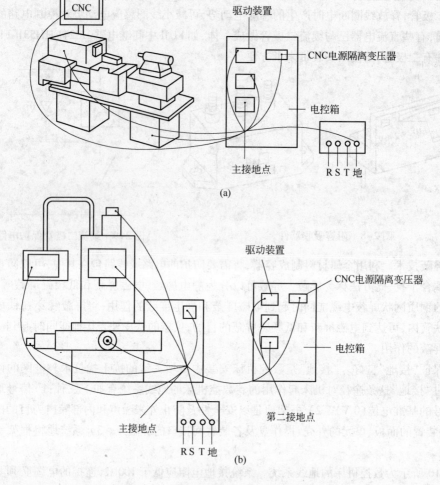

图 2-11　数控机床实际接地的方法示意图

2.2　数控机床的调试

2.2.1　机床导轨的调平

　　机床导轨是机床安装水平的检验关键。机床的主床身及导轨安装水平调平的目的是为了取得机床的静态稳定性,它是机床几何精度检验和工作精度检验的前提条件。

　　通常使用水平仪在已固化的地基上用地脚螺栓和垫铁精调机床主床身及导轨的水平。对一般精度机床,水平仪计数不超过 0.04 mm/1000 mm;对于高精度机床,水平仪计数不超过 0.02 mm/1000 mm。移动床身上各移动部件(如立柱、溜板和工作台等),在各坐标全行程内观察记录机床水平的变化情况,并调整相应的机床几何精度,使之达到允许偏差范围。大、中型机床床身大多是多点垫铁支承,为了不使床身产生额外的扭曲变形,要求在床身自由状态下调整水平,各支承垫铁全部起作用后,再压紧地脚螺栓。

　　机床的安装水平调平应该符合以下要求:

　　(1)机床以床身导轨作为安装水平的检验基础,用水平仪和桥板或专用检具在床身导轨两端、连接处和立柱连接处对导轨纵向和横向进行测量。

（2）将水平仪按床身的纵向和横向放在工作台上或溜板上，移动工作台或溜板，在规定的位置进行测量。

（3）将机床的工作台或溜板作为安装水平检验的基础，将水平仪按机床纵向和横向放置在工作台或溜板上进行测量，但工作台或溜板不应移动位置。

（4）用水平仪在床身导轨上进行纵向等距离移动测量，并将水平仪读数依次排列在坐标纸上画出垂直平面内直线度偏差曲线，其纵向安装水平为偏差曲线两端点连线的斜率，横向安装水平为横向水平仪的读数值。

（5）将水平仪放在设备技术文件规定的位置上进行测量。

2.2.2 数控机床几何精度的调整

找正机床主床身的水平后移动床身上各运动部件（立柱、溜板和工作台等），观察各坐标全程内机床的水平变化情况，并将机床几何精度调整在允许偏差范围内。使用的检测工具有精密水平仪、标准方尺、平尺、平行光管等。在调整时，主要以垫铁为主，必要时可稍微改变导轨上的镶条和预紧滚轮等。一般来说，只要机床质量稳定，机床几何精度通过以下调试即可调整到出厂精度：

（1）调整机械手与主轴、刀具库之间的相对位置。用自动返回参考点指令，使机床自动运行到换刀位置，在 MDI 方式下分步完成刀具交换动作，检查抓刀、装刀、拔刀等动作是否准确平稳。否则，可以通过调整机械手的行程，移动机械手支座或刀具库位置，改变换刀基准点坐标值设定，实现精确运行的要求。在调整到位后要拧紧所有紧固螺钉，用几把接近最大允许重量的刀柄，连续重复多次换刀循环动作，直到通过试验证明换刀动作准确无误、平稳无撞击为止。

（2）调整托盘与交换工作台面的相对位置。如果机床是双工作台或多工作台，要调整好工作台托板与交换工作台面的相对位置，以保证工作台自动交换时平稳可靠。在调整工作台自动交换运行过程中，工作台上应装有 50% 以上的额定负载，调好后紧固相关螺钉。

（3）预调整精度检验。对机床有关的几何精度做预先调整和过渡性试验，通过预调整精度检验，使相应的几何精度检验达到规定的允许偏差，并减少其调整的工作量。这样可使安装单位和用户少走弯路，便于达到几何精度要求。但是只要有关几何精度检验合格，预调整精度不检查也可以。所以预调整精度是过渡性的精度，不是交工验收的最终精度。而且当发现几何精度达不到规定时，允许调整相应部件的预调整精度，该部件的预调整精度在交工验收时不再复检。

预调整精度检验的内容包括：床身导轨在垂直平面内的直线度；床身导轨在垂直平面内的平面度；床身导轨在水平面内的直线度；立柱导轨对床身导轨的垂直度；两立柱导轨正导轨面的共面度。

2.2.3 数控机床的机电联调

2.2.3.1 参数的设定

设定系统参数包括设定 PC（PLC）参数等，其目的是当数控装置与机床相连接时，能使机床具有最佳的工作性能。即使是同一种数控系统，其参数设定也随机床而异。数控机床出厂时都随机附有一份参数表。参数表是一份很重要的技术资料，必须妥善保存。当进行机床维修，特别是当系统中的参数丢失或发生了错乱，需要重新恢复机床性能时，参数表更是不可缺少的依据。

对于整机购进的数控机床，各种参数已在机床出厂前设定好，无需用户重新设定，但对照参数表进行一次核对还是必要的。显示已存入系统存储器的参数的方法，随各类数控系统而异，大多数可以通过按压 MDI/CRT 单元上的 PARAM 或 SYSTEM 参数键来进行。显示的参数内容应与机床安装调试完成后的参数一致,如果参数有不符的,可按照机床维修说明书提供的方法进行设定和修改。

如果所用的进给和主轴控制单元是数字式的,那么它的设定也都是用数字设定参数,而不用短路棒。此时,需根据随机附带的说明书一一予以确认。

2.2.3.2　机床功能的调试

在进行机床功能调试的时候,应首先仔细检查数控系统和 PLC 装置中参数设定值是否符合随机资料中规定的数据,然后试验各主要操作功能、安全措施、常用指令执行情况等,例如试验各种运行方式(手动、手摇、自动方式等)、主轴换挡指令、各级转速指令等是否正确无误。

此外,还应检查辅助功能及附件是否正常工作。例如,机床的照明灯、冷却防护罩和各种护板是否完整;往切削液箱中加满切削液,试验喷管是否能正常喷出切削液;在用冷却防护罩条件下切削液是否外漏;排屑器能否正确工作;机床主轴箱的恒温油箱能否起作用等。

2.2.3.3　机床试运行

A　通电试运行

首先按照机床说明书的要求,给机床润滑油箱、润滑点灌注规定的油液或油脂,清洗液压油箱及过滤器,灌注规定标号的液压油,接通气源等。

机床通电操作应首先采取分别供电方式,然后再做总供电试验。通电后观察各部分有无异常,有无报警故障,然后用手动方式陆续启动各部件。检查各部件能否正常工作,例如检查液压系统时,先判断液压泵电动机转向是否正确,液压泵工作后液压管路中是否形成油压,各液压元件是否正常工作,有无异常噪声,各接头有无渗漏,液压系统冷却装置能否正常工作等。

在数控系统与机床联机通电试运行时,虽然数控系统已经确认,工作正常无任何报警,但为了预防万一,应在接通电源的同时,做好按压急停按钮的准备,以便随时准备切断电源。

通电正常后,应用手动方式检查一下各轴基本运动功能,例如 X、Y、Z 轴的移动,主轴的正转和反转,手摇脉冲发生器等。如通过 CRT、LCD 或 DPL(数字显示器)的显示值检查判断移动方向是否正确。若移动方向相反,则应将电动机动力线及检测信号线反接,再检查各轴移动距离是否与移动指令相符,若不相符,则应检查有关指令、反馈参数以及位置控制环增益等参数设定是否正确。然后检查超程限位是否有效,数控系统是否在超程时发出报警。最后检查机床返回基准点动作是否正确。机床的基准点是机床进行加工的基准位置,因此,必须检查有无基准点功能以及每次返回基准点的位置是否完全一致。总之,所有手动功能都应检查,如果遇到问题,要先查明异常的原因并加以排除。

B　自动运行检验

为了全面地检查机床功能及工作可靠性,数控机床在安装调试完成后,要求在一定负载或空载条件下,按规定时间进行自动运行检验。国家标准 GB/T 9061—2006 规定的自动运行检验时间,数控车床为 36 h,加工中心为 48 h,都是要求连续运转不发生任何故障。如有故障或排障时间超过了规定的时间,则应对机床进行调整后重新做自动运行检验。

自动运行检验的程序叫考机程序。可以用机床生产厂家提供的考机程序,也可以根据需要自选或编制考机程序。通常考机程序要包括控制系统的主要功能,如主要的 G 指令、M 指令、换刀指令、工作台交换指令,主轴最高、最低和常用转速,快速和常用进给速度。

在机床试运行过程中,刀具库应装满刀柄,工作台上要装有一定重量的负载。

2.3　数控机床的验收

在生产实际中,数控机床的验收是和安装、调试工作同步进行的。如机床经开箱检验和外观检查合格才能进行安装;机床的试运行就是机床性能及数控功能检验的过程。验收工作是数控机床交付使用前的重要环节。

一台数控机床的全部检测验收工作是一项复杂的工作,对试验检测手段及技术的要求也很高,需要使用各种高精度仪器,对机床的机、电、液、气各部分及整机进行综合性能及单项性能检测,包括运行刚度和热变形等一系列试验,最后得出对该机床的综合评价。对于新型机床样机和行业产品的评比检验,需由国家指定的几个机床检测中心进行,才能得出权威性的结论意见。对一般数控机床用户,其验收工作主要根据机床出厂检验合格证上规定的验收条件及实际能提供的检测手段,部分地或全部地测定机床合格证上各项技术指标。检测的结果作为该机床的原始资料存入技术档案中,作为今后维修时的技术指标依据。

数控机床精度的验收同普通机床精度的验收差不多,验收的内容、方法及使用的检测仪器也基本上相同,只是要求更严、精度更高,使用的检测仪器精度也相应地要求更高些。由于数控机床多了数控功能,也就增加了数控功能的检验,除了用手动操作或自动运行来检验这些功能以外,更重要的是检验其稳定性和可靠性。对一些重要的功能必须进行较长时间的连续空运转的考验,证明确实安全可靠后才能正式交付使用。

在验收过程中应及时发现问题。如果控制系统的稳定性、可靠性很差,影响正常使用,或精度检测中有重要项目的技术指标不合格而影响使用,应及时与机床生产厂交涉,要求修理或重新调试,或索取经济赔偿。

2.3.1 开箱检验和外观检查

数控机床运到目的地后,设备管理部门要及时组织有关人员开箱检验。检验的主要内容有如下几项:

(1) 装箱单。按合同核对装箱单的内容,依据装箱单清点设备。

(2) 核对应有的操作说明书、维修说明书、图样资料、合格证等技术文件。

(3) 按合同规定,对照装箱单清点附件、备件、工具的品种、数量、规格及完好状况。

(4) 检查主机、数控柜、操作台等有无明显撞碰损伤、变形、受潮、锈蚀等,并逐项如实填写"设备开箱验收登记卡"存档。

(5) 对各防护罩、油漆质量、机床照明、切屑处理、电缆电线和油、气管路的走线和固定等进行检查。

在检验、检查过程中,应及早地发现问题,以避免不必要的损失。

2.3.2 机床性能及数控功能的检验

2.3.2.1 机床性能的检验

数控机床性能的检验与普通机床基本一样,例如检查各运动部件及辅助装置在启动、停止和运行中有无异常现象及噪声,润滑系统、冷却系统以及各风扇等工作是否正常。主要的检验项目有如下几项:

(1) 主轴系统性能。用手动方式选择高、中、低 3 个主轴转速,连续进行 5 次正转和反转的启动和停止动作,检验主轴动作的灵活性和可靠性。用 MDI(手动数据输入)方式,使主轴从最低一级转速开始运转,逐级提到允许的最高转速,实测各级转速的数值,允差为设定值的 ±10%。同时观察机床的振动情况。主轴在长时间高速运转后(一般为 2 h)允许温升 15℃。主轴准停装置连续操作 5 次,检验动作的可靠性和灵活性。

(2) 进给系统性能。分别对各坐标轴进行手动操作,检验正反方向的低、中、高速进给和快速移动的启动、停止、点动等动作的平稳性和可靠性。用 MDI 方式测定 G00 和 G01 下的各种进给速度,允差为 ±5% 。检查数控铣床 Z 轴制动功能是否起作用。在机床通电的情况下,将千分表表座固定在床身上,用千分表测头指向工作台,然后突然断电,通过千分表观察工作台面是否下沉。要求下降范围控制在 0.01 ~ 0.02 mm 之间,否则要进行调整。

(3) 自动换刀(ATC)系统。检查自动换刀的可靠性和灵活性,包括手动操作及自动运行时刀库满负载条件下(装满各种刀柄)运动的平稳性、刀库内刀号选择的准确性、机械手抓取最大允许重量刀柄的可靠性等。测定自动交换刀具的时间。对转塔刀架进行正、反方向转位试验及各种转位夹紧试验。

(4) 机床噪声。机床空运转时的总噪声不得超过 80 dB。数控机床由于大量采用电调速装置,主轴箱的齿轮往往不是最大噪声源,而主轴电动机的冷却风扇和液压系统的液压泵的噪声等可能成为最大噪声源。

(5) 电气装置。在运转试验前后分别做一次绝缘检查,检查接地线质量的可靠性。

(6) 数控装置。检查数控柜的各种指示灯,检查纸带阅读机、操作面板和密封性等动作及功能是否正常可靠。

(7) 安全装置。检查对操作者的安全性和机床保护功能的可靠性。如检查各种安全防护罩、机床各运动坐标行程极限保护自动停止功能、各种电流电压过载保护和主轴电动机过热过负荷时紧急停止功能等。

(8) 润滑装置。检查定时定量润滑装置的可靠性,检查润滑油路有无渗漏以及各润滑点的油量分配等功能的可靠性。

(9) 气、液装置。检查压缩空气和液压油路的密封、调压功能以及液压油箱的正常工作情况。

(10) 辅助装置。检查机床各辅助装置的工作可靠性。检查冷却液装置能否正常工作,冷却防护罩有无泄漏;自动排屑装置的工作质量;APC 交换工作台工作是否正常,试验带重负载的工作台面自动交换,配置接触式测头的测量装置能否正常工作及有无相应测量程序等。

2.3.2.2 数控功能的检验

数控功能通过手动或程序运行的方法进行检验。检验的主要数控功能有如下几项:

(1) 准备指令功能。检验快速移动、直线插补、圆弧插补、坐标系选择、平面选择、暂停、刀具长度补偿、刀具半径补偿、螺距误差补偿、反向间隙补偿、镜像功能、极坐标功能、自动加减速、固定循环及用户宏程序等指令的准确性。

(2) 操作功能。检验回原点、单程序段、程序段选跳、主轴和进给倍率调整、进给保持、紧急停止、主轴及冷却液的启动和停止等功能的准确性。

(3) CRT 显示功能的检验。检验位置显示、程序显示、各菜单显示以及编辑修改等功能准确性。

(4) 负荷试验。利用数控加工程序对工件进行粗加工、重切削及精加工。每一次切削完成将零件已加工部位的实际尺寸与指令值进行比较,检验机床在负载条件下的运行精度。

(5) 考机检验。数控功能检验的最好办法是自己编一个考机程序,让机床在空载下连续自动运行16 h 或32 h。用这样的程序连续运行,检查机床各项运动、动作的平稳性和可靠性,并且要强调在规定时间内不允许出现故障,否则要在修理后重新开始规定时间的考核,不允许分段进行累积到规定运行时间。

2.3.2.3 机床精度的验收

机床精度验收工作,必须在机床安装地基水泥完全干涸并且机床安装调试好以后进行,验收内容主要包括几何精度、定位精度和切削精度。

A　机床几何精度的检验

数控机床的几何精度综合反映该机床的各关键零部件及零部件组装后的几何形状误差。其检测内容和方法与普通机床相似,只是检测要求更高,其检验内容及方法主要有以下几项:

(1) 床身水平。利用精密水平仪,将其放置在工作台上,在 X、Z(或 Y)向分别测量,调整垫铁或支钉达到要求。此项检测是几何精度测量的基础。

(2) 工作台面平面度。用平尺、等高量块、指示器测量。此项检测也是几何精度测量的基础。

(3) 主轴径向跳动。利用插入主轴锥孔的测量芯轴用指示器分别在近端和远端测量,检测主轴旋转轴线。

(4) 主轴轴向跳动。利用插入主轴锥孔的专用芯轴(钢球)用指示器测量,检测主轴轴承轴向精度。

(5) X、Y、Z 导轨直线度。利用精密水平仪或光学仪器进行测量,它影响工件的形状精度。

除了部件自身精度之外,还有部件间相互位置精度需要进行检测,检验内容及方法主要有以下几项:

(1) X、Y、Z 三个轴移动方向的相互垂直度。利用直角尺及指示器检验,它影响工件的位置精度。

(2) 主轴旋转中心线与三个移动轴(X、Y、Z)的关系,它们影响工件的位置精度:1)主轴与 X 轴垂直。利用插入主轴锥孔的测量芯轴,对立式机床用平尺和指示器检测,对于卧式机床用直角尺和指示器检测垂直度。2)主轴与 Y 轴垂直。利用插入主轴锥孔的测量芯轴,用平尺和指示器检测垂直度。3)主轴与 Z 轴平行。利用插入主轴锥孔的测量芯轴,用指示器检测平行度。

(3) 主轴旋转轴线与工作台面的关系。对于立式机床需用测量芯轴、指示器、平尺、等高量块测量垂直度;对于卧式机床用同样的量具测量平行度,它影响工件的位置精度。

在检测工作中要注意尽可能消除检测工具和检测方法的误差。另外,机床的几何精度在机床处于冷态和热态时是不同的,检测时应按国家标准的规定,即在机床稍有预热的状态下进行。所以通电以后,机床各移动坐标往复运动几次、主轴按中等的转速回转几分钟之后才能进行检测。

B　机床定位精度的检验

数控机床定位精度是指机床各坐标轴在数控装置控制下运动所能达到的位置精度,而重复定位精度是指在相同的操作方法和条件下,在完成操作次数的过程中得到结果的一致程度。

由于数控机床的移动是靠数字程序指令来实现的,因此定位精度决定于数控系统和机械传动误差。数控装置控制着机床各运动部件的运动,而各运动部件在程序指令控制下所能达到的精度直接反映加工零件所能达到的精度,所以,定位精度是一项很重要的检测内容。定位精度主要检测以下内容。

a　各直线运动坐标轴的定位精度和重复定位精度

直线运动定位精度的检验一般是在空载条件下进行的,如图 2-12 所示。按国际标准化组织(ISO)规定,对数控机床的直线运动定位精度的检验应该以激光检测为准。如果没有激光检测的条件,可以用标准长度刻度尺进行比较测量。这种检测方法的检测精度与检测技巧有关,一般可控制到 0.004/1000 ~ 0.005/1000,而激光干涉仪测量精度为 0.002/1000 ~ 0.003/1000。

进行直线运动定位精度检验时,可根据机床规格选择 20 mm、50 mm 或 100 mm 的间距,用

MDI 方式做正向和反向快速移动定位,测出实际值和指令值的散差。为了反映多次定位中的全部误差,ISO 规定每一个定位点进行 5 次数据测量,计算出平均值和散差 $\pm\sigma$。定位精度是一条由各定位点平均值连贯起来有平均散差 $\pm3\sigma$ 构成的定位点离散误差带,如图 2-13 所示。

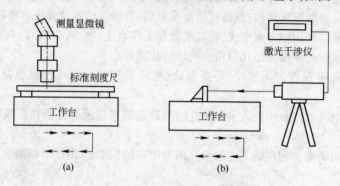

图 2-12 直线运动定位精度检验
(a) 标准尺比较测量;(b) 激光测量

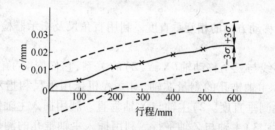

图 2-13 定位精度曲线

  定位精度是在快速移动方式下定位测量的。对进给传动链刚度不太好的数控机床,采用各种进给速度定位时,会得到不同的定位精度曲线和不同的反向间隙。因此,数控机床本身质量不高就不可能加工出高精度的零件。

  由于综合因素,数控机床各坐标轴的正向和反向定位精度是不可能完全重复的,其定位精度曲线会出现图 2-14(a)所示的平行型曲线、图 2-14(b)所示的交叉型曲线和图 2-14(c)所示的喇叭型曲线,这些曲线反映出机床的质量问题。不正常定位曲线分析见表 2-1。

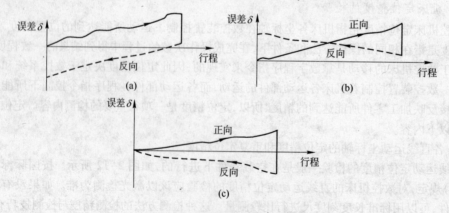

图 2-14 几种不正常定位曲线
(a) 平行型;(b) 交叉型;(c) 喇叭型

表 2-1 不正常定位曲线分析

类 型	原 因	纠 正 措 施
平行型	该轴存在反向间隙	使用间隙补偿功能来纠正
喇叭型	滚珠丝杠在行程内各段间隙过盈不一致和导轨副在行程内各段负载(松紧)不一致,一头松一头紧形成喇叭型	消除机构存在的缺陷或使用丝杠螺距误差补偿
交叉型	该轴存在上述缺陷,因间隙补偿使用不当而致	

理论上讲,全闭环伺服坐标轴可以修正很小的定位误差,不会出现平行型、交叉型或喇叭型定位曲线,但是实际的全闭环伺服系统在修正太小的定位误差时,会产生传动链的振荡,造成失控,因此全闭环伺服系统坐标轴的正、反向定位曲线也会有微小的误差。

另外,定位精度曲线还与环境温度的变化和轴工作状态有关系,对于半闭环伺服系统,因检测装置安装位置的原因,不能补偿滚珠丝杠的热伸长。而热伸长能使其坐标轴的定位精度在 1 m 行程上相差 0.01 ~ 0.02 mm。因此,有些数控机床采用预拉伸丝杠的方法来减小热伸长的影响,对于长丝杠有的采用给丝杠中心通恒温冷却油的方法来减小温度变化。有些数控机床在关键部位安装热敏电阻元件检测温度变化,由数控系统对这些位置的温度变化给予补偿。

直线运动重复定位精度是反映坐标轴运动稳定性的基本指标,它决定着加工零件的稳定性和误差的一致性。检验重复定位精度和检验定位精度所用的仪器相同。检验方法是在靠近被测坐标轴行程的中点及两端选择任意 3 个位置,每个位置用 MDI 方式进行快速定位,在相同的条件下重复 7 次,得到停止位置的实际值与指令值的差值并计算标准偏差,取最大标准偏差的 1/2,加上正负符号即为该点的重复定位精度。取每个轴的 3 个位置中最大的标准偏差的 1/2,加上正负符号后就是该坐标轴的重复定位精度。

b 直线运动的原点返回精度的检验

直线运动的原点返回精度的检验实质上是检验坐标轴的原点或参考点的重复定位精度。该点与程序编制中使用的工件坐标系、夹具安装基准有直接关系。数控机床每次开机时原点复归精度要一致,因此要求原点的定位精度比坐标轴上任意点的重复定位精度要高。进行直线运动的原点复归精度检验的目的是检测坐标轴的原点复归精度和检测原点复归的稳定性。

c 直线运动失动量的检验

失动量的检验方法是在所检测的坐标轴的行程内,使坐标轴预先正向或反向移动一段距离后停止,并且以停止位置作为基准,再在同一方向给坐标轴一个移动指令值,使之移动一段距离,然后向反方向移动相同的距离,检测停止位置与基准位置之差。

坐标轴的直线运动失动量是进给轴传动链上驱动元件的反向死区以及机械传动副的反向间隙和弹性变形等误差的综合反映。它影响定位精度和重复定位精度。

d 回转轴运动精度检验

回转轴运动精度的检验方法与直线运动精度的测定方法相同,检测仪器是标准转台、平行光管等。检测时工作台转动一周,至少选取 12 个检测点,尤其要对 0°、90°、180°、270° 的精度重点测量,要求这些角度的精度比其他角度的精度高一个数量级。

C 机床切削精度的检验

数控机床的切削精度是机床的综合精度,受机床的几何精度、定位精度、温度、刚度等影响。不同类型的数控机床其切削精度的检验方法也不同。以加工中心的切削精度为例,试件材料为 HT200,刀具材料为硬质合金和高速钢,检验的内容主要包括以下几项。

　　a　镗孔精度的检验

　　镗孔精度的检验如图 2-15(a)所示,其利用指示器、圆度仪对孔进行圆度和直径一致性的检测,说明孔圆度与主轴径跳动和刚度及 X、Y、Z 轴刚度有关。在现代数控机床中,主轴都装配有高精度带预负荷的成组滚动轴承,进给伺服系统采用摩擦系数小和灵敏度高的导轨副及高灵敏度的驱动部件,这项精度一般都可以保证。

　　b　端面铣刀铣削平面精度的检验

　　端面铣刀铣削平面精度的检验如图 2-15(b)所示,其利用指示器和平板对工件平面度、接刀阶梯进行检测。该精度主要反映平面度与 X、Y 轴直线度有关,阶梯差与 Z 轴和 X、Y 轴之间的垂直有关。

　　c　镗孔的孔距精度和孔径分散度的检验

　　图 2-15(c)所示为以快速移动进给定位精镗 4 个孔,利用检棒、量块或坐标测量机对孔距精度和孔径分散度进行测量。该精度与 X、Y 轴定位精度有关。一般数控机床在 X、Y 坐标方向的孔距精度为 0.02 mm/200 mm,对角线方向孔距精度为 0.03 mm/200 mm,孔径分散度为 0.01 mm/200 mm。

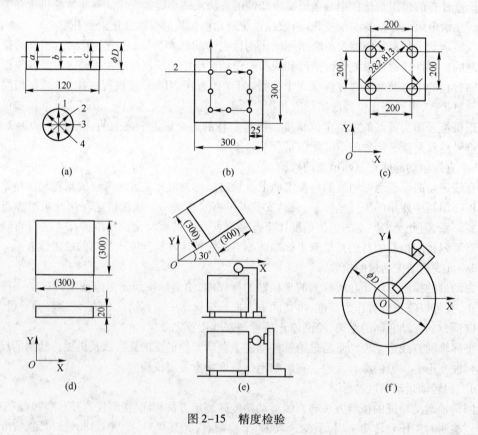

图 2-15　精度检验

　　d　直线铣削精度的检验

　　直线铣削精度的检验可按图 2-15(d)所示进行。利用指示器、平板、千分尺和直角尺对工件四周进行直线度、平行度、垂直度及两组相对尺寸的差值进行测量。该精度与 X 轴、Y 轴的直线度、垂直度及定位精度有关。允许误差:直线度为 0.01 mm/300 mm,平行度为 0.02 mm/300 mm,垂直度为 0.02 mm/300 mm,厚度差为 0.03 mm。

e 斜线铣削精度的检验

斜线铣削精度的检验是利用指示器、平板和直角尺等仪器,通过立铣刀侧刃精铣图 2-15(e) 所示的工件周边,测量其直线度、平行度和垂直度。该精度与 XY 轴插补精度,XY 轴垂直度、直线度、定位精度,XY 轴刚度及丝杠、导轨间隙和摩擦,伺服系统跟随精度等有关。所以该精度可以反映两轴直线插补运动的品质特性。

f 圆弧铣削精度的检测

圆弧铣削精度的检测是利用指示器、专用工具或圆度仪,通过用立铣刀侧刃精铣图 2-15(f) 所示的外圆表面,对圆度进行测量。该精度与 X、Y 轴插补精度及过象限,X、Y 轴垂直度、直线度及定位精度,XY 轴刚度变化及丝杠、导轨间隙和摩擦,伺服系统跟随精度等有关。一般加工中心类机床铣削直径为 200 ~ 300 mm 的工件时,圆度可达到 0.01 ~ 0.03 mm,表面粗糙度 R_a 在 3.2 μm 左右。

在圆试件测量中常会遇到图 2-16 所示的图形。出现两半圆错位的图形一般都是由一个坐标或两个坐标的反向失动量造成的,可以通过适当改变数控系统的失动量补偿值或修调该坐标传动链来解决;出现斜椭圆是由于两坐标实际的系统误差不一致造成的,此时可适当调整速度反馈增益或位置环增益来改善;出现锯齿形条纹是由两轴联动时一轴进给速度不均匀造成的,可通过调整进给轴速度控制或位置控制环节解决。

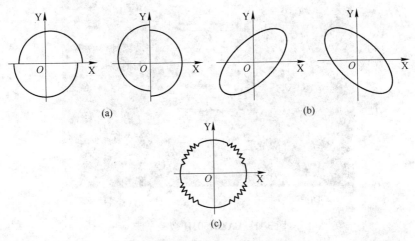

图 2-16 有质量问题的圆图形
(a) 两半圆错位;(b) 斜椭圆;(c) 锯齿形条纹

值得注意的是,现有机床的切削精度、几何精度及定位精度允许误差没有完全封闭,因此要保证切削精度必须要求机床的定位精度和几何精度实际数值比允许误差低。

思 考 题

2-1 数控机床安装、调试过程有哪些工作内容?

2-2 数控机床安装、调试时为什么要进行参数的设定和确认?

2-3 数控功能检验包括哪些内容,如何进行?

2-4 数控机床的精度检验包括哪些内容?

2-5 为什么说数控机床的定位精度是一项很重要的检测内容?

3 数控机床的操作

3.1 数控车床的操作

数控车床可以完成各种带有复杂母线的回转体零件(例如圆柱、圆锥、圆弧和各种螺纹等)的加工。高等级的数控车床即车削中心还可以进行铣削、钻削以及各种多边形零件的加工。数控车床加工在零件的复杂程度、加工精度和一致性方面都是普通车床加工无法比拟的。另外,数控车床还可以大大地减轻操作人员的劳动强度。

数控车床虽然型号繁多,系统多种多样,但其操作的基本原理和工作内容是相同的。现以沈阳第一机床厂生产的 CAK6150MJ 数控车床为例(见图3-1),介绍 FANUC 0i-TC 系统及该型号机床的基本操作方法。

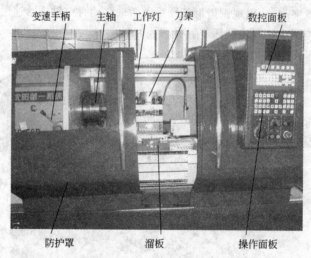

图 3-1　CAK6150MJ 数控车床

3.1.1　数控车床的组成

数控车床由数控装置、伺服系统、机床本体及辅助装置组成,如图3-2所示。其中操作面板由机床操作面板和数控操作面板两部分组成,如图3-3和图3-4所示。

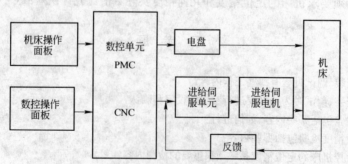

图 3-2　数控车床的组成框图

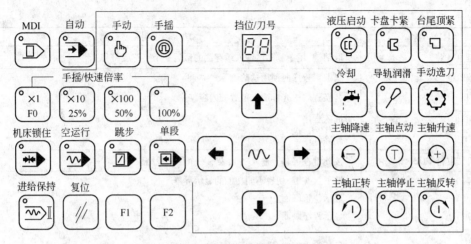

图 3-3　机床操作面板图

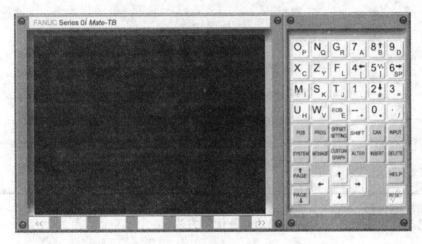

图 3-4　数控操作面板图

3.1.2　数控操作面板中键盘符号含义

数控操作面板中键盘符号的含义见表 3-1。

表 3-1　数控操作面板中键盘符号含义

名　称	功　能　说　明
复位键 RESET	按下这个键可以使 CNC 复位或者取消报警等
帮助键 HELP	对 MDI 键的操作进行帮助或在 CNC 发生报警时提供报警的详细信息
软键	对应不同的画面软键有不同的功能,其功能显示在屏幕的底部
地址和数字键 O_P → $\cdot$ /	按下这些键可以输入字母、数字或者其他字符
切换键 SHIFT	键盘上的某些键具有两个功能,按下 SHIFT 键可以进行切换
输入键 INPUT	当按下一个字母键或者数字键时再按该键,数据被输入到缓冲区,并且显示在屏幕上。要将输入缓冲区的数据拷贝到偏置寄存器中等,请按下该键。这个键与软键中的 INPUT 键是等效的

续表 3-1

名　　称	功 能 说 明
取消键 CAN	取消键,用于删除已输入缓存区的最后一个字符或符号
程序编辑键	当编辑程序时使用这些键
ALTER	替换程序中光标所在位置的内容
INSERT	插入程序
DELETE	删除程序
程序段结束符 EOB	按此键在屏幕上输入";",表示一个程序段结束
功能键	按下这些键,切换不同功能的显示屏幕
POS	显示位置画面
PROG	显示程序画面
OFFSET SETTING	显示刀具偏置/设定画面
SYSTEM	显示系统画面
MESSAGE	显示信息画面
CUSTOM GRAPH	显示用户宏程序画面或图形显示画面
翻页键	有两个翻页键
↑ PAGE	该键用于将屏幕显示的页面往前翻页
PAGE ↓	该键用于将屏幕显示的页面往后翻页
光标移动键 → ← ↑ ↓	用于将光标向前、向后、向上、向下移动

3.1.3　机床操作面板各控制按钮的功能及使用方法

3.1.3.1　机床电源操作

机床的主供电系统为三相 380 V 交流电。

首先打开机床侧面的电器柜开关,然后按操作面板上的机床上电按钮,如图 3-5 所示,数控车床电源接通。当使用完机床后,先按机床操作面板上的下电按钮,再关闭机床侧面的电器柜开关。操作时本着先开后关的原则。

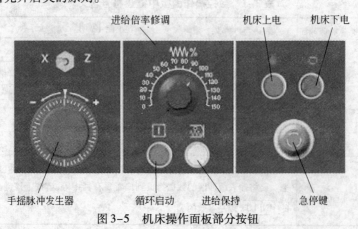

图 3-5　机床操作面板部分按钮

3.1.3.2 急停键

在出现异常的情况下,使 NC 停止工作,CRT 显示报警信息"EMG"。此按钮为"蘑菇头"按钮,当顺时针转动时,可使按钮弹起并解除急停状态。

3.1.3.3 循环启动按钮

用于自动方式下机床自动加工的启动。

3.1.3.4 进给保持按钮

在自动运行状态下,程序暂停,停止轴向进给运动,但 M、S、T 功能仍有效。

3.1.3.5 手摇脉冲发生器(电子手轮)

先移动上方轴选择开关,选择坐标轴 X 或 Z,再选择×1、×10、×100 的某一速率,旋转手摇轮,可将滑板移动到指定的位置。常用于对刀操作。

3.1.3.6 主轴功能

在手动方式下,用于主轴的正转、反转、停止和速度修调。

3.1.3.7 液压启动

按下此按钮,液压系统启动。

3.1.3.8 卡盘卡紧

用于液压卡盘的夹紧和松开。

3.1.3.9 台尾顶紧

用于液压套筒的前进和后退。

3.1.3.10 冷却

用于手动进行冷却操作。禁止在换刀时启动冷却。

3.1.3.11 导轨润滑

当 NC 上电后,机床自动进入间歇润滑状态。润滑键负责机床的四个导轨面和 X、Z 轴丝杠的润滑,该润滑系统是间歇式自动润滑。

此按钮用于手动润滑,属于强制性润滑,按住该按钮润滑开始,松开按钮润滑即停止。

3.1.3.12 手动选刀

用于选出待用刀具。每按一下该按钮,刀架转动一个刀位,若长按此按钮可转动多个刀位,直接选出待用刀具。

3.1.3.13 挡位/刀号显示

显示主轴所在的挡位及刀架转出的刀具号。

3.1.3.14 方式选择

操作者要进行数控车床的某种操作,必须首先选择一个合适的工作方式。包括 MDI、编辑、自动、手动、手摇以及回参考点。

(1)MDI(Manual Data Input 即手动数据输入)方式用于机床的调试、系统参数的修正以及开机后设置主轴转速等操作。

(2)编辑方式用于输入/输出程序,编辑程序。

(3)自动方式用于校验程序和加工工件。

(4)手动方式用于滑板的移动,具体速率取决于"进给倍率修调"。此方式下的移动有两种,一种以进给倍率修调的速率进行移动,方向键决定滑板移动方向;另一种以快速进给倍率进行移动,需要在按住快速键的同时,按住要移动的方向键,实现该方向上的快速移动。按下方向键滑板移动,松开方向键移动停止。

（5）手摇方式用于滑板的移动,移动的距离可以控制,由 ×1、×10、×100 控制,×1 时移动量为 0.001 mm/P，×10 时移动量为 0.01 mm/P，×100 时移动量为 0.1 mm/P。

（6）回参考点方式用于使滑板回到机床参考点,从而建立机床坐标系。机床参考点是数控机床上的一个固定基准点,一般位于机床移动部件沿其坐标轴正向移动的极限位置,该点由制造厂商在出厂时调好,不允许随意变动。

3.1.3.15　校验程序的四种方式

校验程序的方式有如下四种：

（1）单程序段运行。在自动方式下,按下此键,使程序单段执行。也可用于首件试切。

（2）程序跳步。在执行程序时,按下此键,跳过带有"/"的程序段。

（3）空运行。按下此键运行程序,各进给轴会以快速方式移动,程序中的 F 指令无效。

（4）机床锁定。按下此键,表明机床锁住有效,在程序自动运行期间,机床的滑板不移动,但辅助功能有效,如主轴正转、换刀等指令仍然执行。

3.1.3.16　进给保持Ⅱ键

按下此键,程序暂停,机床的辅助功能和滑板的移动均停止,若需解除,要按循环启动键。按一次循环启动键,机床进入进给保持状态,再按一次循环启动键,程序才能继续执行。

3.1.3.17　复位键

按下此键,机床复位。

3.1.4　数控车床的基本操作

数控车床的一般加工操作方法与步骤如下：

（1）依次打开各电源开关,系统启动。

（2）回参考点。

（3）调入或输入加工程序。

（4）进行"刀具参数"和"数据设定"设置。

（5）测试运行（机床锁住）。

（6）加工运行。

3.1.4.1　X 轴、Z 轴的移动操作

A　快速移动操作

选择手动方式,按任一快速倍率,按某一方向键和快速键。

B　进给移动操作

选择手动方式,选择进给倍率,按某一方向键。

"进给倍率修调"旋钮用于调整进给速度,设有 0% ~150% 十六个档位。如运行 G01 X100. Z-200. F2000.0,进给倍率修调为 10%,则实际进给速度为 2000.0 ×10% = 200 mm/min。在加工过程中,旋转"进给倍率修调"旋钮可随时改变进给速度。

C　回参考点操作

选择回参考点方式,按任一方向键时,机床滑板会快速向机床参考点移动,直到到达参考点为止。

D　手摇移动操作

选择手摇方式,选任一手摇倍率,选移动轴,转动手摇轮。摇动手轮的速度不能高于 5 r/s。

3.1.4.2 手动换刀操作

按手动键,点按换刀启动键或长按换刀启动键,到达目标工位释放。

换刀时注意刀杆回转半径一定在安全区域内,以防发生碰撞事故。

3.1.4.3 主轴操作

A 手动变挡

按手动键,点按升速键或降速键,主轴在本挡范围内升高或降低主轴级数。

注意:严禁在主轴旋转时,搬动床头变挡手柄。

B 旋转控制

按手动或手摇键,按主轴正转键、停止键、反转键或主轴点动键。

注意:(1) 禁止在空挡启动主轴;

(2) 禁止在卡盘未安装工件时高速旋转主轴。

3.1.4.4 程序操作

程序的操作均在面板上程序保护开关被打开时,编辑方式下进行。

A 程序的调出

选择编辑方式→按"PROG"键→按"DIR"软键→输入要调出的程序号→按"O"检索→程序被调出。

B 程序的编辑

选择编辑方式→按"PROG"键→输入要编辑的程序号→按"INSERT"键→按"EOB"键→按"INSERT"键→程序号被输入。

若所输程序号已存在会出现073#报警。

程序的输入:按程序中的第一行内容→按"EOB"键→按"INSERT"键→再按第二行内容→按"EOB"键→ 按"INSERT"键→…→按"M""3""0"→按"EOB"键→按"INSERT"键→完成程序的输入。

注意:在按"INSERT"键前,程序存在存储器的缓冲区,此时若发现输入错误,可按"CAN"清除,再输入正确的字。在程序输入时不能忘记小数点,即在整数后也要加小数点。

C 程序的插入、修改、删除

(1) 插入:将光标移至要插入字的前一个字的位置,输入要插入的字按"INSERT"键,插入完成。

(2) 修改:将光标移至待修改的字上,输入要修改的字按"ALTER"键,修改完成。

(3) 删除:将光标移至要删除的字上,按"DELETE"键,该字被删除,光标自动移到下一个字上。删除整个程序段时,将光标移至此程序段开头,按"EOB"键后,再按"DELETE"键,即可完成;删除已有程序时,输入要删除的程序号按"DELETE"键,该程序被删除。

D 程序的通信

利用程序通信功能,可将计算机中的程序输入到数控系统,也可将数控系统中的程序输出到计算机中保存。目前常用串行通信接口 RS232C 以及无线通信等方法,操作方法如下所述。

a 输入程序的步骤

在计算机端打开传输软件,调入要进行传输的程序,选择传输状态。

在机床端将程序保护开关置为无效→选择编辑方式→按"PROG"键→按"OPRT"软键→按">"软键→输入程序号(不可与机床中原有程序重名)→ 按"READ"软键→按"EXEC"软键,此时程序被输入到机床数控系统中,最后将程序保护开关置为有效状态。

b　输出程序的步骤

在计算机端打开传输软件,选择接收状态。

在机床端将程序保护开关置为无效→选择编辑方式→按"PROG"键→按"OPRT"软键→按"＞"软键→指定输出程序号→按"PUNCH"软键→按"EXEC"软键,此时程序被输出到计算机中,最后将程序保护开关置为有效状态。

3.1.4.5　自动运行

工件的实际切削加工是在自动运行方式下完成的。

在编辑方式下调出要加工的程序→选择自动加工方式→选择程序监视画面(按"PROG"键)→将快速进给旋钮、进给倍率修调旋钮、主轴修调旋钮等选择为适当的倍率→按"循环启动"键,程序开始自动运行。

A　自动运行的中断

在自动循环加工过程中,有时根据实际情况要中断程序的运行,除利用程序中的暂停及选择暂停指令中断外,还可使用进给保持按钮、复位键和急停按钮等操作方法中断或终止程序的自动运行。

a　利用进给保持键中断程序

在自动运行期间,按"进给保持"键,机床处于暂停状态,进给轴停止移动,但主轴正常转动。按"循环启动"键,程序继续执行。

若按"进给保持Ⅱ"键,主轴和进给轴均停止运动,按一次"循环启动"键,主轴转动,进入进给保持状态,再按"循环启动"键,程序继续执行。

注意:螺纹加工中,进给保持失效。

b　利用 CNC 的复位键停止程序运行

在自动循环加工过程中,用"复位"键停止程序运行,此时机床主轴、进给、冷却及 CNC 系统均立即停止动作,且程序中光标从暂停位置返回到程序头。

c　利用紧急停止中断程序

在自动循环加工过程中,如遇意外情况需立即停止机床所有动作时,可按下"紧急停止"按钮,此时机床主轴、进给、冷却及 CNC 系统均立即停止所有动作,CRT 显示急停报警。要重新恢复机床的操作,需排除意外情况,并顺时针旋动"紧急停止"按钮,使其弹起,按"复位"键消除CRT 上的报警显示,手动使机床返回参考点后,方可继续进行机床操作。

B　程序的试运行

程序编辑完成后,必须对程序进行试运行,以检验程序的编写是否正确。

a　机床锁住

按下"机床锁住"键→按"自动"键→按"循环启动"键。此时程序运行,而机床不做进给运动,程序中坐标变换以及 M、S、T 等辅助功能正常执行,由于数控系统和机械部分脱节,需在解除机床锁住状态后,重新进行回参考点操作(对于采用绝对编码器的机床,因无回参考点操作,可使机床下电,再重新上电),才可正常运行程序。

b　程序试运行

(1)空运行:用于快速检验程序的加工轨迹。

(2)单程序段运行:用于零件的首件加工。调出程序→按"自动"键→按"循环启动"键→执行一个程序段→再按"循环启动"键→再执行一个程序段→…→直到最后一个程序段结束。

(3)跳步运行:为节省检验时间,将机床辅助功能跳过,只显示加工路径,以检查程序正确与否。

3.1.4.6 MDI(手动数据输入)方式

在 MDI 方式下,可输入一段或几段程序,一般不能超过十段,该程序被输入到 MDI 缓冲寄存器内,按"循环启动"键后,输入的程序运行,通常程序运行后会自动消失,不能被保存下来。该方法通常用于机床的调试,如检验机床的主轴、刀具、冷却、尾座等功能。

操作步骤如下:

选择"MDI"方式→按"PROG"键→输入程序如"S 5 0 0 M 0 3"→按"INPUT"键→若有多段程序时,要将光标移至第一段→按"循环启动"键运行程序。经此操作,机床主轴会以 500 r/min 的速度正转。

3.1.4.7 对刀操作(加工坐标系的设定)

A 直接测量法

在机床加工中,实际加工的刀具是不可能与工件坐标系的原点重合的,这样就必须通过对刀操作,测量出刀具参考点与实际加工刀具之间的差值即"刀补值",然后将"刀补值"输入在刀补的"形状"页面,这样执行该刀补时,机械坐标系发生平移与编程(工件)坐标系相符,才能按编程原点开始进行零件加工。

按"补正"键→按"形状"键→ 将光标移到相应刀号上→手动车外圆,沿 Z + 方向退出(不移动 X 轴)→停主轴测量外圆直径→输入 X 及工件外圆直径尺寸→按"测量"键,则 X 向刀具偏移量自动生成,此坐标值为工件坐标系的 X 向坐标原点。

将光标移到 Z 上→平工件端面→输入 Z0→按"测量"键,则 Z 向刀具偏移量自动生成,即工件坐标系 Z 向坐标原点被确定。

B G50 法

该方法设定加工坐标系与机床坐标系无关,与刀具起刀点有关。

如 G50 X200.0 Z100.0 表示刀具的起始点与工件坐标系原点的距离为 X = 200 mm,Z = 100 mm。在加工前必须将刀具移动到距工件坐标系原点这么远的距离上。

选择基准刀:

手动车外圆→沿 Z 向退出,将 U 清零→停主轴,测量外圆 $\phi50$ mm→车端面,车平,将 W 清零→手动移动刀架,直到位置显示 U150 mm(200 mm - 150 mm)、W100 mm(100 mm - 0)。

实际刀架与工件端面距离为 X = 200mm,Z = 100 mm。

C G54 ~ G59 工件坐标系的设定

通过 G54 ~ G59 工件坐标系的预置可将机械坐标系设在工件坐标系原点上。其方法与直接测量法相似,先将试切外圆后的综合坐标页面的 X 向机械坐标记录下来,用该值减去测量出的外径值即得出 X 轴方向工件坐标系的原点在机床坐标系中的偏置 X1。同理,将平端面后综合坐标页面的 Z 向机械坐标记录下来,由于此时刀尖与外圆端面接触,即刀尖与工件坐标系在 Z 方向上重合,此坐标值就是工件坐标系在 Z 轴方向上与机床坐标系的偏置 Z1。

操作方法如下:

选择"MDI"方式→按"OFFSET SETTING"键→按"坐标系"软键→将光标移到工件坐标系 G54 上 → 输入 X 轴对应的 X1 值及 Z 轴对应的 Z1 值,即可完成工件坐标系的设定。

刀具的磨损补偿用于刀具的磨损和对加工尺寸的调整。当尺寸比要求尺寸大时,在磨耗刀补中输入一对应的负值。

3.1.4.8 数控机床操作注意事项

数控机床操作注意事项如下:

（1）程序未经确认正确前,不得轻易解除"机床锁住"进入"加工运行"。

（2）每次系统运行前必须进行"回参考点"操作。

（3）"超程"等故障报警时,可及时按下"急停"按钮。

（4）在坐标轴某一方向出现障碍或处于极限位置时,必须特别注意选择正确的进给方向。

（5）应严格执行操作顺序,否则易出现异常。

（6）遵守《车床安全使用规则》。

3.2　数控铣床的操作

3.2.1　数控铣床的主要功能及加工对象

不同数控铣床的功能不尽相同,大致分为一般功能和特殊功能。一般功能是指各类数控铣床普遍具有的功能,如点位控制功能、连续轮廓控制功能、刀具半径自动补偿功能、镜像加工功能、固定循环功能等;特殊功能是指数控铣床在增加了某些特殊装置或附件后,分别具有或兼备的一些特殊功能,如刀具长度补偿功能、靠模加工功能、自动变换工作台功能、自适应功能、数据采集功能等。

数控铣床的主要加工对象有以下几种:

（1）平面类零件（见图3-6）。加工面平行、垂直于水平面或加工面与水平面的夹角为定角的零件称为平面类零件。其特点是:各加工单元面是平面或可以展开为平面。

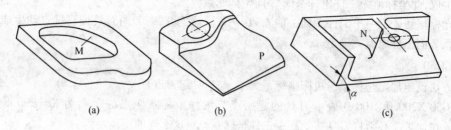

(a)　　　　　　　　　(b)　　　　　　　　　(c)

图3-6　典型平面类零件

（2）曲面类零件。加工面为空间曲面的零件称为曲面类零件或立体类零件。其特点是:加工面不能展开为平面;加工面始终与铣刀点接触。

（3）变斜角类零件。加工面与水平面的夹角呈连续变化的零件称为变斜角类零件,这类零件多数为飞机零件。其特点是:加工面不能展开为平面,但在加工中,加工面与铣刀圆周接触的瞬间为一条直线。此类零件最好采用四坐标或五坐标数控铣床摆角加工,也可采用三坐标数控铣床做两轴半近似加工。

因此,数控铣床适于加工具有以下特点的零件:既有平面又有孔系的零件;结构形状复杂、普通机床难加工的零件;外形不规则的异型零件;加工精度较高的中小批量零件。

3.2.2　数控铣床操作准备

数控铣床操作前的准备工作如图3-7所示。

3.2.2.1　工件安装

工件安装的原则是:

（1）不产生工件变形。

（2）不因切削力而产生松动、振动。

（3）不与刀具干涉。

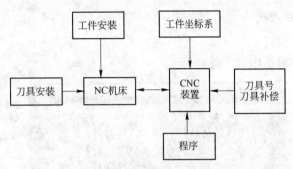

图 3-7 数控铣床加工前准备

(4) 便于排屑及清扫。

(5) 尽可能在一次装夹中完成全部加工。

3.2.2.2 刀具安装

(1) 刀具选择。数控加工刀具的选择与普通加工刀具的选择是相同的,也是根据加工内容、工件材质、形状及夹具的关系等方面决定刀具的种类及式样(即刀具的材质、形状、尺寸、齿数等)。但是由于数控机床是自动进行加工的,所以就更应注意选择切削性能稳定、可靠性高的刀具。

(2) 刀具预调对刀。将刀具安装到刀柄上后,需要分别在对刀仪上测出刀具半径值及刀长值(刀具前端到刀柄校准面的距离),为刀具补偿和自动换刀做准备。也可直接对刀,X、Y、Z 三个方向的值可分别通过刀具与工件端面相切削,利用屏幕上机械坐标中所显示的坐标计算求出,然后将刀补值输入到刀补画面的工件坐标系中。

3.2.2.3 程序编制和工件坐标系及参数设定

根据加工零件的形状,编制出相应的程序(可手动编程及自动编程),确定工件坐标系,进行刀具补偿设置等。

3.2.3 主要操作步骤

在启动数控系统时,一般开机后先让机床空运转 15 分钟以上,使机床达到热平衡状态,此时系统和机床均处于准备工作的状态。然后,就可以按照系统的操作说明,控制系统和机床的运行,进行零件加工。

停机时,应该在不加工零件后关机并切断电源。

在出现紧急情况时,数控铣床的操作面板上一般都有一个红色急停按钮,防止事故的发生。

3.2.3.1 控制面板

以北京机床一厂生产的 XKA5032A 数控铣床为例,其数控系统为 FANUC-0i 系统。

主要开关键的功能和使用方法如下:

(1) 电源指示灯。系统电源指示,绿色指示灯亮时系统通电。

(2) 主轴正转。刀具轴控制开关,按下刀具轴正转。

(3) 主轴停。刀具轴控制开关,按下刀具轴停。

(4) 主轴反转。刀具轴控制开关,按下刀具轴反转。

(5) 冷却开。冷却泵控制开关,按下冷却泵打开。

(6) 冷却停。冷却泵控制开关,按下冷却泵关闭。

(7) 机床锁住。机床控制开关,按下伺服部分断电,主轴停止运转。

(8) 导轨润滑。按下给 X、Y、Z 轴导轨进行润滑。

3.2.3.2　主要操作功能

A　自动方式

在自动方式下,屏幕显示内容见图3-8。

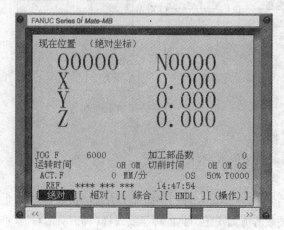

图3-8　自动运行方式下屏幕显示的内容

(1)信息数据显示区:显示内容包括自动方式标志、当前加工零件的程序号、进给速度及其倍率、主轴速度及其倍率、机床坐标值等等。

(2)程序显示区:显示被加工零件的数控加工程序,但有时因程序量大或者加工速度过快,显示的程序可能会和实际加工程序不同步。

(3)动态图形显示区:机床加工当前零件时,该显示区显示刀具的动态轨迹图。该图可以是二维或三维方式显示,由子功能键进行选择。

B　MDI方式

(1)按下操作面板上的"MDI"键,系统进入MDI运行方式;

(2)按下系统面板上的程序键"PROG",打开程序屏幕。系统会自动显示程序号O0000,如图3-9所示;

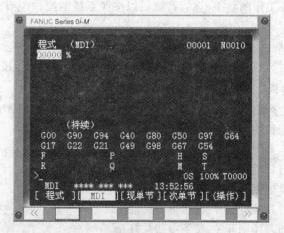

图3-9　MDI方式屏幕显示内容

(3)用程序编辑操作编制一个要执行的程序;

(4)使用光标键,将光标移动到程序头;

（5）按循环启动键（指示灯亮），程序开始运行。当执行程序结束语句（M02 或 M30）或者%后，程序自动清除并且运行结束。

停止、中断 MDI 运行的方法如下：

（1）停止：如果要中途停止，可以按下循环启动键左侧的进给暂停键，这时机床停止运行，并且循环启动键的指示灯灭、进给暂停指示灯亮。再按循环启动键，就能恢复运行。

（2）中断：按下数控系统面板上的复位键，可以中断 MDI 运行。

C 手动方式

a 手动返回参考点

每次开机后必须执行返回参考点的操作后才能执行其他的操作，可在选择轴回零方式（REF）下，分别选择"+X"、"+Y"、"+Z"使三轴分别返回零点，而不用将轴手动移至零点附近才回零。

b 手动连续进给

（1）按下"连续点动"按键，系统处于连续点动运行方式。

（2）选择进给速度。

（3）按下"X"键（指示灯亮），再按住"+"键或"−"键，X 轴产生正向或负向连续移动；松开"+"键或"−"键，X 轴减速停止。

（4）依同样方法，按下"Y"键，再按住"+"键或"−"键，或按下"Z"键，再按住"+"键或"−"键，使 Y、Z 轴产生正向或负向连续移动。

c 点动进给速度选择

使用机床控制面板上的进给速度修调旋钮选择进给速度：将该旋钮顺时针或逆时针旋转，可改变进给速度的修调倍率。如在程序中设置 F = 100 mm/min，当旋钮处于 100% 位置时，进给速度为 100 mm/min，若旋钮处于 50% 位置时，进给速度为 50 mm/min，依此类推。

d 增量进给

按下"增量"按键，系统处于增量运行方式。按下"X"键（指示灯亮），再按一下"+"键或"−"键，X 轴将向正向或负向移动一个增量值。依同样方法，按下"Y"键，再按住"+"键或"−"键，或按下"Z"键，再按住"+"键或"−"键，使 Y、Z 轴向正向或负向移动一个增量值。

e 手轮进给

（1）按下"手轮"按键，系统处于手轮运行方式。

（2）选择要用手轮来移动的坐标轴。

（3）选择手轮移动速率，在速率/倍率修调按键区选择，当选择按键为"×1"，则表示手轮每转动一个小格，机床在所选坐标轴上移动 1 μm；当选择按键为"×10"，则表示手轮每转动一个小格，机床在所选坐标轴上移动 10 μm；当选择按键为"×100"，则表示手轮每转动一个小格，机床在所选坐标轴上移动 100 μm。手轮每转动一圈有 100 小格，因此，在选择不同的移动速率时，使机床坐标轴移动的距离分别是 0.1 mm、1 mm 和 10 mm。

（4）顺时针方向旋转手轮，坐标轴向正方向移动，逆时针方向旋转手轮，坐标轴向负方向移动。

3.2.3.3 一些特殊操作功能

A 使用程序重启动功能

在加工中难免要重复调试加工程序，如果在调试中能熟练使用程序重启动功能，那么就可以跳过已经加工过的程序，节省大量的时间。FANUC 系统提供了两种形式的程序重启动功能，即 P

型和 Q 型。这两种功能各有特点,应注意灵活使用。如果操作者对程序熟悉,还可以使用更灵活的"任意启动"的方式跳到任意地方执行,可大大节省时间。

　　B　熟练使用系统的运算功能

NC 本身是个很好的计算器,有许多麻烦的运算可以由 NC 自己完成。例如,在设置零点时可以直接输入当前的坐标值,让 NC 自己计算出当前的机械坐标系,又快又准。在设置刀具长度时也可以直接在机床上对出刀长,而不用在对刀仪上对刀。

　　C　使用手轮中断功能

在粗加工的过程中,由于毛坯的切削余量过大或编程疏忽,会出现一些残余的"小岛"或是"小边"没有被完全切除,这时操作者不必停下来修改程序,只需用进给保持键或单段运行模式暂停程序,然后切换到手动模式用电子手轮直接移动想要移动的轴到相应位置,将其切削掉,再切换到自动模式继续加工。

　　D　使用 DNC 模式

在加工一些复杂的曲面时需要使用 CAM 软件。使用 CAM 软件生成的程序一般较长,而数控机床的存储器容量比较小,程序无法全部传进去,因此,需要通过 DNC 模式运行。要使用 DNC 功能,必须预先设置阅读/纸带机接口的参数。对于 FANUC 系统,机床在出厂前,其备份参数均设置为:"波特率(Baud rate):4800;数据位(Data bits):8;停止位(Stop bits):2;奇偶检验(Parity):None"。

通常不建议操作者修改系统参数,一是前面的操作者修改了系统参数有可能影响后来的操作者;二是毕竟修改 PC 参数要比修改 NC 参数快捷省事。需要提醒操作者的是,一般 RS232C 可支持的最高波特率为 38400,但是,一般的数控系统最大支持 19200。波特率受电源情况、PC 主板质量、PC 接地情况、通信电缆长度、电缆屏蔽特性、电缆制作工艺、周围环境等因素影响,波特率为 4800 可以满足绝大多数程序运行的要求,不会出现通信速度制约加工速度的情况。

　　E　熟练使用刀具补偿功能

铣轮廓时,使用刀具半径补偿功能可以起到事半功倍的效果。加工前可以故意将刀具半径加大 0.2 mm,加工一次后测量实际尺寸,然后根据实际误差修正刀具半径补偿值,重新加工一次,这样既可以保证加工成功又可以提高加工精度,非常方便。

3.2.3.4　刀柄的用法

数控铣床的通用刀柄如图 3-10 所示,分为整体式和组合式两种。为了保证刀柄与主轴的配合与连接,刀柄与拉钉的结构和尺寸均已标准化和系列化,在我国应用最为广泛的是 BT40 和 BT50 系列刀柄和拉钉。

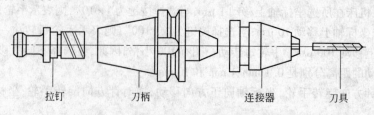

拉钉　　　　刀柄　　　　　　连接器　　　刀具

图 3-10　刀具组成

　　A　刀柄在主轴上的装卸方法

刀柄和刀具的装夹方式很多,主要取决于刀具类型。不同的刀具类型和刀柄的结合构成一个品种规格齐全的刀具系统,供用户选择和组合使用。使用刀具时,首先应确定数控铣床要求配备的刀柄及拉钉的标准和尺寸,根据加工工艺选择刀柄、拉钉和刀具,并将它们装配好,然后装夹在数控铣床的主轴上。目前,刀柄在数控铣床主轴上大多采用气动装夹方式。

在主轴上手动装卸刀柄的方法如下:

(1) 确认刀具和刀柄的重量不超过机床规定的许用最大重量。

(2) 清洁刀柄锥面和主轴锥孔,主轴锥孔可使用主轴专用清洁棒擦拭干净。

(3) 右手握住刀柄,将刀柄的缺口对准主轴端面键垂直伸入到主轴内,不可倾斜。

(4) 左手旋转液压换刀按钮,直到刀柄锥面与主轴锥孔完全贴合后,放开按钮,刀柄即被拉紧。

(5) 确认刀具确实被拉紧后才能松手。

(6) 卸刀柄时,先用右手握住刀柄,再用左手旋转液压换刀按钮(否则刀具从主轴内掉下,可能会损坏刀具、工件和夹具等),取下刀柄。卸刀柄时,必须要有足够的动作空间,刀柄不能与工作台上的工件、夹具发生干涉。

B 弹簧夹头刀柄的使用方法

在中小尺寸的数控铣床上加工时,经常采用整体式或机夹式立铣刀进行铣削加工,一般使用弹簧夹头刀柄装夹铣刀。当铣刀直径小于16 mm时,一般可使用普通ER弹簧夹头刀柄夹持,当铣刀直径大于16 mm或切削力很大时,应采用侧固式刀柄、强力弹簧夹头刀柄或液压夹头刀柄夹持。铣刀的装卸可在专用卸刀座上进行,如图3-11所示。

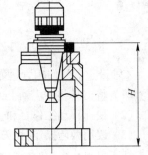

弹簧夹头刀柄的装刀方法如下,其构成如图3-12所示。

(1) 将刀柄放入卸刀座并卡紧。

(2) 根据刀具直径尺寸选择相应的卡簧,清洁工作表面。

(3) 将卡簧安入锁紧螺母。

(4) 将铣刀装入卡簧孔中,并根据加工深度控制刀具伸出长度。

(5) 用扳手顺时针锁紧螺母。

(6) 检查。

莫氏锥度刀柄的装刀方法如下:

(1) 根据铣刀直径尺寸和锥柄号选择相应的刀柄,清洁工作表面。

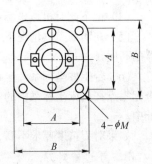

(2) 将刀柄放入卸刀座并卡紧。

(3) 卸下刀柄拉钉。

图3-11 卸刀座

(4) 将铣刀锥柄装入刀柄锥孔中,用内六角螺钉从刀柄中锁紧铣刀。

图3-12 弹簧夹头刀柄

3.2.3.5　对刀及定位装置

A　Z 轴设定器

Z 轴设定器主要用于确定工件坐标系原点在机床坐标系的 Z 轴坐标,或者说是确定刀具在机床坐标系中的高度。Z 轴设定器有光电式和指针式等类型,通过光电指示或指针判断刀具与对刀器是否接触,对刀精度一般可达 0.005 mm。Z 轴设定器带有磁性表座,可以牢固地附着在工件或夹具上。Z 轴设定器高度一般为 50 mm 或 100 mm,如图 3-13 和图 3-14 所示。

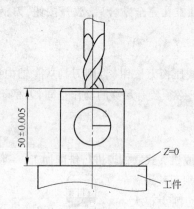

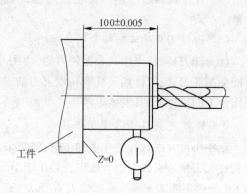

图 3-13　立式对刀 Z 轴设定器　　　　　图 3-14　卧式对刀 Z 轴设定器

Z 轴设定器的使用方法如下:

(1) 将刀具装在主轴上,将 Z 轴设定器附着在已经装夹好的工件或夹具平面上。

(2) 快速移动工作台和主轴,让刀具端面靠近 Z 轴设定器上表面。

(3) 改用微调操作,让刀具端面慢慢接触到 Z 轴设定器上表面,直到 Z 轴设定器发光或指针指示到零位。

(4) 记下此时机械坐标系中的 Z 值。

(5) 在当前刀具情况下,工件或夹具平面在机床坐标系中的 Z 坐标为此值再减去 Z 轴设定器的高度。

(6) 若工件坐标系 Z 坐标零点设定在工件或夹具的对刀平面上,则此值即为工件坐标系 Z 坐标零点在机床坐标系中的位置,也就是 Z 坐标零偏值,应输入到机床相应的工件坐标系存储地址中。

如果对刀精度要求不高,也可以用固定高度的对刀块来设定 Z 坐标。

B　寻边器对刀

寻边器主要用于确定工件坐标系原点在机床坐标系中的 X、Y 值,也可以测量工件的简单尺寸,有偏心式和光电式等类型,如图 3-15 所示。

a　偏心式寻边器的使用方法

偏心式寻边器是利用可偏心旋转的两部分圆柱进行工作的,当这两部分圆柱在旋转时调整到同心,机床主轴中心距被测表面的距离就为测量圆柱的半径值。偏心式寻边器的使用方法如下:

(1) 将偏心式寻边器用刀柄装到主轴上。

(2) 启动主轴旋转,一般取 50 r/min 左右。

(3) 在 X 方向手动控制机床使偏心式寻边器靠近被测表面并缓慢与之接触。

(4) 进一步仔细调整位置,直至偏心式寻边器上下两部分同轴。

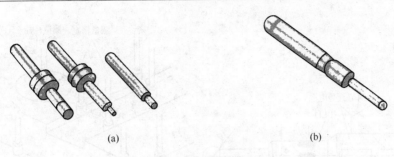

图 3-15 寻边器
（a）偏心式寻边器；（b）光电式寻边器

（5）此时被测表面的 X 坐标为机床当前 X 坐标值加（或减）圆柱半径，当刀具要向正方向移动才能使刀具中心与工件测量表面重合时，使用加法，否则使用减法。

（6）Y 方向同理可得。

b　光电式寻边器的使用方法

光电式寻边器的测头一般为 10 mm 的球，其被弹簧拉紧在光电式寻边器的测杆上，碰到工件时可以退让，并能将电路导通，发出光信号。通过光电式寻边器的指示和机床坐标位置可得到被测表面的坐标位置。利用测头的对称性，还可以测量一些简单的尺寸。如图 3-16 所示为一矩形零件，其几何中心为工件坐标系原点，现需测出工件的长度和工件坐标系在机床坐标系中的位置。具体测量方法如下：

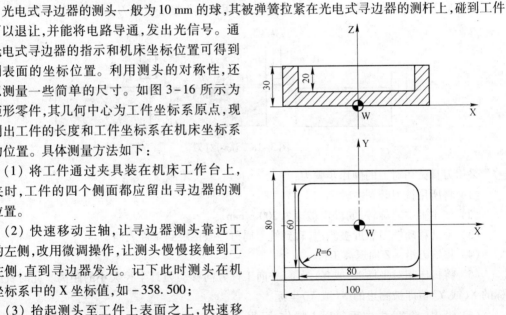

（1）将工件通过夹具装在机床工作台上，装夹时，工件的四个侧面都应留出寻边器的测量位置。

（2）快速移动主轴，让寻边器测头靠近工件的左侧，改用微调操作，让测头慢慢接触到工件左侧，直到寻边器发光。记下此时测头在机械坐标系中的 X 坐标值，如 -358.500；

（3）抬起测头至工件上表面之上，快速移动主轴，让测头靠近工件右侧，改用微调操作，

图 3-16　带内轮廓型腔矩形零件

让测头慢慢接触到工件右侧，直到寻边器发光。记下此时测头在机械坐标系中的 X 坐标值，如 -248.500。

（4）两者差值再减去测头直径，即为工件长度。测头的直径一般为 10 mm，则工件的长度为 $L = -248.500 - (-358.500) - 10 = 100$ mm。

（5）工件坐标系原点在机械坐标系中的 X 坐标为 $X = -358.500 + (100/2) + 5 = -303.5$，将此值输入到工件坐标系中（如 G54）的 X 即可。

（6）同样，工件坐标系原点在机械坐标系中的 Y 坐标也按上述步骤测定。

工件找正和建立工作坐标系对于数控加工来说是非常关键的，而找正方法也有很多种。用光电式寻边器来找正工件非常方便。寻边器可以内置电池，当其找正球接触工件时，发光二极管亮，其重复定位精度在 2.0 μm 以内，图 3-17 为其应用图示。寻边器可测量孔径、台阶高、槽宽、直径等，也可进行四轴加工时工件坐标系的设定。

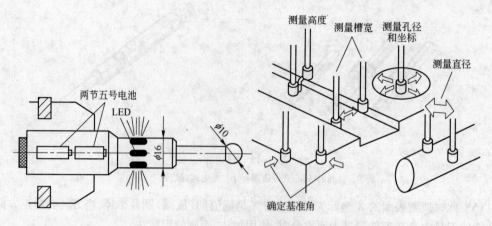

图 3-17 寻边器结构和应用

C 采用刀具试切对刀

如果对刀精度要求不高,为方便操作,可以采用刀具直接进行对刀,如图 3-18 所示。

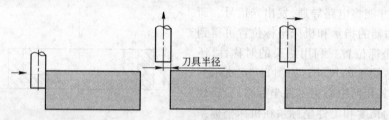

图 3-18 试切对刀

采用刀具试切对刀的操作步骤为:

(1)将所用铣刀装到主轴上。

(2)使主轴中速旋转,如设定转速为 200 r/min。

(3)手动移动铣刀靠近被测边,直到铣刀周刃轻微接触到工件表面。

(4)将铣刀沿 +Z 向退离工件。

(5)将机床相对坐标 X(或 Y)置零,并向工件方向移动刀具半径大小的距离。此时机床坐标的 X(或 Y)值即被测边的 X(或 Y)坐标。

(6)沿 Y(或 X)方向重复以上操作,可得被测边的 Y(或 X)坐标。

这种方法比较简单,但会在工件表面留下痕迹,且对刀精度较低。为避免损伤工件表面,可以在刀具和工件之间加入塞尺进行对刀,这时应将塞尺的厚度减去。以此类推,还可以采用标准芯轴和块规来对刀。

D 采用杠杆百分表(或千分表)对刀

如图 3-19 所示,采用杠杆百分表(或千分表)对刀的操作步骤为:

(1)用磁性表座将杠杆百分表粘在机床主轴端面上。

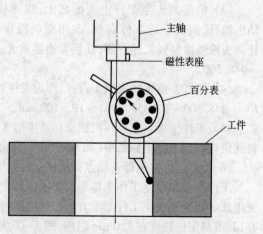

图 3-19 用百分表(或千分表)对刀

（2）利用手动输入 M03 S10 指令，使主轴低速旋转。

（3）手动操作使旋转的表头依 X、Y、Z 的顺序逐渐靠近被测表面。

（4）移动 Z 轴，将表头压在距被测表面约 0.1 mm 处。

（5）逐步降低手摇脉冲发生器的移动量，使表头旋转一周时，其指针的跳动量在允许的对刀误差内，如 0.02 mm，此时可认为主轴的旋转中心与被测孔中心重合。

（6）记下此时机床坐标系中的 X、Y 坐标值。

这种方法操作比较麻烦，效率较低，但对刀精度较高，对被测孔的精度要求也较高。因此最好是经过铰或镗加工的孔采用此方法，仅粗加工后的孔不宜采用此方法。

3.3　数控加工中心的操作

3.3.1　概述

3.3.1.1　加工中心的基本功能与特点

加工中心是在数控镗或数控铣的基础上，增加了自动换刀装置，使工件在一次装夹后，可以自动连续对工件进行钻孔、铰孔、镗孔、攻螺纹、铣削等多工序加工的机床。加工中心一般带有自动分度回转工作台或主轴箱，可自动改变角度，从而使工件一次装夹后，自动完成多个平面或多个角度位置的多工序加工，工序高度集中；加工中心能自动改变主轴转速、进给量和刀具相对工件的运动轨迹；加工中心如果带有交换工作台，则工件在工作位置的工作台上进行加工时，可在装卸位置的工作台上装卸工件，工作效率高。

由于加工中心具有上述功能，因而可以大大减少工件装夹、测量和机床调整的时间以及工件周转、搬运和存放的时间，使机床的切削时间利用率高于普通机床 3~4 倍。加工中心具有较好的加工一致性，它与单机、人工操作方式比较，能排除工艺流程中人为的干扰因素；加工中心还具有高的生产率和质量稳定性，尤其是在加工形状比较复杂、精度要求高、品种更换频繁的工件时，更具有良好的经济性。

3.3.1.2　加工中心的基本组成

加工中心的基本组成部分包括基础部件、主轴部件、进给机构、数控系统、自动换刀系统以及辅助装置。

（1）基础部件。基础部件由床身、立柱和工作台等部件组成。它们主要承受加工中心的静载荷以及在加工时产生的切削负载，因此必须具有足够的刚度。通常铸铁件或焊接成的钢结构件是体积和重量最大的基础构件。

（2）主轴部件。主轴部件由主轴箱、主轴电动机、主轴和主轴轴承等零件组成。主轴的启、停和变速等动作由数控系统控制，并通过装在主轴上的刀具参与切削运动，是切削加工的功率输出部件。

（3）进给机构。进给机构由进给伺服电动机、机械传动装置和位移测量元件等组成。它驱动工作台等移动部件形成进给运动。

（4）数控系统（CNC）。数控系统由 CNC 装置、可编程控制器、伺服驱动装置以及操作面板等组成。它是完成加工过程的控制中心。

（5）自动换刀系统（ATC—Automatic Tool Changer）。自动换刀系统由刀库、机械手等部件组成。当需要换刀时，数控系统发出指令，由机械手（或通过其他方式）将刀具从刀库内取出装入主轴孔中。

（6）辅助装置。辅助装置包括润滑、冷却、排屑、防护、液压、气动和检测系统等部分。这些装置虽然不直接参与切削运动,但对加工中心的加工效率、加工精度和可靠性起保障作用,因此也是加工中心不可缺少的部分。

加工中心机床的结构除了具有一般数控机床的结构特点外,还具有独特的结构要求:

(1)具有存储加工所需刀具的刀库。

(2)具有自动装卸刀具的机械手。

(3)具有主轴准停机构、刀杆自动夹紧松开机构和刀柄切屑自动清除装置。

(4)具有自动排屑、自动润滑和自动报警的系统等。

3.3.1.3 主要加工对象

针对加工中心的工艺特点,加工中心适宜于加工形状复杂、加工内容多、要求较高,需多种类型的普通机床和众多的工艺装备,且经多次装夹和调整才能完成加工的零件。主要加工对象有下列 4 种:

(1)既有平面又有孔系的零件。加工中心具有自动换刀装置,在一次安装中,可以完成零件上平面的铣削,孔系的钻削、镗削、铰削、铣削及攻螺纹等多工步加工。加工的部位可以在一个平面上,也可以在不同的平面上。因此,既有平面又有孔系的零件是加工中心首选的加工对象,这类零件常见的有箱体类零件和盘、套、板类零件。如果加工部位集中在单一端面上的盘、套、板类零件宜选择立式加工中心,加工部位不是位于同一方向表面上的零件宜选择卧式加工中心。

(2)结构形状复杂、普通机床难加工的零件。主要表面由复杂曲线、曲面组成的零件,加工时,需要多坐标联动加工,这在普通机床上是难以完成甚至无法完成的,加工中心是加工这类零件的最有效的设备。最常见的典型零件有凸轮类、整体叶轮类、模具类(如锻压模具、铸造模具、注塑模具及橡胶模具等)。

(3)外形不规则的异型零件。异型零件是指支架、拨叉这一类外形不规则的零件,大多要点、线、面多工位混合加工。由于外形不规则,普通机床上只能采取工序分散的原则加工,需用工装较多,周期较长。利用加工中心多工位点、线、面混合加工的特点,可以完成大部分甚至全部工序的内容。

(4)加工精度较高的中小批量零件。针对加工中心的加工精度高、尺寸稳定的特点,对加工精度较高的中小批量零件,选择加工中心加工,容易获得所要求的尺寸精度和形状位置精度,并可得到很好的互换性。

3.3.2 加工中心主传动系统及主轴箱结构

3.3.2.1 主传动系统

主轴电动机采用 FANUC AC12 型交流伺服电动机。电动机的运动经一对同步齿形带轮传到主轴,使主轴在 22.5 ~ 2250 r/min 转速范围内实现无级调速。电动机转速恒功率范围宽,低速转矩大,加工中心机床主要构件刚度高,可进行强力切削。因主轴箱内无齿轮传动,所以主轴运转时噪声低、振动小、热变形小。

3.3.2.2 主轴箱结构

主轴箱结构包括主轴部件、刀具的自动夹紧机构、切屑清除装置以及主轴准停装置。

(1)主轴部件。图 3-20 所示为主轴箱结构简图。如图所示,1 为主轴,主轴的前支承 4 配置了三个高精度的角接触球轴承,用以承受径向载荷和轴向载荷,前两个轴承大口朝下,后面一个轴承大口朝上。前支承按预加载荷计算的预紧量由螺母 5 来调整。后支承 6 为一对小口相对配置的角接触球轴承,它们只承受径向载荷,因此轴承外圈不需要定位。该主轴选择的轴承类型和配置形式,满足主轴高转速和承受较大轴向载荷的要求。主轴受热变形向后伸长,不影响加工精度。

(2) 刀具的自动夹紧机构。如图3-20所示,主轴内部和后端安装的是刀具自动夹紧机构。它主要由拉杆7、拉杆端部的四个钢球3、碟形弹簧8、活塞10、液压缸11等组成。机床执行换刀指令,机械手从主轴拔刀时,主轴需松开刀具。这时液压缸上腔通压力油,活塞推动拉杆向下移动,使碟形弹簧压缩,钢球进入主轴锥孔上端的槽内,刀柄尾部的拉钉(拉紧刀具用)2被松开,机械手拔刀。之后,压缩空气进入活塞和拉杆的中孔,吹净主轴锥孔,为装入新刀具做好准备。当机械手将下一把刀具插入主轴后,液压缸上腔无油压,在碟形弹簧和弹簧9的恢复力作用下,拉杆、钢球和活塞退回到图示的位置,即碟形弹簧通过拉杆和钢球拉紧刀柄尾部的拉钉,使刀具被夹紧。

(3) 切屑清除装置。自动清除主轴孔内的灰尘和切屑是换刀过程的一个不容忽视的问题。如果主轴锥孔中落入了切屑、灰尘或其他污物,在拉紧刀杆时,锥孔表面和刀杆锥柄会被划伤,甚至会使刀杆发生偏斜,破坏刀杆的正确定位,影响零件的加工精度,甚至会使零件超差报废。为了保持主轴锥孔的清洁,常采用的方法是使用压缩空气吹屑。图3-20所示活塞10的心部钻有压缩空气通道,当活塞向下移动时,压缩空气经过活塞由孔内的空气嘴喷出,将锥孔清理干净。为了提高吹屑效率,喷气小孔要有合理的喷射角度,并均匀布置。

(4) 主轴准停装置。机床的切削转矩由主轴上的端面键来传递。每次机械手自动装取刀具时,必须保证刀柄上的键槽对准主轴的端面键,这就要求主轴具有准确定位的功能。为满足主轴这一功能而设计的装置称为主轴准停装置或称为主轴定向装置。

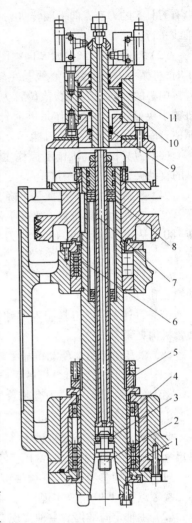

图3-20 主轴箱结构简图

3.3.3 自动换刀装置(ATC)

3.3.3.1 自动换刀形式

以JCS-018A立式加工中心为例,该机床自动换刀装置中,刀库的回转由直流伺服电动机经蜗杆副驱动。机械手的回转、取刀、装刀,机构均由液压系统驱动。自动换刀装置结构简单,换刀可靠,由于它安装在立柱上,故不影响主轴箱移动精度。自动换刀装置随机换刀,采用记忆式的任选换刀方式,每次选刀运动时,刀库正转或反转均不超过180°角。

3.3.3.2 自动换刀过程

A 机械手式换刀过程

机械手式换刀过程如下:

(1) 刀套下转90°。JCS-018A立式加工中心机床的刀库位于立柱左侧,刀具在刀库中的安装方向与主轴垂直,如图3-21所示。换刀之前,刀库2转动将待换刀具5送到换刀位置,之后把

带有刀具 5 的刀套 4 向下翻转 90°,使得刀具轴线与主轴
轴线平行。

（2）机械手转 75°。如 K 向视图所示,在机床切削加
工时,机械手 1 的手臂中心线与主轴中心到换刀位置的
刀具中心的连线成 75°角,该位置为机械手的原始位置。
机械手换刀的第一个动作是顺时针转 75°,两手爪分别
抓住刀库上和主轴 3 上的刀柄。

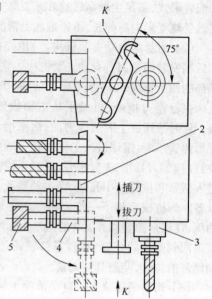

（3）刀具松开。机械手抓住主轴刀具的刀柄后,刀
具的自动夹紧机构松开刀具。

（4）机械手拔刀。机械手下降,同时拔出两把刀具。

（5）交换两刀具位置。机械手带着两把刀具顺时针
转 180°（从 K 向观察）,使主轴刀具与刀库刀具交换
位置。

（6）机械手插刀。机械手上升,分别把刀具插入主
轴锥孔和刀套中。

（7）刀具夹紧。刀具插入主轴锥孔后,刀具的自动
夹紧机构夹紧刀具。

图 3-21　自动换刀过程示意图

（8）液压缸复位。驱动机械手顺时针转 180°的液压缸复位,机械手无动作。

（9）机械手逆转 75°。机械手逆转 75°,回到原始位置。

（10）刀套上转 90°。刀套带着刀具向上翻转 90°,为下一次选刀做准备。

B　无机械手式(斗笠式)换刀过程

此种换刀方式不需要机械手,因此结构简单紧凑,但换刀时间长,影响机床的生产效率,且刀
库尺寸受限,装刀数量不多,常用于小型加工中心。无机械手式换刀过程如下:

（1）回刀库参考点。当执行换刀指令时,主轴箱沿 Z 轴移动到刀库换刀位置（有时被设为
第二参考点,由 G30 指令实现）。

（2）主轴定向准停。主轴实现定向准停,以便使刀库中刀柄上的槽与主轴端面键对正。

（3）刀库伸出。刀库将空刀位旋出后,将刀库伸出。

（4）主轴松刀。主轴内刀杆自动夹紧装置放松刀具,刀具从主轴锥孔中拔出,同时压缩空气
被吹出。

（5）主轴上升。主轴上升到极限位置,不妨碍刀库的旋转。

（6）刀库旋转选刀。刀库按照程序要求转出所选刀具,同时,压缩空气将主轴锥孔吹净。

（7）主轴抓刀。主轴下降到刀库参考点,新刀具被插入主轴锥孔中,主轴内自动夹紧装置将
刀杆拉紧。

（8）刀库退回。换刀完毕,刀库退回到原位置,继续下一段程序的执行。

注意:刀库直接换刀时,刀库当前刀杯和主轴上不能同时有刀,否则会出现故障。

C　机械手结构

JCS-018A 立式加工中心的机床上使用的换刀机械手为回转式单臂双手机械手。在自动换
刀过程中,机械手要完成抓刀、拔刀、交换主轴上和刀库上的刀具位置、插刀、复位等动作。

a　机械手的结构及动作过程

图 3-22 所示为机械手传动结构示意图,刀套向下转 90°后,压下上行程位置开关,发出机械手
抓刀信号。此时,机械手 21 正处在如图所示的上面位置,液压缸 18 右腔通压力油,活塞杆推着齿条

17 向左移动,使得齿轮 11 转动。如图 3-23 所示,8 为液压缸 15 的活塞杆,齿轮 1、齿条 7 和轴 2 即为图 3-22 中的齿轮 11、齿条 17 和轴 16。连接盘 3 与齿轮 1 用螺钉连接,它们空套在机械手臂轴 2 上,传动盘 5 与机械手臂轴 2 用花键连接,它上端的销子 4 插入连接盘 3 的销孔中,因此齿轮转动时带动机械手臂轴转动,如图 3-22 所示,使机械手回转 75° 抓刀。抓刀动作结束时,齿条 17 上的挡环 12 压下位置开关 14,发出拔刀信号,于是液压缸 15 的上腔通压力油,活塞杆推动机械手臂轴 16 下降拔刀。在轴 16 下降时,传动盘 10 随之下降,其下端的销子 8(图 3-23 中的销子 6)插入连接盘 5 的销孔中,连接盘 5 和其下面的齿轮 4 也是用螺钉连接的,它们空套在轴 16 上。当拔刀动作完成后,轴 16 上的挡环 2 压下位置开关 1,发出换刀信号。这时液压缸 20 的右腔通压力油,活塞杆推着齿条 19 向左移动,使齿轮 4 和连接盘 5 转动,通过销子 8,由传动盘带动机械手转 180°,交换主轴上和刀库上的刀具位置。换刀动作完成后,齿条 19 上的挡环 6 压下位置开关 9,发出插刀信号,使油缸 15

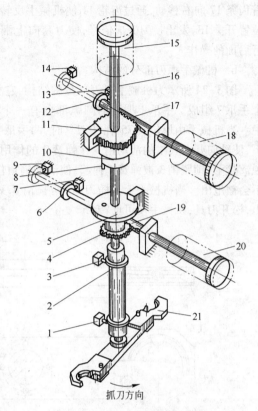

图 3-22　机械手传动结构示意图

下腔通压力油,活塞杆带着机械手臂轴上升插刀,同时,传动盘下面的销子 8 从连接盘 5 的销孔中移出。插刀动作完成后,轴 16 上的挡环压下位置开关 3,使液压缸 20 的左腔通压力油,活塞杆带着齿条 19 向右移动复位,而齿轮 4 空转,机械手无动作。齿条 19 复位后,其上挡环压下位置开关 7,使液压缸 18 的左腔通压力油,活塞杆带

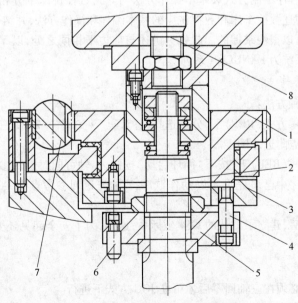

图 3-23　机械手传动结构局部视图

着齿条 17 向右移动,通过齿轮 11 使机械手反转 75°复位。机械手复位后,齿条 17 上的挡环压下位置开关 13,发出换刀完成信号,使刀套向上翻转 90°,为下次选刀做好准备。同时机床继续执行后面的操作。

　　b　机械手抓刀部分的结构

　　图 3-24 所示为机械手抓刀部分的结构,它主要由手臂 1 和固定其两端的结构完全相同的两个手爪 7 组成。手爪上握刀的圆弧部分有一个锥销 6,机械手抓刀时,该锥销插入刀柄的键槽中。当机械手由原位转 75°抓住刀具时,两手爪上的长销 8 分别被主轴前端面和刀库上的挡块压下,使轴向开有长槽的活动销 5 在弹簧 2 的作用下右移顶住刀具。机械手拔刀时,长销 8 与挡块脱离接触,锁紧销 3 被弹簧 4 弹起,使活动销顶住刀具不能后退,这样机械手在回转 180°时,刀具不会被甩出。当机械手上升插刀时,两长销 8 又分别被两挡块压下,锁紧销从活动销的孔中退出,松开刀具,机械手便可反转 75°复位。

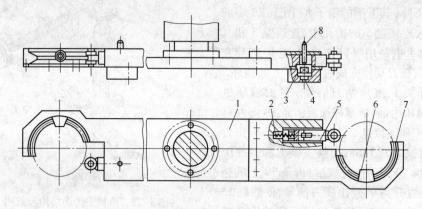

图 3-24　机械手臂和手爪

3.3.4　加工中心的操作

　　立式加工中心的程序编制方式和基本操作方法与立式数控铣床十分相似,对于其他类型加工中心,只要掌握了前述数控车床和数控铣床的基本编程和操作方法,并结合相应设备的编程手册和操作手册,也是可以很快掌握的。此处只讲述与前边不相同之处,以 VC-106 艾格玛数控加工中心为例,其数控系统为 FANUC-0i 系列。

　　3.3.4.1　返回参考点

返回参考点有两种方法:

　　(1)在选择轴回零方式(REF)下,分别选择"+X"、"+Y"、"+Z"使三轴分别返回零点,而不用将轴手动移至零点附近才回零。

　　(2)在轴回零方式(REF)下,按下"循环启动"按钮,三轴可同时返回参考点,在执行此动作时,为了安全起见,程序中已事先设定好动作顺序,Z 轴先返回参考点后,X、Y 轴再同时返回参考点。

　　三轴返回参考点后,建立了默认的 G54 坐标系,这时,为了安全起见还要对刀库一号位进行校准确认。

　　3.3.4.2　刀库校准

　　圆盘式刀库校准必须在三轴回零后才可在 JOG 方式下进行。

　　由于该机床采用的换刀方式为主轴直接换刀,因此,当机床操作面板上显示的刀库刀号与主轴刀号不对应时,要进行设置。

先按"刀库正转"或"刀库反转"按钮将与主轴对应的刀号转出。然后进行刀号表的设定,具体操作步骤如下:

(1) 按下屏幕右方的"SYSTEM"按键。

(2) 按下屏幕下方的"PMC"按键。

(3) 按下屏幕下方的"PMCPRM"按键。

(4) 按下屏幕下方的"DATA"按键。

出现以下画面:

NO.	ADDRESS	PARAMETER	TYPE	NO. OF DATA
01	D0000	00000001	0	3000
02				
03				

(5) 按下屏幕下方的"G. DATA"按键,出现以下画面:

NO.	ADDRESS	DATA
000	D0000	主轴刀号
001	D0001	1 号刀杯刀号
002	D0002	2 号刀杯刀号
003	D0003	3 号刀杯刀号
⋮		
029	D0029	29 号刀杯刀号
030	D0030	30 号刀杯刀号
031	D0031	31 号刀杯刀号
032	D0032	32 号刀杯刀号

下一屏显示:

103	D0103	换刀种类
		"1"斗笠式换刀机构(16 把刀)
		"5"德式换刀 2 型(24/32 把刀)
		"6"德式换刀 1 型(24/32 把刀)
		"99"无刀库机台

当屏幕出现此画面时,可设置机床自动换刀类型,换刀种类可设置为 1、5、6、99 等几种形式。因此,可根据机床所配置的刀库类型来选择换刀种类,如采用的是斗笠式换刀,则将参数置为"1"。

3.3.4.3 刀具长度补偿值的确定

加工中心上使用的刀具很多,每把刀具的长度和到 Z 坐标零点的距离都不相同,这些距离的差值就是刀具的长度补偿值。刀具长度补偿值在加工时要分别进行设置,并记录在刀具明细表中,以供机床操作人员使用。刀具长度补偿值的设置一般有两种方法。

A 机内设置

这种方法不用事先测量每把刀具的长度,而是将所有刀具放入刀库中后,采用 Z 向设定器依次确定每把刀具在机床坐标系中的位置。

(1) 将所有刀具放入刀库,利用 Z 向设定器确定每把刀具到工件坐标系 Z 向零点的距离,如图 3-25 所示的 A、B、C,并记录下来。

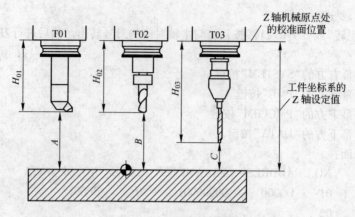

图 3-25　刀具长度补偿

（2）选择其中一把最长（或最短）、与工件距离最小（或最大）的刀具作为基准刀，如图 3-25 中的 T03（或 T01），将其对刀值 C（或 A）作为工件坐标系的 Z 值，此时 $H_{03}=0$。

（3）确定其他刀具相对基准刀的长度补偿值，即 $H_{01}=\pm|C-A|$，$H_{02}=\pm|C-B|$，正负号由程序中的 G43 或 G44 来确定。

（4）将获得的刀具长度补偿值所对应的刀具和刀具号输入到机床中。

这种方法操作简便，投资少，但工艺文件编写不便，对生产组织有一定影响。

B　机外刀具预调结合机上对刀

这种方法是先在机床外利用刀具预调仪精确测量每把在刀柄上装夹好的刀具的轴向和径向尺寸，确定每把刀具的长度补偿值，然后在机床上用其中最长或最短的一把刀具进行 Z 向对刀，确定工件坐标系。这种方法对刀精度和效率高，便于工艺文件的编写及生产组织。

3.3.4.4　加工中心操作注意事项

加工中心操作注意事项如下。

（1）加工中心是比较精密和昂贵的机器，所以一般都应该进行试运行，以检查程序的正确性和是否有加工干涉现象。试运行结束后，一般还应进行试切削，以检查切削用量、刀具的选择是否合适，加工精度是否达到要求。试切削时，应注意控制进给倍率修调旋钮，发现异常立即使其返回 0% 处，以停止进给，当对机床或人身产生危险时，应立即按下急停按钮。试切削的工件检查后，才能进行正式的全自动加工。

（2）在自动运行方式下，不得打开刀库、手动门等，否则将产生报警，并进给保持。

（3）机床运转时，手不可进入自动换刀装置及换刀动作范围内。

（4）必须选用符合规格要求的刀具拉钉，绝对不要使用自制拉钉，否则，主轴将不能正确地拉紧刀具，处于非常危险状态。

（5）过重或超过直径的刀具不可使用，否则会发生危险。

（6）以手动方式在主轴上装卸刀具时，应注意以下几点：

1）装刀时，请持续按住刀具放松按钮，直到刀具插入后再放开按钮。放开按钮后手应扶着刀具，确认刀具确实在主轴上拉紧后手才能离开刀具。刀具必须垂直装于主轴，绝对不可倾斜。

2）卸刀时，先用手握住刀具，再按刀具放松按钮，此时主轴内部拉紧装置打开，注意握紧刀具，拔刀时刀具下降，必须注意工作台上的工件、夹具，防止发生干涉。

3）操作者在换刀及刀库手动操作中，应记住主轴和刀库换刀位不能同时有刀，否则会发生事故。

思 考 题

3-1 数控车床的主要加工对象是什么?

3-2 在数控机床上用于检验程序正确与否的四种方式是什么?

3-3 数控机床的基本操作步骤有哪些?

3-4 数控面板上功能键的名称及作用是什么?

3-5 数控铣床加工前的准备工作有哪些?

3-6 数控铣床工件安装原则是什么?

3-7 加工中心具有的特有功能包括哪些?

3-8 简述加工中心机械手式自动换刀过程。

3-9 简述加工中心斗笠式自动换刀过程。

4 数控机床的维护与维修管理

4.1 数控机床的维护和保养

4.1.1 数控机床的维护

数控机床是企业的重点设备和关键设备，要发挥其效益，只有正确地操作和精心地维护，才能确保它的开动率。正确的操作使用能防止机床非正常磨损，避免突发故障；精心的维护可使机床保持良好的技术状态，延缓劣化进程，及时发现和消灭故障防患于未然，从而保障安全运行。因此，数控机床的正确使用与精心维护，是贯彻预防为主的设备维修管理方针的重要环节。

每台数控机床的维护保养要求在《机床使用说明书》上均有规定，因此使用者要仔细阅读《机床使用说明书》，熟悉机械结构、控制系统及附件的维护保养要求，并做好这项工作，以减少机床的故障率。

4.1.1.1 选型时要考虑设备的维护性

在设备的选型调研中，除了考虑设备的可用性参数外，还要重点考虑设备的维护性。设备的维护性包括设备的先进性、可靠性和可维修性技术指标。选型调研中，要看设备是否便于维修，是否有较好的备件市场购买空间，各种维修的技术资料是否齐全，是否有良好的售后服务，维修技术能力是否具备等。要特别注意图样资料的完整性、系统备份、PLC 程序、传送手段、操作口令等。这样对备件、编程、操作有好处，也有利于设备的管理和维护。

4.1.1.2 数控设备的正确使用

据统计，有 1/3 的数控设备故障是人为造成的，这是因为一般性日常维护（如注油、清洗、检查等）和使用是由操作者进行的，杜绝人为故障的方法包括：

（1）加强设备管理。要有良好的电源保证，避免电源波动幅度大于 ±10% 和可能的瞬间干扰信号等影响。采用专线供电（如从低压配电室分一路单独供数控机床使用）或增设稳压装置等，都可减少供电质量的影响和电气干扰。制定有效的操作规程，例如，润滑、保养、合理使用及规范的交接班制度等是数控设备使用及管理的主要内容。制定和遵守操作规程是保证数控机床安全运行的重要措施之一。

（2）进行人员培训。数控系统编程、操作和维修人员要经过专门的技术培训，他们应熟悉所用设备的机械结构、数控装置、强电设备、液压系统、气路等各部分的特点以及规定的使用环境、加工条件等，并严格按机床及数控装置使用说明书的要求正确、合理地使用机床，尽量避免因操作不当而引起的故障。

4.1.1.3 设备运行中的巡回检查

在设备运行过程中，维修人员应经常地巡回检查，积极做好故障和事故预防，若发现异常应及时解决，这样才有可能把故障消灭在萌芽状态，减少不必要的损失。

对于操作和维修人员来说，需要掌握重点预防维护的部位及其常用方法，如数控系统和驱动单元的过热、电网电压、机床的接地、润滑部位的定期检查、气源情况、液压油和冷却液品质、使用中的机床精度、机床数据的备份和技术资料的收集、机床制冷单元的运行情况等。

4.1.1.4 做好维修前的准备工作

应随时做好维修前的准备工作,当系统出现故障时能及时修复,以尽量减少停机修理时间。因此维修人员必须熟悉设备的结构和性能,熟悉数控系统的构成和基本操作,了解系统所用印制电路板上可供维修用的检测点,掌握其正常电平和波形,以便维修故障时对照、分析。

此外,还应妥善保存数控系统和可编程序控制器的技术资料和原始设置参数以及常用的典型零件程序。根据实际使用情况,可适当配备一些易损备件,如熔断器、电刷以及容易出故障的印制电路板等。

4.1.2 数控机床的日常保养

4.1.2.1 日常保养应注意的问题

日常保养应注意的问题如下:

(1) 应尽量少开电气柜门。应及时清理空气滤清器,决不可用敞开柜门的方法来散热。如果长期敞门运行,空气中漂浮的大量灰尘、油雾和金属粉末等将落在印制电路板和电子组件上,易造成元器件绝缘电阻下降而出现故障,甚至使元器件及印制电路板损坏报废。尤其对于将主轴控制系统安装在强电柜中的数控机床,如强电柜门未关严或密封不良,还易造成电气元器件的损坏,进而使主轴控制失灵。

(2) 数控设备不宜长期封存。在数控设备购买后要充分利用,尤其是投入使用的第一年,使其容易出故障的薄弱环节尽早暴露,得以在保修期内排除。加工中,尽量减少数控机床主轴的启闭,以降低对离合器、齿轮等部件的磨损。没有加工任务时,数控机床也要定期通电,最好是每周通电 1~2 次,每次空运行 1 h 左右,以利用机床本身的发热量来降低机内的湿度,使电子元器件不致受潮,同时也能及时发现有无电池电量不足报警,以防止系统设定参数的丢失。

(3) 防止系统过热。应该检查数控柜上的各个冷却风扇工作是否正常。通常每半年或每季度检查清理一次风道过滤网,若过滤网上灰尘积聚过多,会引起数控柜内温度过高。由于环境温度过高,造成数控柜内温度超过 55~60℃时,应及时加装空调装置。安装空调后,数控系统的可靠性会有明显的提高。

(4) 直流电动机电刷应定期检查和更换。直流电动机电刷的过度磨损会影响电动机的性能,甚至造成电动机损坏。为此,应对电动机电刷进行定期检查和更换。数控车床、数控铣床、加工中心等应每年检查一次。

(5) 定期检查和更换存储用电池。数控系统存储参数用的存储器采用 CMOS 器件,当机床断电后,需要电池供电来保证存储器的内容不丢失。在一般情况下,即使电池尚未失效,也应每年更换一次,以确保系统正常工作。电池的更换要在数控系统供电状态下进行,以防更换时存储器内信息丢失。

(6) 重点定时检查机床上频繁运动的部件。例如,加工中心的自动换刀装置由于动作频繁最易发生故障,所以刀库选刀及定位状况、机械手相对刀库和主轴的定位等均列入加工中心的日常维护内容之中。

总之,日常保养可以使机床的故障率大为减少。

4.1.2.2 定期保养

点检就是按有关维护文件的规定,对设备进行定点、定时的检查和维护。其优点是可以把出现的故障和性能的劣化消灭在萌芽状态,防止过修或欠修,缺点是定期点检工作量大。

A 日检

日检主要检查的项目包括液压系统、主轴润滑系统、导轨润滑系统、冷却系统、气压系统等。

具体检查要点如下。

　　a　数控车床的日检要点

　　(1) 接通电源前,检查工具、检测仪器等是否已准备好,切削液、液压油、润滑油的油量是否充足,切屑槽内的切屑是否已处理干净。

　　(2) 接通电源后,检查操作盘上的各指示灯是否正常,各按钮、开关是否处于正确位置;检查CRT显示屏上是否有任何报警显示,若有问题应及时予以处理;检查液压装置的压力表是否指示在所要求的范围内;检查刀具是否正确夹紧在刀夹上,刀夹与回转刀台是否可靠夹紧,刀具是否有磨损;检查各控制箱的冷却风扇是否正常运转;若机床带有导套、夹簧,应确认其调整是否合适。

　　(3) 机床运转后,检查主轴、滑板处是否有异常噪声;有无与平常不同的异常现象,如声音、温度、裂纹、气味等。

　　b　加工中心的日检要点

　　(1) 确保操作面板上所有指示灯为正常显示。

　　(2) 从工作台、基座等处清除污物和灰尘,擦去机床表面上的润滑油、切削液和切屑,清除没有罩盖的滑动表面上的一切东西,擦净丝杠的暴露部位。

　　(3) 检查各坐标轴是否处在原点上。

　　(4) 确认各刀具是否在其应有的位置上更换。

　　(5) 清理、检查所有限位开关、接近开关及其周围表面。

　　(6) 检查主轴端面、刀夹及其他配件是否有毛刺、破裂或损坏。

　　(7) 检查液压泵的压力是否符合要求,检查机床主液压系统是否漏油。

　　(8) 确保空气滤杯内的水完全排出。

　　(9) 检查切削液软管及液面,清理管内及切削液槽内的切屑等脏物。

　　(10) 检查各润滑油箱及主轴润滑油箱的油面,使其保持在合理的油面上。

　　B　月检

　　月检主要是对电源、空气干燥器、主轴、滚珠丝杠、液压润滑油装置等进行检查。电源电压如有异常,要对其进行测量、调整。空气干燥器应该每月拆一次,然后进行清洗、装配。具体检查要点如下。

　　a　数控车床的月检要点

　　(1) 检查主轴的运转情况。主轴以最高转速一半左右的转速旋转30 min,用手触摸壳体部分,若感觉温和即为正常,以此了解主轴轴承的工作情况。

　　(2) 检查X、Z轴超程限位开关及各急停开关是否动作正常。可用手按压行程开关的滑动轮,若LCD上有超行程报警显示,说明限位开关正常。顺便将各接近开关擦拭干净。

　　(3) 检查X、Z轴的滚珠丝杠。若有污垢,应清理干净;若表面干燥,应涂润滑脂。

　　(4) 检查导套内孔状况,看是否有裂纹、毛刺,导套前面盖帽内是否积存切屑。

　　(5) 检查刀台的回转头、中心锥齿轮的润滑状态是否良好,齿面是否有伤痕等。

　　(6) 检查切削液槽内是否积压切屑。

　　(7) 检查液压装置,如压力表的动作状态是否正常、液压管路是否有损坏、各管接头是否有松动或漏油现象等。

　　(8) 检查润滑油装置,如润滑泵的排油量是否合乎要求、润滑油管路是否损坏、管接头是否松动漏油等。

　　b　加工中心的月检要点

（1）校准工作台及床身基准的水平，必要时调整垫铁，拧紧螺母。

（2）清理导轨滑动面上的刮垢板。

（3）清理电气控制箱内部，使其保持干净。

（4）清洗空气滤网，必要时予以更换。

（5）检查各电磁阀、行程开关、接近开关，确保它们能正确工作。

（6）检查各电缆及接线端子是否接触良好。

（7）确保各连锁装置、时间继电器、继电器能正确工作，必要时可以修理或更换。

（8）检查液压装置、管路及接头，确保无松动、无磨损。

（9）检查液压箱内的过滤器，必要时可以清洗。

C　半年检

a　数控车床的半年检要点

（1）检查自动转位刀台。主要看换刀时其换位动作的平稳性，以刀台夹紧、松开时无冲击为好。

（2）主轴检查的项目有：

1）主轴孔的跳动。将千分表探头嵌入卡盘套筒的内壁，然后轻轻地将主轴旋转一周，指针的摆动量小于出厂时精度检查表的允许值即可。

2）主轴传动用 V 形带的张力及磨损情况。

3）编码器用同步带的张力及磨损情况。

（3）加工装置检查的内容有：

1）检查主轴分度用齿轮系的间隙。以规定的分度位置沿回转方向摇动主轴，以检查其间隙。若间隙过大应进行调整。

2）检查主轴驱动电动机侧的齿轮润滑状态。若表面干燥应涂敷润滑脂。

（4）伺服电动机的检查。如果采用的是直流电动机，检查换向器与电刷。若换向器表面脏，应用白布蘸酒精予以清洗；若表面粗糙，用细金相砂纸予以修整；若电刷长度为 10 mm 以下时，应予以更换。

（5）接插件的检查。检查各插头、插座、电缆、继电器的触点是否接触良好；检查各印制电路板是否干净；检查主电源变压器、各电动机的绝缘电阻是否在 1 MΩ 以上。

（6）断电检查。检查断电后保存机床参数、工作程序用的备用电池的电压值，看情况予以更换。

（7）检查导套装置。主轴以最高转速的一半运转 30 min 后，用手触摸壳体部分无异常发热及噪声为好。此外，用手沿轴向拉导套，检查其间隙是否过大。

（8）润滑泵的检查。检查润滑泵装置浮子开关的动作状况。可从润滑泵装置中抽出润滑油，看浮子落至警戒线以下时，是否有报警指示以判断浮子开关的好坏。

b　加工中心的半年检要点

（1）清理电气控制箱内部，使其保持干净。

（2）外观检查所有电气部件及继电器等，看其是否可靠工作。

（3）检查各电动机轴承是否有噪声，必要时予以更换。

（4）如果采用的是直流电动机，检查各伺服电动机的电刷及换向器的表面，必要时予以修整或更换。

（5）更换液压装置内的液压油及润滑装置内的润滑油。

（6）检查机床的各有关精度，测量各进给轴的反向间隙，必要时可以调整或进行补偿。

（7）检查一个试验程序的完整运转情况。

D　年检

年检包括检查液压油路、液压泵、过滤器以及检查更换电机电刷等。定期保养的常规检查内容见表 4-1。

表 4-1　定期保养的常规检查内容

序　号	周　期	检查部位	检查要求
1	每天	导轨润滑油箱	检查游标、油量，及时添加润滑油，保证润滑液压泵能定期启动打油及停止
2	每天	X、Y、Z 轴向导轨	清除切屑及脏物，检查润滑油是否充分、导轨面有无划伤损坏
3	每天	各种电器柜散热通风装置	各电器柜冷却风扇工作正常，风道过滤网无堵塞
4	每天	CNC 的输出/输入单元	如检查光电阅读机是否清洁，机械结构部分是否润滑良好等
5	每天	各种防护装置	导轨、机床防护罩等应无松动、漏水
6	每天	主轴润滑油恒温油箱	工作正常、油量充足并能调节温度范围
7	每天	机床液压系统	油箱、液压泵无异常噪声，压力表指示正常，管路及各接头无泄漏，工作油面高度正常
8	每天	液压平衡系统	平衡压力指示正常，快速移动时平衡阀工作正常
9	每天	气源自动分水滤气器、干燥器	及时清理分水器中滤出的水分，保证自动空气干燥器工作正常
10	每天	气液转换器和增压器油面	发现油面不够时及时补足
11	每天	压缩空气气源压力	检查气动控制系统压力，使其在正常范围
12	每周	各电柜过滤网	清洗黏附的灰尘
13	每半年	检查各轴导轨上镶条、压紧滚轮的松紧状态	按机床说明书调整
14	每半年	调整主轴驱动皮带松紧	按机床说明书调整
15	一年	主轴润滑恒温油箱	清洗过滤器，更换润滑油
16	一年	滚珠丝杠	清洗丝杠上旧的润滑脂，涂上新油脂
17	一年	液压回路	清洗溢流阀、减压阀、滤油器，清洗油箱箱底，更换或过滤液压油
18	一年	润滑液压泵、过滤器	清理润滑油池底，更换过滤器
19	一年	如果采用的是直流电动机，检查并更换直流伺服电动机电刷	检查换向器表面，吹净炭粉，去除毛刺，更换长度较短的电刷，磨合后才能使用
20	不定期	冷却水箱	检查液面高度，切削液太脏时需要更换并清理水箱底部，经常清洗过滤器
21	不定期	排屑器	经常清理切屑，检查有无卡阻等
22	不定期	清理废油池	及时取走废油池中废油，以免外溢

4.1.2.3　机床备件的保养

机床的备件有很多种，大致可以分为以下三类：

（1）机床暂时不使用的辅助设备，如回转工作台、送料器等。

（2）机床加工不同工件所需的辅助装置，如专用夹具、工装、各种刀具等。

（3）机床维修用的一些专用工具和易损件备件。

各种不同型号的机床,备件都不一样,即使同样型号的机床,备件也因为加工的工件不同而稍有差别。当一个工厂有10台机床时,工厂的管理者就会发现妥善地保管这些备件是一件比较困难的事情,需要专门的仓库、专门的记录、专人的保管,而且还需要定期检查。因为,有的备件可能在几年内都使用不到,保管保养不当就会丢失、损坏。这些是机床备件保养的基础。

机械铁制零件一般涂上防锈油,用防潮防锈纸包裹。大型备件除了涂防锈油以外,还要用帆布或塑料布覆盖来达到防尘的目的。所有的油管和气管必须用塑料布包扎,防止灰尘和异物进入管路中,以免使用时引起电磁阀或其他液压元件、气动元件堵塞。

电气方面的备件必须保证包装完好,精密电路板必须放入防静电的包装袋中保存,保存时要注意防潮,包装袋中的干燥剂也要检查是否失效而需要更换,还要防止阳光直射。

所有的备件都必须定期检查。

4.2 数控机床的维修管理

4.2.1 维修管理内容

数控机床都应建立安全操作规程、维护保养规程、维修规程,这些规程可在传统机床相应规程的基础上,增加数控机床的特点要求来制定。与传统机床相比,数控机床的维修管理应强调以下内容:

(1)选择合理的维修方式。设备维修方式可以分为事后维修、预防维修、改善维修、预知维修(或状态监测维修)等,如果从修理费用、停产损失、维修组织工作和修理效果等方面去衡量,每一种维修方式都有它的优点和缺点。选择最佳的维修方式,可用最少的费用取得最好的修理效果。

(2)建立专业维修组织和维修协作网。对于购置的国外产品,数控机床一旦出现故障,一些企业往往请外国专家上门诊断修理,这不但加重了企业负担,还延误了生产。因此,拥有一定数量数控机床的企业应建立专业化的维修机构,如数控设备维修站或维修中心。这个机构应由具有机电一体化知识及较高素质的人员负责,维修人员应由电气工程师、机械工程师、机修钳工等组成。企业领导应保护维修人员的积极性,提供业务培训的便利条件,保持维修人员队伍的稳定。为了更好地开展工作,对维修站、维修中心要配备必需的技术手册、工具器具及测试仪器,如示波器、逻辑分析仪、在线测试仪、噪声及振动监测仪等,以提高动态监测及诊断技术水平。此外,由于数控机床千差万别,它们的硬件、软件配置也不尽相同。建立维修协作网,特别是建立与使用同类数控机床单位的友好联系,在资料的收集、备件的调剂、维修经验的交流、人员的相互支援上互通有无、取长补短、大力协作,对数控机床的使用和维修能起到很好的推动作用。

(3)备件国产化。进口数控机床一旦出现故障,若向国外购买备件,价格十分昂贵且购买渠道也不畅通。因此,除建立一些备件服务中心外,备件国产化也很重要。

4.2.1.1 对维修人员的素质要求

数控机床是机电一体化高技术产品,单一技术的设备修理人员难以胜任数控机床的修理工作。因此,维修人员要具备以下几个方面的素质。

A 专业知识面要广

(1)掌握计算机原理、电子技术、电工原理、自动控制与电力拖动、检测技术、机械传动及机械加工方面的知识。

(2)能编写简单的数控加工程序。

(3)掌握检测系统的工作原理。

(4)掌握数字控制、伺服驱动及PLC的工作原理。

（5）能运用各种方法编写 PLC 的程序。

B   具有专业外语的阅读能力

（1）能读懂数控系统的操作面板、CRT 的外文信息。

（2）能熟练地运用外文报警提示。

（3）能读懂外文的技术手册和资料。

C   勤于学习,善于分析

（1）自觉学习新出现数控机床的操作、编程,了解其结构。

（2）自觉了解其他工厂中的设备。

（3）虚心学习别人的经验。

（4）刻苦钻研,边干边学。对故障能由表及里、去伪存真,找到发生故障的原因。

（5）能从众多故障现象中找出主要的、起决定性作用的故障现象,并对此进行分析。

D   有较强的动手能力和实验能力

（1）能对数控系统进行操作,查看报警信息,检查、修改参数等。

（2）能调用自诊断功能,进行 PLC 接口检查。

（3）会使用维修的工具、仪器、仪表。

E   绘图能力

（1）能绘制一般的机械、电气原理图。

（2）通过实物测试,能绘制光栅尺测量头的原理图。

（3）通过实物测试,能绘制电气原理图。

4.2.1.2   技术资料要求

维修人员在平时要认真整理和阅读有关数控系统的重要技术资料。维修工作做得好坏、排除故障速度的快慢,主要取决于维修人员对系统的熟悉程度和运用技术资料的熟练程度。数控机床维修人员所必需的技术资料和技术准备如下:

（1）数控装置部分资料。数控装置部分资料包括数控装置操作面板布置及其操作说明书;数控装置内各电路板的技术要点及其外部连接图;系统参数的意义及其设定方法;数控装置的自诊断功能和报警清单;数控装置接口的分配及其含义。维修人员通过对这些资料的学习,应掌握CNC 原理框图、CNC 结构布置、CNC 各电路板的作用、电路板上各发光管指示的意义;通过面板能对系统进行各种操作及自诊断检测;能检查和修改参数并能做出备份;能熟练地通过报警信息确定故障范围;能熟练地对系统供维修的检测点进行测试以及会使用随机的系统诊断纸带对其进行诊断测试。

（2）PLC 装置部分资料。PLC 装置部分资料包括 PLC 装置及其编程器的连接、编程、操作方面的技术说明书;PLC 用户程序清单或梯形图;I/O 地址及意义清单;报警文本以及 PLC 的外部连接图。维修人员通过对这些资料的学习,应熟悉 PLC 编程语言;能看懂用户程序或梯形图;会操作 PLC 编程器;能通过编程器或 CNC 操作面板(对内装式 PLC)对 PLC 进行监控;能对 PLC 程序进行必要的修改;能熟练地通过 PLC 报警号检查 PLC 有关的程序和 I/O 连接电路以及确定故障的原因。

（3）伺服单元资料。伺服单元资料包括伺服单元的电气原理框图和接线图;主要故障的报警显示;重要的调整点和测试点;伺服单元参数的意义和设置。维修人员通过对这些资料的学习,应掌握伺服单元的原理;熟悉伺服系统的连接;能从单元板上故障指示发光管的状态和显示屏显示的报警号及时确定故障范围;能测试关键点的波形和状态,并做出比较;能检查和调整伺服参数,并对伺服系统进行优化。

(4) 机床部分资料。机床部分资料包括数控机床的安装、吊运图;数控机床的精度验收标准;数控机床使用说明书,含系统调试说明、电气原理图、电气布置图、电气接线图、机床安装及机械结构说明、编程指南等;数控机床的液压回路图和气动回路图。维修人员通过对这些资料的学习,应掌握数控机床的结构和动作;熟悉机床上电气元器件的作用和位置;会手动、自动操作机床;能编简单的加工程序并能进行试运行。

(5) 其他资料。其他资料包括有关元器件方面的技术资料,如数控设备所用的元器件清单、备件清单、各种通用的元器件手册。维修人员通过对这些资料的学习,应熟悉各种常用的元器件;能较快地查阅有关元器件的功能、参数及代用型号,对一些专用器件可查出其订货编号;能对系统参数、PLC 程序、PLC 报警文本进行光盘与硬盘备份;能对机床必须使用的宏指令程序、典型的零件程序、系统的功能检查程序进行光盘与硬盘备份;了解备份的内容;能对数控系统进行输入和输出的操作;故障排除之后,能认真做好记录,将故障现象、诊断、分析、排除方法一一加以记录。

4.2.1.3 工具要求

数控机床的维修工具包括测量仪器及仪表、维修工具两类。

A 维修数控机床所用的测量仪器、仪表

比较常见的仪器及仪表有万用表、逻辑测试笔、脉冲信号笔和示波器,此外还有 PLC 编程器、短路追踪仪、逻辑分析仪和 IC 测试仪等。

万用表通常有指针式万用表和数字式万用表两种。其中,指针式万用表可以测量强电回路;判断二极管、晶体管、晶闸管、电解电容等元器件的好坏;测量集成电路引脚的静态电阻值等。数字式万用表可以测量电压、电流、电阻值,还可测量晶体管的放大倍数和电容值;可测量电路的通断;判断印制电路的走向等。

逻辑测试笔可以测试电路是处于高电平还是低电平,或是处于不高不低的浮空电平;判断脉冲的极性是正脉冲还是负脉冲;判断输出的脉冲是连续的还是单个脉冲;大概估计脉冲的占空比和频率范围等。

脉冲信号笔和逻辑测试笔配合使用,能对电路的输入和输出的逻辑关系进行测试。

示波器可以观察主开关电源的振荡波形;观察直流电源或测速发电机输出的波形;观察伺服系统的超调、振荡波形;检查、调整纸带阅读机的光电放大器的输出波形;检查 CRT 电路的垂直、水平振荡和扫描波形以及视放电路的视频信号等;测量电平、脉冲上下沿、脉宽、周期、频率等参数;进行两信号的相位和电平幅度的比较。

PLC 编程器能够对 PLC 程序进行编辑和修改;监视输入和输出状态及定时器、移位寄存器的变化值;在运行状态下修改定时器和计数器的设置值;强制内部输出,对定时器、计数器和移位寄存器进行置位和复位等;带有图形功能的编程器还可显示 PLC 梯形图。不少数控系统的 PLC 控制器必须使用专用的编程器才能对其进行编程、调试、监控和检查。

短路追踪仪能够快速找出焊锡短路、总线短路、电源短路、多层线路板短路、芯片及电解电容内部短路和非完全短路等。部分产品采用微电阻测量、微电压测量和电流流向追踪三种方式寻找短路点,这三种方式可单独使用,也可互相验证,共同确定一个短路点。

逻辑分析仪可检查数字电路的逻辑关系是否正常,时序电路的各点信号的时序关系是否正确,信号传输中是否有竞争、毛刺和干扰等。利用逻辑分析仪可对电路板输入给定的数据,同时跟踪测试它的输出信息,显示和记录瞬间产生的错误信号,找到故障所在。逻辑分析仪是专门用于测量和显示多路数字信号的测试仪器,通常分 8、16、64 个通道,即可同时显示 8、16 或 64 个逻辑方波信号;显示各被测点的逻辑电平、二进制编码或存储器的内容;通过仿真头仿真多种常用的如 INTEL80 系列 CPU 系统,进行数据、地址、状态值的预置或跟踪检查。

IC 测试仪可离线快速测试集成电路的好坏,是数控系统进行片级维修时必要的仪器;按测试的常用中、小规模数字芯片,大规模数字芯片和模拟芯片分类,有些体积和一般数字式万用表差不多,可使用机内电池,使用十分方便。另外,可测试数控系统修理中所遇到的大多数集成电路,但其价格比较昂贵。

IC 在线测试仪是一种使用通用微型计算机技术的新型数字集成电路在线测试仪器,能够对焊接在电路板上的芯片直接进行功能、状态和外特性测试,确认其逻辑功能是否失效。测试仪所针对的是每个器件的型号以及该型号器件应具备的全部逻辑功能,而不管这个器件应用在何种电路中。因此,它可以检查各种电路板,而且无需图样资料或了解其工作原理,为缺乏图样而无从下手的数控维修人员提供了一种有效的手段。目前它在国内的应用日益广泛。

B 维修工具

维修工具包括电烙铁、吸锡器、旋具、钳类工具、扳手等。另外化学用品类松香、纯酒精、清洁触点用喷剂、润滑油等也是必备之物。

4.2.2 数控机床常见故障的分类

数控机床故障根据不同的分类方式,有不同的分类方法。常见数控机床故障的分类见表4-2。

表 4-2 数控机床故障的分类

方　式	分　类	说　　明	举　　例
按故障出现的必然性和偶然性分类	系统性故障	指只要满足某一定的条件,机床或数控系统就必然出现的故障	1. 网络电压过高或过低,系统就会产生电压过高报警或电压过低报警等; 2. 切削用量过大,就会产生过载报警等
	随机性故障	1. 指在同样的条件下,只偶尔出现一次或两次的故障; 2. 不太容易人为出现的故障,这类故障的诊断和排除都是很难的; 3. 一般情况下,这类故障往往与机械结构的局部松动、错位,数控系统中部分元件工作特性的漂移、机床电器元件可靠性下降有关	一台数控机床本来正常工作,突然出现主轴停止时产生漂移,且停电后再送电,漂移现象不能消除。调整零点电位器后现象消失,这显然是工作点漂移造成的
按故障产生时有无破坏性分类	破坏性故障	1. 故障产生会对机床和操作者造成侵害,导致机床损坏或人身伤害; 2. 有些破坏性故障是人为造成的; 3. 维修人员在进行故障诊断时,决不允许重现故障,只能根据现场人员的介绍,经过检查来分析排除故障; 4. 这类故障的排除技术难度较大且有一定风险,故维修人员应非常慎重	有一台数控转塔车床,为了试车而编制一个只车外圆的小程序,结果造成刀具与卡盘碰撞。事故分析的结果是操作人员对刀的错误操作
	非破坏性故障	1. 大多数的故障属于此类故障,往往通过"清零"即可消除; 2. 维修人员可以重现此类故障,通过现象进行分析、判断	—
按故障发生的原因分类	数控机床自身故障	由数控机床自身的原因引起的,与外部使用环境无关。数控机床所发生的绝大多数故障均属此类故障	—
	数控机床外部故障	由外部原因造成的,如周围的环境温度过高,有害气体、潮气、粉尘侵入,外来振动和干扰,还有人为因素所造成的故障	1. 数控机床的供电电压过低,波动过大,相序不对或三相电压不平衡; 2. 操作不当,手动进给过快造成超程报警,自动切削进给过快造成过载报警等

方 式	分 类	说 明	举 例
按故障产生时有无诊断显示来区分	有报警显示故障 — 硬件报警显示故障	1. 硬件报警显示通常是指各单元装置上的报警灯(一般由 LED 发光管或小型指示灯组成)的指示; 2. 借助相应部位上的报警灯均可大致分析判断出故障发生的部位与性质; 3. 维修人员日常维护和排除故障时应认真检查这些报警灯的状态是否正常	控制操作面板、位置控制印制线路板、伺服控制单元、主轴单元、电源单元等部位以及光电阅读机、穿孔机等的报警灯亮
	有报警显示故障 — 软件报警显示故障	1. 软件报警显示通常是指 CRT 显示器上显示出来的报警号和报警信息; 2. 由于数控系统具有自诊断功能,一旦检测到故障,即按故障的级别进行处理,同时在 CRT 上以报警号形式显示该故障信息。数控机床上少则几十种,多则上千种报警显示; 3. 软件报警有来自 NC 的报警和来自 PLC 的报警,可参阅相关的说明书	存储器报警、过热报警、伺服系统报警、轴超程报警、程序出错报警、主轴报警、过载报警以及断线报警等
	无报警显示故障	1. 无任何报警显示,但机床却处在不正常状态; 2. 往往是机床停在某一位置上不能正常工作,甚至连手动操作都失灵; 3. 维修人员只能根据故障产生前后的现象来分析判断; 4. 排除这类故障是比较困难的	美国 DYNAPATH 10 系统在送电之后一切操作都失灵,再停电、再送电,不一定哪次就恢复正常了。这个故障一直没有得到解决,后来在剖析软件时才找到答案。原来是系统通电"清零"时间设计较短,元件性能稍有变化,就不能完成整机的通电"清零"过程
按故障发生在硬件还是软件上来分类	软件故障	1. 故障排除比较容易,只要认真检查程序和修改参数就可以解决; 2. 参数的修改要慎重,一定要搞清参数的含义以及与其相关的其他参数方可改动,否则顾此失彼还会带来更大的麻烦	—
	硬件故障	指只有更换已损坏的器件才能排除的故障,这类故障也称"死故障"。比较常见的是输入/输出接口损坏,功放元件得不到指令信号而丧失功能。解决方法只有更换接口板和修改 PLC 程序两种	—
机床品质下降故障		1. 机床可以正常运行,但表现出的现象与以前不同; 2. 加工工件往往不合格; 3. 无任何报警信号显示,只能通过检测仪器来检测和发现; 4. 处理这类故障应根据不同的情况采用不同的方法	噪声变大、振动较强、定位精度超差、反向死区过大、圆弧加工不合格、机床启停有振荡等

4.2.3 数控机床故障维修的基本原则

在检测故障的过程中,应充分利用数控系统的自诊断功能,如系统的开机诊断、运行诊断、PLC 的监控等,根据需要随时检测有关部分的工作状态和接口信息,同时还应灵活应用数控系统故障检查的一些行之有效的方法。

另外,在检测、排除故障中还应掌握以下若干原则:

(1) 先方案后操作(或先静后动)。维修人员本身要做到先静后动,不可盲目动手,应先询问机床操作人员故障发生的过程及状态,在阅读机床说明书、图样资料后,方可动手查找和处理故障。如果上来就碰这敲那,连此断彼,徒劳的结果也许尚可容忍,若现场的破坏导致误判,或者引入新的故障或导致更严重的后果,则会后患无穷。

（2）先检查后通电。确定方案后,先在机床断电的静止状态下,通过观察、测试、分析,确认为非恶性循环性故障或非破坏性故障后,方可给机床通电;在运行的工况下,进行动态的观察、检验和测试,查找故障。对恶性的破坏性故障,必须先排除危险后方可通电,在运行的工况下进行动态诊断。

（3）先外部后内部。即当数控机床发生故障后,维修人员应先采用问、看、嗅、听、触等方法,由外向内逐一进行检查。比如在数控机床中,外部的行程开关、按钮开关、液压气动元件等的连接部位,因其接触不良造成信号传递失真是造成数控机床故障的重要因素。由于在工业环境中,温度、湿度变化较大,油污或粉尘对元件及线路板的污染,机械的振动等,都会对信号传送通道的接插件部位产生严重影响。另外,尽量避免随意启封、拆卸。不适当的大拆大卸,往往会扩大故障,使数控机床丧失精度,降低性能。

（4）先机械后电气。先机械后电气是指在数控机床的检修中,应首先检查机械部分是否正常,行程开关是否灵活,气动、液压部分是否正常等。从经验来看,大部分数控机床的故障是由机械运动失灵引起的,所以,在故障检修之前应首先逐一排除机械性的故障,这样往往可以达到事半功倍的效果。

（5）先软件后硬件。当发生故障的机床通电后,应先检查数控系统的软件工作是否正常。有些故障可能是软件的参数丢失,或者是操作人员的使用方式、操作方法不当而造成的。

（6）先公用后专用。公用性的问题往往会影响全局,而专用性的问题只影响局部。如数控机床的几个进给轴都不能运动时,应先检查各轴公用的 CNC、PLC、电源、液压等部分,并排除故障,然后再设法解决某轴的局部问题。又如电网或主电源故障是全局性的,因此一般应首先检查电源部分,看保险丝是否正常,直流电压输出是否正常等。总之,只有先解决影响面大的主要矛盾,局部的、次要的矛盾才有可能迎刃而解。

（7）先简单后复杂。当出现多种故障相互交织掩盖、一时无从下手时,应先解决容易的问题,后解决难度较大的问题。常常在解决简单故障的过程中,难度大的问题也可能变得容易,或者在排除简易故障时受到启发,对复杂故障的认识更为清晰,从而也就有了解决的办法。

（8）先一般后特殊。在排除某一故障时,要先考虑最常见的可能原因,然后再分析很少发生的特殊原因。例如数控车床 Z 轴回零不准常常是由降速挡块位置变动造成的。一旦出现这一故障,应先检查该挡块位置,在排除这一故障常见的可能性之后,再检查脉冲编码器、位置控制等其他环节。

总之,在数控机床出现故障后,要视故障的难易程度以及故障是否属于常见性故障,合理采用不同的分析问题和解决问题的方法。

4.3　数控机床故障诊断技术

4.3.1　数控机床故障分析方法

故障分析是进行数控机床维修的第一步。通过故障分析,一方面可以迅速查明故障原因,排除故障;同时也可以起到预防故障的发生与扩大的作用。一般来说,数控机床故障分析的主要方法有以下几种。

4.3.1.1　常规分析法

常规分析法是对数控机床的机、电、液等部分进行常规检查,以此来判断故障发生原因的一种方法。

4.3.1.2　开机自诊断

所谓开机自诊断是指数控系统通电时,由系统内部自诊断程序对系统中关键的硬件和控制软件进行检测,并将检测结果显示在屏幕上,它类似于计算机的开机诊断。

不同系统的开机自诊断能力有所不同,但绝大多数数控系统可对关键硬件,如 CPU、存储器、I/O 单元、CRT/MDI 单元、纸带阅读机、软驱等装置进行检测,确定指定设备的安装、连接状态与性能。部分系统还能对某些重要的芯片,如 RAM、ROM、专用 LSI 等进行诊断。

开机自诊断通常仅将故障原因定位在某一范围内,维修人员需要通过维修手册上注明的几种可能造成的原因及相应排除办法中找到真正的故障原因并加以排除。

数控系统的自诊断在开机时进行,只有当全部项目都被确认无误后,才能进入正常运行状态,否则禁止运行。诊断的时间取决于数控系统,一般只需数秒钟,但有的需要几分钟。

4.3.1.3　在线监控

在线监控是数控系统正常工作时运行内部诊断程序,对系统本身、PLC、位置伺服单元以及与数控装置相连的其他外部装置进行自动测试、检查,并显示有关状态信息和故障信息。在线监控在系统工作过程中始终生效。

现代的数控系统不仅能在 CRT 上显示故障报警信息,而且还能以多页的"诊断地址"和"诊断数据"的形式为用户提供各种机床状态信息。这些状态信息有:CNC 系统与机床之间的接口输入/输出信号状态,CNC 与 PLC 之间输入/输出信号状态,PLC 与机床之间输入/输出信号状态,各坐标轴位置的偏差值,刀具距机床参考点的距离,CNC 内部各存储器的状态信息,伺服系统的状态信息及 MDI 面板、机床操作面板的状态信息等。

4.3.1.4　脱机测试

脱机测试亦称"离线诊断",它是将数控系统与机床脱离后,对数控系统本身进行的测试与检查。通过脱机测试可以对系统的故障做进一步的定位,力求把故障范围缩到最小。数控系统的脱机测试需要专用诊断软件或专用测试装置,如使用随机的专用诊断纸带对系统进行脱机测试。测试时先将纸带上的诊断程序读入数控装置的 RAM 中,系统中的计算机运行诊断程序,对诊断部位进行测试,从而判定是否有故障。随机的专用诊断纸带有数种,一般可测试以下部件:

(1) CPU 测试。对 CPU 的各种指令、实时时钟中断、有关寄存器等进行试验。

(2) RAM 测试。对 RAM 存储器进行各种寻址测试,写入并读出,以证实各存储单元的功能是否正常。

(3) 轴控制口和 I/O 接口测试。测试坐标轴位置控制是否正常,各输入、输出接口功能是否丧失。

(4) 纸带阅读机测试。让阅读机读入专用测试带,输入时改变送带速度或方向,试验阅读机是否可靠,阅读是否正确。

在系统的 RAM 中输入诊断程序进行脱机测试时,一般会冲掉原先存放在 RAM 中的系统程序、数据以及零件加工程序。因此,脱机诊断后要重新输入上述程序和数据。

通常脱机测试在数控系统的生产厂家或专门的维修部门进行。

4.3.1.5　故障诊断的先进方法

A　通信诊断

通信诊断也称远距离诊断或"海外诊断",是 CNC 生产单位维修部门采用的一种诊断方法。

其借助网络通信手段将用户的 CNC 装置的专用接口与维修部门的故障诊断计算机连接。由通信诊断计算机向各用户 CNC 系统发送诊断程序,并将测试数据送回诊断计算机进行分析并得出结论,最后又将诊断结论和处理方法通知用户。另外通信诊断还可作用户定期预防性诊断,只需按预定的时间对机床作一系列试运行检查,由维修中心的计算机对检查数据进行分析处理,维修人员不必亲临现场,就可发现系统可能出现的故障隐患。

B　自修复系统

自修复系统是在 CNC 装置中配备备用功能模块和自修复功能程序,在正常情况下备用模块不参与工作。当某一模块发生故障时,显示器显示出它的故障信息,同时自动寻找是否有备用模块,若有备用模块,系统能自动断开故障模块并接通备用模块,使系统较快地进入正常工作状态。

C　专家诊断系统

专家诊断系统又称智能诊断系统。它将专业技术人员、专家的知识和维修技术人员的经验整理出来,运用推理的方法编制成计算机故障诊断程序库。专家诊断系统主要包括知识库和推理机两部分,如图 4-1 所示,用于故障监测、故障分析和决策处理三个方面。

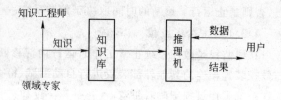

图 4-1　专家诊断系统

D　神经网络诊断

神经网络理论是在现代神经科学研究成果的基础上发展起来的。神经网络由许多并行的功能单元组成,这些单元类似于生物神经系统的单元。神经网络反映了人脑功能的若干特性,是一种抽象的数学模型,出自不同的研究目的和角度。它可以作为大脑结构模型、认识模型、计算机信息处理方式和算法结构。神经网络的特点是信息的分布式存储和并行协同处理,它有很强的容错性和适应性,善于联想和记忆,有自学习功能,可以处理复杂多模式的故障,是数控机床故障诊断新的发展途径。

4.3.2　数控机床常用的故障检查方法

4.3.2.1　参数检查法

参数通常存放在由电池供电保持的 RAM 中,一旦电池电压不足或系统长期不通电或外部干扰会使参数丢失或混乱。当机床长期闲置或无缘无故出现不正常现象或有故障而无报警时,就应根据故障特征检查和校对有关参数。数控机床到厂后,一定要将随机所带参数表与机床实际设置的参数对照确认,并保存好参数表。认真了解并掌握每个参数的具体含义,这对数控机床的故障诊断有极其重要的意义。

4.3.2.2　同类对调法

对型号完全相同的电路板、模块、集成电路和其他零部件进行互相交换,观察故障转移情况,以快速确定故障部位,适用于 CNC 系统及伺服系统,如图 4-2 所示。

4.3.2.3　备板置换法

备板置换前,应检查有关部分电路,以免造成好板损坏。应检查试验板上的初始设定是否与原板一致,还应注意板上电位器的调整。在置换数控系统的存储板时,往往需要对系统做存储器初始化操作、输入机器参数等,否则系统仍不能正常工作。数控系统的自诊断功能有时可以将故障定位到电路板,但由于目前一些自诊断存在局限性,定位出现偏差的情况时有发生,这时可用备板置换法在报警提示的范围内逐一调板,最后找出坏板。

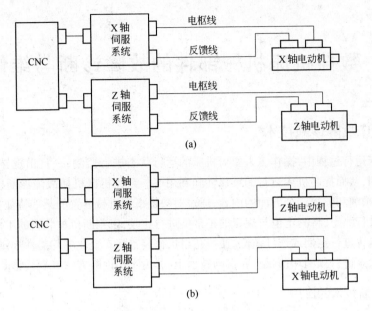

图 4-2　同类对调法示意图
（a）故障发生时的连接；（b）同类对调法连接示意

4.3.2.4　隔离法

有些故障,一时难以区分是数控部分还是伺服系统或机械部分造成的,常采用隔离法,将这几部分隔开,分别进行检测。

4.3.2.5　升降温法

人为地将元器件温度升高（应注意器件的温度参数）或降低,加速一些温度特性较差的元器件产生"病症"或使"病症"消除来寻找故障原因。

4.3.2.6　敲击法

数控系统的每块电路板上含有很多焊点,任何虚焊或接触不良都可能出现故障。用绝缘物轻轻敲打有接触不良疑点的电路板、插件或元器件,如机器出现故障,则故障很可能就在敲击的部位。

4.3.2.7　对比法

以正确的电压、电平或波形与异常的相比较来寻找故障部位,有时还可以将正常部分试验性地造成"故障"或报警（如断开连线、拔去组件）,看其是否和相同部分产生的故障现象相似,以判断故障原因。

思 考 题

4-1　数控机床日常维护保养的重要性是什么? 如何做好机床日常维护保养工作?

4-2　什么是点检? 点检有何特点?

4-3　为什么数控机床不宜长期闲置?

4-4　数控机床维修管理的内容有哪些?

4-5　数控机床故障诊断与维修的基本原则是什么?

4-6　数控机床的故障检查中,同类对调法适用于何处?

5 数控机床机械部件的故障诊断与维修

5.1 数控机床故障诊断技术

在数控机床运行过程中,操作工人要对机床的运行状态进行监测,一旦出现异常,必须停机抢修或停止使用,从而提高机床运行的可靠性和利用率。数控机床机械故障诊断包括对机床运行状态的识别、预测和监视三个方面的内容,通过对数控机床机械装置的某些特征参数,如振动、噪声和温度等进行测定,将测定值与规定的正常值进行比较,以判断机械装置的工作状态是否正常。若对机械装置进行定期或连续监测,便可获得机械装置状态变化的趋势性规律,从而可对机械装置的运行状态进行预测和预报。在诊断技术上,分为实用诊断方法和现代诊断方法。

5.1.1 实用诊断技术的应用

由维修人员的感觉器官对机床进行问、看、嗅、听、触等的诊断,称为"实用诊断技术"。

5.1.1.1 问

问就是询问机床故障发生的经过,弄清故障是突发的,还是渐发的。故障发生时操作者在现场耳闻目睹,所提供的情况对故障的分析是很有帮助的。通常维修人员应询问下列情况:

(1) 机床开动时有哪些异常现象。

(2) 对比故障前后工件的精度和表面粗糙度,以便分析故障产生的原因。

(3) 传动系统是否正常,出力是否均匀,切削深度和进给量是否减小等。

(4) 润滑油品牌号是否符合规定,用量是否适当。

(5) 机床何时进行过保养检修等。

5.1.1.2 看

(1) 看转速。观察主传动速度的变化,如带传动的线速度变慢,可能是传动带过松或负荷太大;对主传动系统中的齿轮,主要看它是否跳动、摆动;对传动轴主要看它是否弯曲或晃动。

(2) 看颜色。如果主轴和轴承运转不正常,就会发热。长时间高温会使机床外表颜色发生变化,大多呈黄色。油箱里的油也会因温度过高而变稀,颜色变样;有时也会因久不换油、杂质过多或油变质而变成深墨色。

(3) 看伤痕。机床零部件碰伤损坏部位很容易发现,而裂纹则不易发现,若发现应作记号,隔一段时间后再比较它的变化情况,以便进行综合分析。

(4) 看工件。由加工出来的工件来判别机床好坏。若车削后的工件表面粗糙度(Ra)数值大,主要是由于主轴与轴承之间的间隙过大,溜板、刀架等压板楔铁有松动以及滚珠丝杠预紧松动等原因所致。若是磨削后的表面粗糙度 Ra 数值大,这主要是由于主轴或砂轮动平衡差,机床出现共振以及工作台爬行等原因所引起的。若工件表面出现波纹,则看波纹数是否与机床主轴传动齿轮的齿数相等,如果相等,则表明主轴齿轮啮合不好是故障的主要原因。

(5) 看变形。主要观察机床的传动轴与滚珠丝杠是否变形,直径大的带轮和齿轮的端面是否有跳动。

(6) 看油箱与冷却箱。主要观察油或冷却液是否变质,能否继续使用。

5.1.1.3 嗅

由于机床部件的剧烈摩擦或电气元件绝缘破损短路,使附着的油脂或其他可燃物质发生氧化蒸发或燃烧产生油烟气、焦糊气等异味,这些故障可以通过嗅觉来进行诊断。

5.1.1.4 听

一般运行正常的机床,其声响具有一定的音律和节奏,保持持续的稳定。机械运动发出的正常声音大致可归纳为:

(1) 做旋转运动的机件:在运转区间较小或处于封闭系统时,多发出平静的"嘤嘤"声;若处于非封闭系统或运行区较大时,多发出较大的蜂鸣声;各种大型机床则产生低沉而振动声浪很大的轰隆声。

(2) 正常运行的齿轮副:一般在低速下无明显的声响;链轮和齿条传动副一般发出平稳的"唧唧"声;直线往复运动的机件,一般发出周期性的"咯噔"声;常见的凸轮顶杆机构、曲柄连杆机构和摆动摇杆机构等,通常都发出周期性的"滴答"声;多数轴承副一般无明显的声响,借助传感器可听到较为清晰的"嘤嘤"声。

(3) 各种介质的传输设备:传输介质不同所发出的声音也有所不同。如气体介质多为"呼呼"声;流体介质为"哗哗"声;固体介质发出"沙沙"声或"呵罗呵罗"声响。

掌握了机械运动的正常声音后,当机床出现故障时,声音一旦发生变化,与正常声音相对比,是"听觉诊断"的关键。异常声音包括:

(1) 摩擦声。声音尖锐而短促,常常是两个接触面相对运动的研磨。如带打滑或主轴轴承及传动丝杠副之间缺少润滑油,均会产生这种异声。

(2) 泄漏声。声小而长,连续不断,如漏风、漏气和漏液等。

(3) 冲击声。音低而沉闷,一般是由于螺栓松动或内部有其他异物碰击。

(4) 对比声。用手锤轻轻敲击,来鉴别零件是否缺损。有裂纹的零件敲击后发出的声音就不那么清脆。

5.1.1.5 触

用手部触摸的方法来判别机床的故障,通常有以下几方面:

(1) 温升。人的手指触觉是很灵敏的,能相当可靠地判断各种异常的温升,其误差可准确到3~5℃。根据经验,当机床温度在0℃左右时,手指感觉冰凉,长时间触摸会产生刺骨的痛感;10℃左右时,手感较凉,但可忍受;20℃左右时,手感稍凉,随着接触时间延长,手感潮湿;30℃左右时,手感微温有舒适感;40℃左右时,手感如触摸高烧病人;50℃以上时,手感较烫,如掌心握的时间较长可有汗感;60℃左右时,手感很烫,但可忍受10 s左右;70℃左右时,手有灼痛感,且手的接触部位很快出现红色;80℃以上时,瞬时接触手感"麻辣火烧",时间过长,可出现烫伤。为了防止手指烫伤,应注意手的触摸方法,一般先用右手并拢的食指、中指和无名指指背中节部位轻轻触及机件表面,断定对皮肤无损害后,才可用手指肚或手掌触摸。

(2) 振动。轻微振动可用手感鉴别,至于振动的大小可根据一个固定基点,用一只手去同时触摸便可以比较出振动的大小。

(3) 松紧程度。用手转动主轴或摇动手轮,即可感到接触部位的松紧是否均匀适当,从而可判断出这些部位是否合适。

(4) 爬行。用手摸可直观地感觉出来,造成爬行的原因很多,常见的是润滑油不足或选择不当,活塞密封过紧或磨损造成机械摩擦阻力加大,液压系统进入空气或压力不足等。

(5) 伤痕和波纹。肉眼看不清的伤痕和波纹,若用手指去摸则可很容易地感觉出来。摸的方法是:对圆形零件要沿切向和轴向分别去摸;对平面则要左右、前后均匀去摸。摸时不能用力太大,只轻轻把手指放在被检查面上接触便可。

实用诊断技术实用简便,相当有效,但有一定的局限性。

5.1.2　现代诊断技术的应用

现代诊断技术是借助仪器设备及装置来进行诊断,其对故障产生部位及原因能更准确地做出判断。常用的现代诊断技术有以下几个方面:

(1)油液光谱分析。通过使用原子吸收光增仪,对进入润滑油或液压油中磨损的各种金属微粒和外来沙粒、尘埃进行化学成分和浓度分析,从而进行状态监测。

(2)振动监测。通过安装在机床某些特征点上的传感器,利用振动计巡回检测,测量机床上某些特定测量处的总振级大小,如位移、速度、加速度和幅频特性等,从而对故障进行预测性监测。

(3)噪声分析。通过声波计对齿轮噪声信号频谱中的啮合谐波幅值变化规律进行深入分析,识别和判断齿轮磨损失散故障状态,可做到非接触式测量,但要减少环境噪声的干扰。

(4)温度监测。利用各种热电偶探头,测量轴承、轴瓦、电动机和齿轮箱等装置的表面温度,具有快速、正确、方便的特点。

(5)故障诊断专家系统。将诊断所必需的知识、经验和规则等信息编成计算机可以利用的知识库,建立具有一定智能的专家系统。这种系统能对机器状态做出常规诊断,解决常见的各种问题,并可自行修正和扩充已有知识库,不断提高诊断水平。

(6)非破坏性监测。通过探伤仪观察内部机体的缺陷,如裂纹等。

5.2　常用机械部件的维护与诊断

机械故障是指数控机床本体部分发生的故障,即机械系统(零件、组件、部件、整台设备乃至一系列的设备组合)因偏离其设计状态而丧失部分或全部功能的现象。

机械故障往往发生在传动系统的运动部件上,如主轴换挡机构、主轴润滑系统、轴承、导轨、导轨润滑系统、丝杠、液压系统等部位。

5.2.1　主传动系统

数控机床的主传动系统承受主切削力,它的功率大小与回转速度直接影响着机床的加工效率,而主轴部件是保证机床加工精度和自动化程度的主要部件,对数控机床的性能有着决定性的影响。因此对主传动系统有如下要求:

(1)调整范围大,即能有低速大转矩,还能实现超高速切削。

(2)低温升,热变形小。

(3)旋转精度和运动精度高。

(4)刚度和抗振性高。

(5)主轴组件耐磨性高。

由于数控机床的主轴驱动广泛采用交、直流伺服电动机,这就使得主传动的功率和调速范围较普通机床大为增加。同时,为了进一步满足对主传动调速和转矩输出的要求,数控机床采用机电结合的方法,即同时采用电动机调速和机械齿轮变速这两种方法。

如图 5-1 所示,数控机床的主传动采用的配置形式有如下几种:

(1)采用变速齿轮。滑移齿轮的换挡常采用液压拨叉或直接由液压缸驱动,还可以通过电磁离合器直接实现换挡。这种配置方式在大中型数控机床中采用较多。

（2）电动机与主轴直连。这种形式的特点是结构紧凑,但主轴转速变化及扭矩的输出和电动机的输出特性一致,因而使用受到一定的限制。

（3）采用带传动。这种形式可避免齿轮传动引起的振动和噪声,但只能用在低扭矩的情况下。这种配置在小型数控机床中经常使用。

（4）电主轴。电主轴通常作为现代一体化的功能部件被用在高速数控机床上,其主轴部件结构紧凑、质量小、惯量小,可提高启动、停止的响应特性,有利于控制振动和噪声,缺点是制造和维护困难,且成本较高。

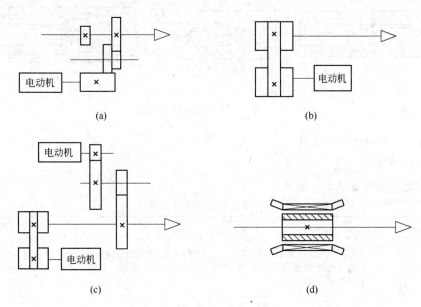

图 5-1　数控机床主传动的配置方式

(a) 齿轮变速;(b) 带传动;(c) 两个电动机分别驱动;(d) 内装电动机主轴

5.2.1.1　主轴端部的结构

不同类型的数控机床主轴端部的结构形式也不尽相同,其形式如表 5-1 所示。

表 5-1　主轴端部结构形式

应　用	说　明	图　示
车床主轴端部	卡盘靠前端的短圆锥面和凸缘端面定位,用拨销传递转矩,卡盘装有固定螺栓,当卡盘装于主轴端部时,螺栓从凸缘上的孔中穿过,转动快卸卡板将数个螺栓同时拴住,再拧紧螺母将卡盘固牢在主轴端部。主轴为空心,前端有莫氏锥度孔,用以安装顶尖或心轴	图 5-2(a)
铣、镗类机床的主轴端部	铣刀或刀杆由前端 7∶24 的锥孔定位,并用拉杆从主轴后端拉紧,并由前端的端面键传递转矩	图 5-2(b)
钻床与镗杆端部	刀杆或刀具由莫氏锥孔定位,锥孔后端第一个扁孔用于传递转矩,第二个扁孔用于拆卸刀具	图 5-2(c)
外圆磨床砂轮主轴端部		图 5-2(d)
内圆磨床砂轮主轴端部		图 5-2(e)、(f)

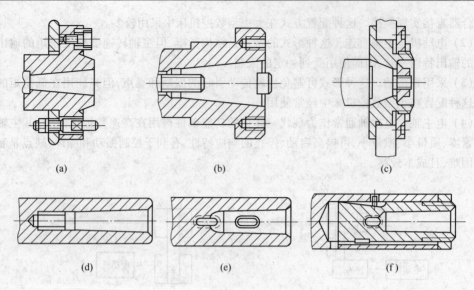

图 5-2　主轴端部的结构形式

5.2.1.2　主轴部件的支撑

A　主轴用滚动轴承

主轴用滚动轴承如表 5-2 所示。

表 5-2　主轴用滚动轴承

图　示	说　　明
图 5-3(a)	锥孔双列圆柱滚子轴承,内圈为 1∶12 的锥孔,当内圈沿锥形轴颈轴向移动时,内圈胀大以调整滚道的间隙;承载能力大,刚性好,允许转速高;主轴颈与箱体孔均有较高的制造精度;该轴承只能承受径向载荷
图 5-3(b)	双向推力角接触球轴承,接触角为 60°,球径小,数目多,能承受双向轴向载荷。可以调整间隙或预紧,轴向刚度较高,允许转速高;该轴承一般与双列圆柱滚子轴承配套用作主轴的前支承,并将其外圈外径做成负公差,保证只承受轴向载荷
图 5-3(c)	双列圆锥滚子轴承,它有一个公用外圈和两个内圈,由外圈的凸肩在箱体上进行轴向定位,箱体孔可以镗成通孔。可以调整间隙或预紧,两列滚子的数目相差一个,能使振动频率不一致,明显改善了轴承的动态性;能同时承受径向和轴向载荷,通常用作主轴的前支承
图 5-3(d)	带凸肩的双列圆柱滚子轴承,可用作主轴前支撑;滚子做成空心的,润滑油由空心滚子端面流向挡边摩擦处,可有效地进行润滑和冷却。空心滚承受冲击载荷时可产生微小变形,能增大接触面积并有吸振和缓冲作用
图 5-3(e)	带预紧弹簧的单列圆锥滚子轴承,弹簧数目为 6~20 根,均匀增减弹簧可以改变预加载荷的大小

机床主轴多采用滚动轴承作为支撑,对于精度要求高的主轴则采用动压或静压滑动轴承及磁悬浮轴承作为支撑(见图 5-4)。

B　滚动轴承的精度

主轴部件所用滚动轴承的精度有高级 P6X、精密级 P5、特精级 P4 和超精级 P2。前支撑的精度一般比后支撑的精度高一级,也可以用相同的精度等级。普通精度的机床通常前支承用 P4、P5 级,后支承用 P5、P6X 级。特高精度的机床前后支撑均用 P2 级精度。

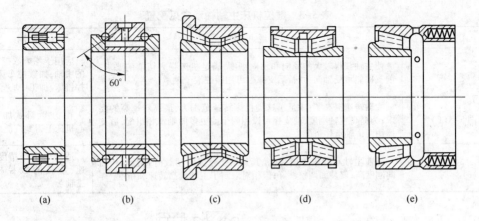

图 5-3   主轴用滚动轴承

C   主轴滚动轴承的配置

数控机床主轴轴承常见配置如表 5-3 所示。

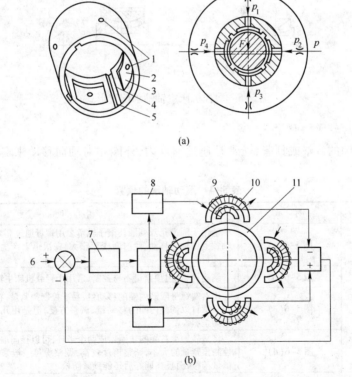

图 5-4   静压滑动轴承及磁悬浮轴承

（a）静压滑动轴承；（b）磁悬浮轴承

1—进油孔；2—油腔；3—轴向封油面；4—周向封油面；5—回油槽；6—基准信号；

7—调节器；8—功率放大器；9—位移传感器；10—定子；11—转子

表 5-3   数控机床主轴轴承常见配置

图　示	说　明	应　用
图 5-5(a)	使主轴获得较大的径向和轴向刚度,满足机床强力切削的要求;前支撑能承受轴向力时,后支撑也可用圆柱滚子轴承	应用于各类数控机床的主轴,如数控车床、数控铣床、加工中心等
图 5-5(b)	主轴转速提高了;满足了这类机床转速范围大、最高转速高的要求;为提高主轴刚度,前支撑可以用四个或更多的轴承相组配,后支撑用两个轴承相组配	在立式、卧式加工中心机床上得到广泛应用
图 5-5(c)	能使主轴承受较重载荷(尤其是承受较强的动载荷),径向和轴向刚度高,安装和调整性好;但相对限制了主轴最高转速和精度	适用于中等精度、低速、重载的数控机床主轴

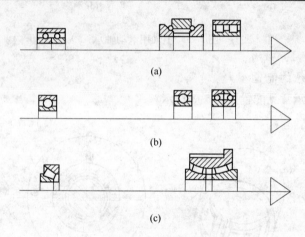

(a)

(b)

(c)

图 5-5   数控机床主轴轴承配置形式

D   主轴滚动轴承的预紧

滚动轴承间隙的调整或预紧,通常是通过轴承内、外圈相对轴向移动来实现的,如表 5-4 所示。

表 5-4   滚动轴承的预紧

预紧方式	图　示	说　明
轴承内圈移动	图 5-6(a)	适用于圆锥孔双列圆柱滚子轴承。用螺母通过套筒推动内圈在锥形轴颈上做轴向移动,使内圈变形胀大,在滚道上产生过盈,从而达到预紧的目的
	图 5-6(b)	结构简单,但预紧量不易控制,常用于轻载机床主轴部件
	图 5-6(c)	用右端螺母限制内圈的移动量,易于控制预紧量,在主轴凸缘上均布数个螺钉以调整内圈的移动量,调整方便,但是用几个螺钉调整,易使垫圈歪斜
	图 5-6(d)	将紧靠轴承右端的垫圈做成两个半环,可以径向取出,修磨其厚度可控制预紧量的大小,调整精度较高,调整螺母一般采用细牙螺纹,便于微量调整,而且在调好后还能锁紧防松
修磨座圈或隔套	图 5-7(a)	轴承外圈宽边相对(背对背)安装,这时修磨轴承内圈的内侧
	图 5-7(b)	外圈窄边相对(面对面)安装,这时修磨轴承外圈的窄边。在安装时按图示的相对关系装配,并用螺母或法兰盖将两个轴承轴向压拢,使两个修磨过的端面贴紧,这样再使两个轴承的滚道之间产生预紧
	图 5-8(a)、(b)	将两个厚度不同的隔套放在两轴承内、外圈之间,同样将两个轴承轴向相对压紧,使滚道之间产生预紧

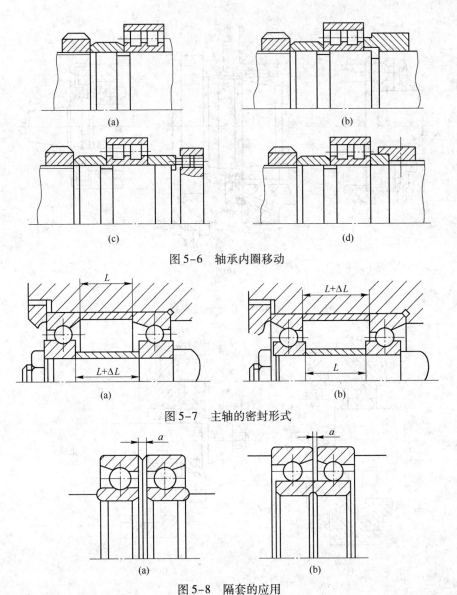

图 5-6　轴承内圈移动

图 5-7　主轴的密封形式

图 5-8　隔套的应用

E　主轴的密封形式

主轴的密封形式见表 5-5。

表 5-5　主轴的密封形式

密封形式	图　示	说　　　明
非接触式密封	图 5-9(a)	利用轴承盖与轴的间隙密封。在轴承盖的孔内开槽是为了提高密封效果,这种密封用在工作环境比较清洁的油脂润滑处
	图 5-9(b)	在螺母的外圈上开锯齿形环槽,当油向外流时,靠主轴转动的离心力把油沿斜面甩到端盖的空腔内,油液流回箱内
	图 5-9(c)	迷宫式密封结构,在切屑多、灰尘大的工作环境下可获得可靠的密封效果,这种结构适用油脂或油液润滑的密封
接触式密封	图 5-10(a)、(b)	主要用油毡圈和耐油橡胶密封圈密封

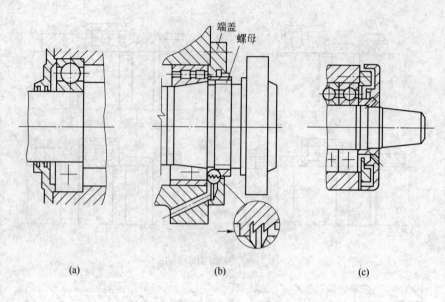

图 5-9   非接触式密封

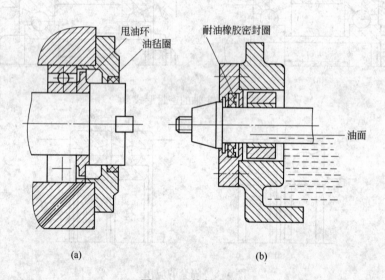

图 5-10   接触式密封

5.2.1.3   主轴准停装置

主轴准停功能又称主轴定向功能(Spindle Specified Position Stop),用于控制主轴停在固定的位置,这是自动换刀及精镗孔等加工时所必需的功能。数控铣床主轴前端锥孔锥度为 7:24,此锥度不能产生自锁,可进行频繁换刀操作。由于刀具装在主轴上,切削时不能仅靠锥孔的摩擦力来传递切削转矩,故在主轴前端设置一个凸键进行转矩的传递。另外,当刀具装入主轴时,刀柄上的键槽必须与凸键对准,才能顺利换刀,因此,主轴必须能够准停在某固定的位置上。通常主轴准停机构有两种方式,即机械式与电气式。

机械式采用机械凸轮机构或光电盘方式进行粗定位,然后有一个液动或气动的定位销插入主轴上的销孔或销槽实现精确定位,完成换刀后定位销退出,主轴才开始旋转。这种方式在早期数控机床上使用较多,如图 5-11 所示。

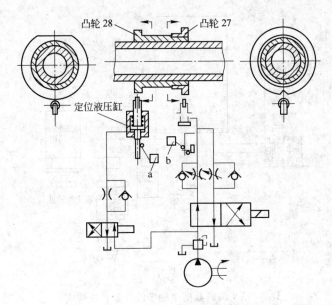

图 5-11 主轴准停装置原理图

电气式定位一般有以下两种方式:一种是用磁性传感器检测定位,在主轴上安装一个发磁体与主轴一起旋转,在距离发磁体旋转外轨迹 1~2 mm 处固定一个磁传感器,它经过放大器并与主轴控制单元相连接,当主轴需要定位时,只要执行 M19 主轴定向指令,便可停止在调整好的位置上,如图 5-12 所示。另一种是用位置编码器检测定位,这种方法是通过主轴电机内置编码器或在机床主轴箱上安装一个与主轴 1:1 同步旋转的位置编码器来实现准停控制,准停角度可任意设定,其动作的执行也由 CNC 发出准停指令 M19 来完成,如图 5-13 所示。

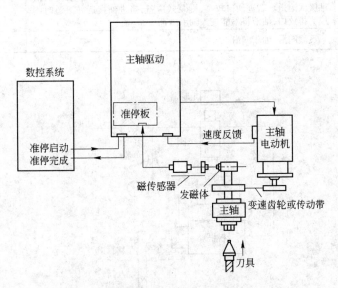

图 5-12 磁传感器主轴准停控制系统构成

5.2.1.4 主传动系统的润滑

主传动系统的润滑方式及说明见表 5-6。

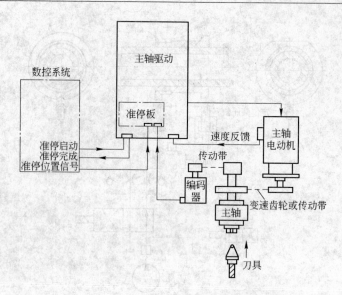

图 5-13　编码器型主轴准停控制系统构成

表 5-6　主传动系统的润滑

方　式	说　　明	图　示
油气润滑方式	用压缩空气把小油滴送进轴承空隙中,油量大小可达最佳值,压缩空气有散热作用,润滑油可回收,不污染周围空气。根据轴承供油量的要求,定时器的循环时间从 1～99 min 可调	图 5-14
喷注润滑方式	用较大流量的恒温油(每个轴承 3～4 L/min)喷注到主轴轴承,以达到冷却润滑的目的。回油时是用两台排油液压泵强制排油	图 5-15
突入滚道式润滑方式	润滑油的进油口在内滚道附近,利用高速轴承的泵效应,把润滑油吸入滚道。若进油口较高,则泵效应差,当进油接近外滚道时则成为排放口,油液将不能进入轴承内部	图 5-16
其　他	飞溅润滑、油脂润滑	

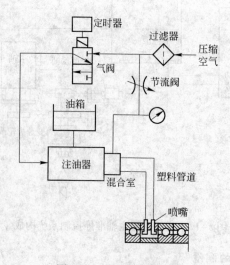

图 5-14　油气润滑系统

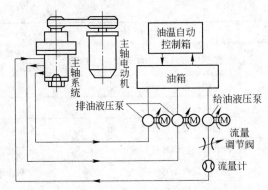

图 5-15 喷注润滑系统

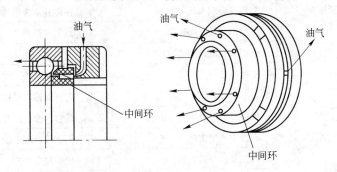

图 5-16 突入滚道润滑用特种轴承

5.2.1.5 主传动常见的故障诊断及排除方法

主传动常见的故障诊断及排除方法如表 5-7 所示。

表 5-7 主传动常见的故障诊断及排除方法

序 号	故障现象	故障原因	排除方法
1	加工精度达不到要求	机床在运输过程中受到冲击	检查对机床精度有影响的各部位,特别是导轨副,并按出厂精度要求重新调整或修复
		安装不牢固、安装精度低或有变化	重新安装调平、紧固
2	切削振动大	主轴箱和床身连接螺钉松动	恢复精度后紧固连接螺钉
		轴承预紧力不够,游隙过大	重新调整轴承游隙,但预紧力不宜过大,以免损坏轴承
		轴承预紧螺母松动,使主轴窜动	紧固螺母,确保主轴精度合格
		轴承拉毛或损坏	更换轴承
		主轴与箱体配合超差	修理主轴或箱体,使其配合精度、位置精度达到要求
		其他因素	检查刀具或切削工艺问题
3	主轴箱噪声大	轴承损坏或传动轴弯曲	修复或更换轴承,校直传动轴
		齿轮啮合间隙不均或严重损伤	修理或更换齿轮
		传动带长度不一或过松	调整或更换传动带,不能新旧混用
		齿轮精度差	更换齿轮
		润滑不良	调整润滑油量,保持主轴箱的清洁度

续表 5-7

序号	故障现象	故障原因	排除方法
4	齿轮和轴承损坏	变挡压力过大,齿轮受冲击产生破损	按液压原理图,调整到适当的压力和流量
		变挡机构损坏或固定销脱落	修复或更换零件
		速度检测装置故障	修复或更换检测元件
		轴承预紧力过大或无润滑	重新调整预紧力,并充分润滑
5	主轴变速失灵	电器变挡信号是否输出	电气维修人员检查处理
		压力是否足够	检测并调整工作压力
		变挡液压缸研损或卡死	修去毛刺和研伤,清洗后重装
		变挡电磁阀卡死	检修并清洗电磁阀
		变挡液压缸拨叉脱落	修复或更换
		变挡液压缸窜油或内泄	更换密封圈
		变挡复合开关失灵	更换新开关
6	主轴不转动	主轴转动指令是否输出	电气维修人员检查处理
		保护开关没有压合或失灵	检修压合保护开关或更换
		卡盘未夹紧工件	调整或修理卡盘
		变挡复合开关损坏	更换复合开关
		变挡电磁阀体内泄漏	更换电磁阀
7	主轴发热	主轴轴承预紧力过大	调整预紧力
		轴承研伤或损伤	更换轴承
		润滑油脏或有杂质	清洗主轴箱,更换新油
8	主轴在强力切削时停转	电动机与主轴连接的传动带过松	移动电动机座,张紧传动带,然后将电动机座重新锁紧
		传动带表面有油	用汽油清洗后擦干净,再装上
		传动带使用过久而失效	更换新传动带
		摩擦离合器调整过松或磨损	调整摩擦离合器,修磨或更换摩擦片
9	润滑油泄漏	润滑油量多	调整供油量
		各处密封件是否有损坏	更换密封件
		管件损坏	更新管件
10	主轴没有润滑油循环或润滑不足	油泵转向不正确,或间隙太大	改变油泵转向或修理油泵
		吸油管没有插入油箱的油面以下	将吸油管插入油面以下2/3处
		油管或滤油器堵塞	清除堵塞物
		润滑油压力不足	调整供油压力

5.2.2　传动系统

数控机床对进给传动系统的要求如下:

(1) 摩擦阻力小。

(2) 运动惯量小。

(3) 传动精度与定位精度高。

（4）调速范围宽。

（5）响应速度快。

（6）传动无间隙。

（7）稳定性好、寿命长。

（8）使用维护方便。

数控机床的传动系统由滚珠丝杠螺母副、导轨、联轴器等部件组成,此处以滚珠丝杠螺母副和导轨为重点进行讲解。

5.2.2.1　滚珠丝杠螺母副

滚珠丝杠螺母副是直线运动与回转运动能相互转换的传动装置。

A　工作原理

滚珠丝杠螺母副的结构原理示意图如图5-17所示。在丝杠3和螺母1上都有半圆弧形的螺旋槽,当它们套装在一起时便形成了滚珠的螺旋滚道。螺母上有滚珠回路管道4,将几圈螺旋滚道的两端连接起来,构成封闭的循环滚道,并在滚道内装满滚珠2。当丝杠旋转时,滚珠在滚道内既自转又沿滚道循环转动,从而迫使螺母（或丝杠）轴向移动。

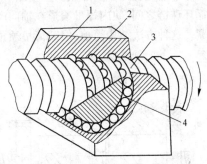

图5-17　滚珠丝杠螺母副的结构原理图

1—螺母;2—滚珠;3—丝杠;4—滚珠回路管道

B　滚珠丝杠螺母副间隙调整

为了保证反向传动精度和轴向刚度,必须消除轴向间隙。间隙调整方法如下所述。

a　双螺母消隙法

（1）垫片调隙式。如图5-18所示,通过调整垫片厚度使左右两螺母产生轴向位移,即可消除间隙和产生预紧力。这种调隙方法结构简单、刚性好,但调整不便,在滚道有磨损时不能随时消除间隙和进行预紧。

（2）螺纹调整式。如图5-19所示,螺母1的端面有凸缘,螺母7外端有螺纹。调整时只要

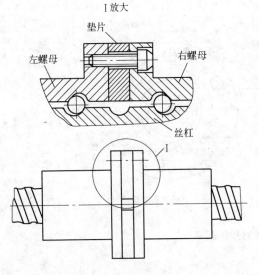

图5-18　垫片调隙式

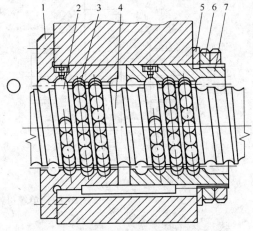

图5-19　螺纹调整式

1,7—螺母;2—反向器;3—钢球;4—螺杆;5—垫圈;6—圆螺母

旋动圆螺母 6,即可消除轴向间隙并可达到产生预紧力的目的。

（3）齿差调隙式。如图 5-20 所示,在两个螺母的凸缘上各自有圆柱外齿轮,分别与紧固在套筒两端的内齿圈相啮合,其齿数分别为 z_1 和 z_2,并相差一个齿。调整时,先取下内齿圈,让两个螺母相对于套筒同方向都转动一个齿,然后再插入内齿圈,则两个螺母便产生相对角位移,其轴向位移量 $s = (1/z_1 - 1/z_2)P_n$。例如:若 $z_1 = 80$、$z_2 = 81$,滚珠丝杠的导程 $P_n = 6$ mm,则 $s = 6/6480 \approx 0.001$ mm。这种调隙法能精确调整预紧量,调整方便、可靠,然而结构尺寸较大,多用于高精度的传动。

b　单螺母消隙

（1）单螺母变导程预加载荷。如图 5-21 所示,单螺母变导程预加载荷是在滚珠螺母体内的两列循环珠链之间,使内螺母滚道在轴向产生一个 ΔL_0 的导程突变量,使两列滚珠在轴向错位实现预紧。这种方法结构简单,但载荷量须预先设定且不能改变。

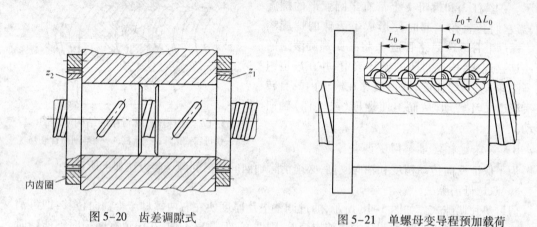

图 5-20　齿差调隙式　　　　　　　　　图 5-21　单螺母变导程预加载荷

（2）单螺母螺钉预加载荷。如图 5-22 所示,螺母的专业生产工作在完成精磨之后,沿径向开一薄槽,通过内六角调整螺钉实现间隙的调整和预紧。这种方法具有很好的性价比,间隙的调整也极为方便。

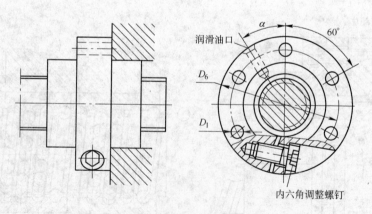

图 5-22　单螺母螺钉预加载荷

C　滚珠丝杠的支承

滚珠丝杠支承的主要形式有:

（1）一端装推力轴承。如图5-23（a）所示，该方式承载能力小，轴向刚度低，只适用于短丝杠，一般用于数控机床的调节环节或升降台式数控铣床的立向（垂直）坐标。

（2）一端装推力轴承另一端装深沟球轴承。如图5-23（b）所示，该方式用于丝杠较长的情况，应将止推轴承远离液压马达等热源及丝杠上的常用段，以减少丝杠热变形的影响。

（3）两端装推力轴承。如图5-23（c）所示，该方式把推力轴承装在滚珠丝杠的两端，并施加预紧拉力，有助于提高刚度，另外，对丝杠的热变形较为敏感，轴承的寿命较两端装推力轴承及深沟球轴承方式低。

（4）两端装推力轴承及深沟球轴承。如图5-23（d）所示，该方式在轴的两端用双重支承，即推力轴承加深沟球轴承，并施加预紧拉力，因不能精确地预先测定预紧力，预紧力的大小是由丝杠的温度变形转化而产生的，因此，要求提高推力轴承的承载能力和支架刚度。

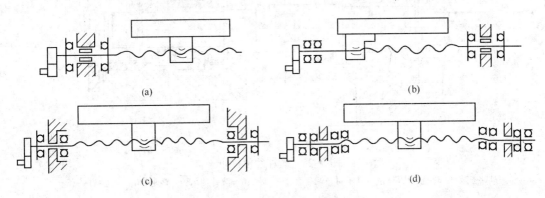

图5-23　滚珠丝杠在机床上的支承方式

（a）一端装推力轴承；（b）一端装推力轴承另一端装深沟球轴承；

（c）两端装推力轴承；（d）两端装推力轴承及深沟球轴承

（5）滚珠丝杠专用轴承。如图5-24所示，该方式采用特殊角接触球轴承，增加了滚珠的数目并相应减小滚珠的直径。这种结构的轴承轴向刚度高，在出厂时已经选配好内外环的厚度，装配调试时只要用螺母和端盖将内环和外环压紧，就能获得出厂时已经调整好的预紧力，使用极为方便。

D　滚珠丝杠的制动

滚珠丝杠本身不能自锁，当丝杠被垂直安装时，在重力的作用下，有可能向下滑动，因此，要安装制动装置。其形式有：

（1）用具有刹车作用的制动电动机。

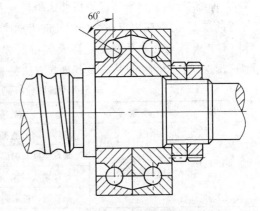

图5-24　接触角为60°的接触球轴承

（2）在传动链中配置逆转效率低的高减速比系统，如齿轮、蜗杆减速器等。此法系靠摩擦损失达到制动目的，故不经济。

（3）采用摩擦制动器。

（4）使用超越离合器。

E 滚珠丝杠的预拉伸

图 5-25 是丝杠预拉伸的一种结构图。丝杠两端有推力轴承 3、7 和滚针轴承支承 6,拉伸力通过螺母 9、套 11、推力轴承 7、静圈 5、调整套 4 作用到支座上,当丝杠装到两个支座 1、8 上之后,拧紧螺母 9 使推力轴承 3 靠在丝杠的台肩上,再压紧压盖 10,使调整套 4 两端顶紧在支座 8 和静圈 5 上。用螺钉和销子将支座 1、8 定位在床身上,然后卸下支座 1、8,取出调整套 4,换上加厚的调整套。加厚量等于预拉伸量,再照样装好,固定在床身上。

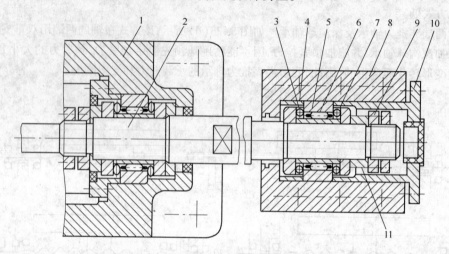

图 5-25 丝杠的预拉伸

1,8—支座;2—轴;3,7—推力轴承;4—调整套;5—静圈;6—滚针轴承;9—螺母;10—压盖;11—套

F 滚珠丝杠的防护

滚珠丝杠副和其他滚动摩擦的传动元件一样,应避免硬质灰尘或切屑污物黏附到丝杠表面。因此,必须安装防护装置。如滚珠丝杠副在机床上外露,应采用封闭的防护罩,如采用螺旋弹簧钢带、伸缩套筒、锥形套筒以及折叠式塑料或人造革等形式。安装时将防护罩的一端连接在滚珠螺母的端面,另一端固定在滚珠丝杠的支承座上。

G 滚珠丝杠副的常见故障及其排除方法

滚珠丝杠副的常见故障及其排除方法见表 5-8。

表 5-8 滚珠丝杠副的常见故障及其排除方法

序 号	故障现象	故障原因	排除方法
1	加工件表面粗糙度值高	导轨的润滑油不足,致使溜板爬行	加润滑油,排除润滑故障
		滚珠丝杠有局部拉毛或研损	更换或修理丝杠
		丝杠轴承损坏,运动不平稳	更换损坏轴承
		伺服电动机未调整好,增益过大	调整伺服电动机控制系统
2	反向误差大,加工精度不稳定	丝杠轴联轴器锥套松动	重新紧固并用百分表反复测试
		丝杠轴滑板配合压板过紧或过松	重新调整或修研,用 0.03 mm 塞尺塞,不入为合格
		丝杠轴滑板配合楔铁过紧或过松	重新调整或修研,使接触率达 70% 以上,用 0.03 mm 塞尺塞,不入为合格
		滚珠丝杠预紧力过紧或过松	调整预紧力。检查轴向窜动值,使其误差不大于 0.015 mm

序 号	故障现象	故障原因	排除方法
2	反向误差大,加工精度不稳定	滚珠丝杠螺母端面与结合面不垂直,结合过松	修理、调整或加垫处理
		丝杠支座轴承预紧力过紧或过松	修理调整
		滚珠丝杠制造误差大或轴向窜动	用控制系统自动补偿功能消除间隙,用仪器测量并调整丝杠窜动
		润滑油不足或没有	调节至各导轨面均有润滑油
		其他机械干涉	排除干涉部位
3	滚珠丝杠在运转中转矩过大	二滑板配合压板过紧或研损	重新调整或修研压板,用 0.04 mm 塞尺塞,不入为合格
		滚珠丝杠螺母反向器损坏,滚珠丝杠卡死或轴端螺母预紧力过大	修复或更换丝杠并精心调整
		丝杠研损	更换
		伺服电动机与滚珠丝杠连接不同轴	调整同轴度并紧固连接座
		无润滑油	调整润滑油路
		超程开关失灵造成机械故障	检查故障并排除
		伺服电动机过热报警	检查故障并排除
4	丝杠螺母润滑不良	分油器是否分油	检查定量分油器
		油管是否堵塞	清除污物使油管畅通
5	滚珠丝杠副噪声	滚珠丝杠轴承压盖压合不良	调整压盖,使其压紧轴承
		滚珠丝杠润滑不良	检查分油器和油路,使润滑油充足
		滚珠产生破损	更换滚珠
		电动机与丝杠联轴器松动	拧紧联轴器锁紧螺钉
6	滚珠丝杠不灵活	轴向预加载荷太大	调整轴向间隙和预加载荷
		丝杠与导轨不平行	调整丝杠支座位置,使丝杠与导轨平行
		螺母轴线与导轨不平行	调整螺母座的位置
		丝杠弯曲变形	校直丝杠

5.2.2.2 机床导轨

机床导轨是机床基本结构要素之一。从机械结构的角度来说,机床的加工精度和使用寿命很大程度上取决于机床导轨的质量。数控机床对导轨的要求更高,包括要求导向精度高、耐磨性好、寿命长、刚度好、低速运动平稳性高及工艺性好等。

目前,常用的导轨有滑动导轨和滚动导轨两种。滑动导轨具有结构简单、制造方便、刚度好、抗振性高等优点,在数控机床上应用广泛。滑动导轨多使用在金属导轨表面粘贴塑料软带的形式,即为贴塑导轨。滚动导轨与滑动导轨相比,其灵敏度高,摩擦系数小,且动、静摩擦系数相差很小,因而运动均匀,尤其是在低速移动时,不易出现爬行现象;定位精度高,重复定位精度可达 $0.2~\mu m$;牵引力小,移动轻便;磨损小,精度保持性好,使用寿命长。但滚动导轨的抗振性差,对防护要求高,结构复杂、制造困难、成本高。

A 导轨副的间隙调整

导轨副的间隙调整是导轨副维护很重要的一项工作。若间隙过小,则摩擦阻力大,导轨磨损

加剧;间隙过大,则运动失去准确性和平稳性,失去导向精度。间隙调整的方法有如下几种:

(1)过盈配合法。预加载荷应大于外载荷,预紧力产生过盈量为 $2\sim3~\mu m$,若过大会使牵引力增加,且运动部件较重时,其重力亦可起预加载荷作用。

(2)压板调整。压板用螺钉固定在动导轨上,常用钳工配合刮研及选用调整垫片、平镶条等机构,使导轨面与支撑面之间的间隙均匀,达到规定的接触点数。如图 5-26 所示,如间隙过大,应修磨或刮研 B 面;间隙过小或压板与导轨压得太紧,则可刮研或修磨 A 面。

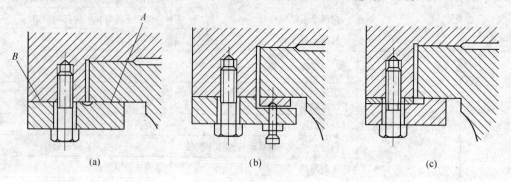

图 5-26　压板调整间隙

(a)修磨刮研式;(b)镶条式;(c)垫片式

(3)镶条调整。如图 5-27(a)所示,该平镶条全长厚度相等、横截面为平行四边形(用于燕尾形导轨)或矩形,通过侧面的螺钉调节和螺母锁紧,以其横向位移来调整间隙,在螺钉的着力点有挠曲。图 5-27(b)所示是一种全长厚度变化的斜镶条及三种用于斜镶条的调节螺钉,以其斜镶条的纵向位移来调整间隙。斜镶条在全长上支承,其斜度为 1:40 或 1:100,由于楔形的增压作用会产生过大的横向压力,因此调整时应细心。

(4)压板镶条调整。如图 5-28 所示,T 形压板用螺钉固定在运动部件上,运动部件内侧和 T

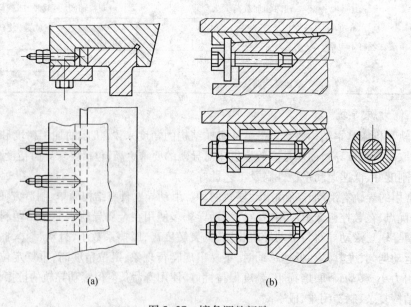

图 5-27　镶条调整间隙

(a)等厚度镶条;(b)斜镶条

形压板之间放置斜镶条,镶条不是在纵向有斜度,而是在高度方面做成倾斜。调整时,借助压板上几个推拉螺钉,使镶条上下移动,从而达到调整间隙的目的。

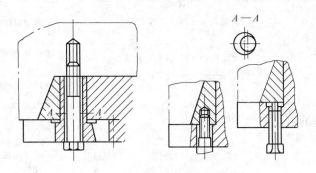

图 5-28　压板镶条调整间隙

B　导轨的润滑

对导轨面进行润滑可降低摩擦因数,减少磨损,并且可防止导轨面锈蚀。常用的润滑剂有润滑油和润滑脂,润滑油用于滑动导轨,而滚动导轨两种都可使用。

a　润滑方法

最简单的润滑方式是人工定期加油或用油杯供油。这种方法简单、成本低,但不可靠,一般用于调节辅助导轨及运动速度低、工作不频繁的滚动导轨。

对运动速度较高的导轨大都采用润滑泵,以压力油强制润滑。这样不但可连续或间歇供油给导轨进行润滑,而且可利用油的流动冲洗和冷却导轨表面。为实现强制润滑,必须备有专门的供油系统。

b　对润滑油的要求

在工作温度变化时,润滑油黏度变化要小,要有良好的润滑性能和足够的油膜刚度,油中杂质尽量少且不侵蚀机件。常用的全损耗系统用油有 L—AN 14、15、32、42、68,精密机床导轨油 L—HG68,汽轮机油 L—SA32、46 等。

C　导轨的防护

为了防止切屑、磨粒或冷却液散落在导轨面上而引起磨损、擦伤和锈蚀,导轨面上应有可靠的防护装置。常采用的刮板式、卷帘式和叠层式防护罩大多用于长导轨上。在机床使用过程中应防止损坏防护罩,对叠层式防护罩应经常用刷子蘸机油清理移动接缝,以避免发生卡壳现象。

D　导轨的常见故障及排除方法

导轨的常见故障及排除方法如表 5-9 所示。

表 5-9　导轨的常见故障及排除方法

序　号	故障现象	故障原因	排除方法
1	导轨研伤	机床长期使用后,地基与床身水平有变化,使导轨局部单位面积载荷过大	定期进行床身导轨的水平调整,或修复导轨精度
		长期加工短工件或承受过分集中的载荷,使导轨局部磨损严重	注意合理分布短工件的安装位置,避免载荷过分集中
		导轨润滑不良	调整导轨润滑油量,保证润滑油压力
		导轨材质不佳	采用电镀加热自冷淬火对导轨进行处理,导轨上增加锌铝铜合金板,以改善摩擦情况

序　号	故障现象	故　障　原　因	排　除　方　法
1	导轨研伤	刮研质量不符合要求	提高刮研修磨的质量
		机床维护不佳,导轨里落入脏物	加强机床保养,保护好导轨防护装置
2	导轨上移动部件运动不良或不能移动	导轨面研伤	用 180 号砂布修磨机床导轨面上的研伤
		导轨压板研伤	卸下压板,调整压板与导轨间隙
		导轨镶条与导轨间隙太小,调得过紧	松开镶条止退螺钉,调整镶条螺栓,使运动部件运动灵活,保证 0.03 mm 塞尺不能塞入,然后锁紧止退螺钉
3	加工面在接刀处不平	导轨直线度超差	调整或修刮导轨,允差 0.015 mm/500 mm
		工作台镶条松动或镶条弯度太大	调整镶条间隙,镶条弯度在自然状态下小于 0.05 mm/全长
		机床水平度差,使导轨发生弯曲	调整机床安装水平,保证平行度、垂直度在 0.02 mm/1000 mm 之内

5.2.3　自动换刀装置

加工中心要完成对工件的多工序加工,必须在加工过程中自动更换刀具。自动换刀装置的结构取决于机床的类型、工艺范围、使用刀具的种类和数量。

5.2.3.1　刀具选择方式

A　顺序选刀

刀具按规定的先后顺序插入刀库中,使用时按顺序转动到取刀位置,用过的刀具再放回原来的刀座中,也可按加工顺序放入下一个刀座内。这种选刀方式不需要刀具识别装置,驱动控制也较简单,工作可靠。但由于每把刀具在不同的工序中不能重复使用,故而降低了刀具和刀库的利用率。

B　随机选刀

(1) 刀柄编码(见图 5-29)。对每把刀具进行编码,刀具可以存放于刀库的任一刀座中。刀具在不同的工序中可以重复使用,用过的刀具也不一定放回原刀座中。这样缩短了刀库的运转时间,简化了自动换刀控制线路。

(2) 刀座编码(见图 5-30)。对每个刀座都进行编码,刀具也编号,并将刀具放到与其号码相符的刀座中,换刀时刀库旋转,使各个刀座依次经过识刀器,直至找到规定的刀座,刀库才停止旋转。在自动换刀过程中必须将用过的刀具放回原来的刀座中,这增加了换刀动作,但刀具在加工过程中能重复使用。

(3) PLC 控制。由于计算机技术的发展,可以利用软件进行选刀,消除了由于识刀装置的稳定性、可靠性所带来的选刀失误。主轴上换来的新刀号及还回刀库上的刀具号,均记忆在 PLC 内部相应的存储单元中。随机换刀控制方式需要在 PLC 内部设置一个模拟刀库的数据表,其长度和表内设置的数据与刀库的位置数和刀具号相对应,如图 5-31 所示。

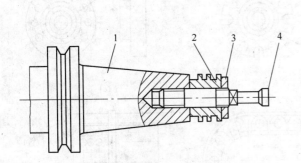

图 5-29 刀柄编码方式

1—刀柄;2—编码环;3—锁紧螺母;4—拉杆

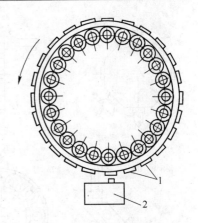

图 5-30 刀座编码方式

1—刀座;2—刀座识别装置

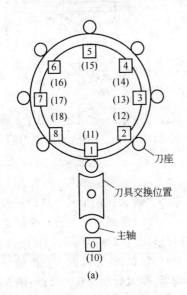

(a)

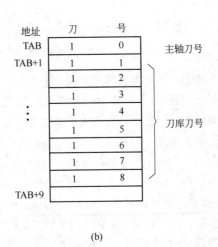

(b)

图 5-31 随机选刀、换刀

5.2.3.2 刀库和机械手形式

刀库的功能是储存加工所需的各种刀具,并按程序指令把所选刀具迅速准确地送到换刀位置,接受从主轴送回的已用刀具。换刀装置常用机械手或机械转位机构。

A 刀库种类

常见的刀库结构形式有转塔式刀库、圆盘式径向取刀刀库、圆盘式轴向取刀刀库、圆盘式顶端型刀库、链式刀库、格子式刀库等,如图 5-32 所示。转塔式刀库主要用于小型车削加工中心,用伺服电动机转位或机械方式转位。圆盘式刀库在卧式、立式加工中心上均可采用。侧挂型一般是挂在立式加工中心的立柱侧面,有刀库平面平行水平面或垂直水平面两种形式,前者靠刀库和轴的移动换刀,后者用机械手换刀。圆盘式顶端型刀库则把刀库设在立柱顶上。链式刀库可以安装几十把甚至上百把刀具,占用空间较大,选刀时间较长,一般用在多通道控制的加工中心,通常加工过程和选刀过程可以同时进行。圆盘式刀库具有控制方便、结构刚性好的特点,通常用在刀具数量不多的加工中心上。格子式刀库容量大,适用于作为 FMS 加工单元使用的加工中心。

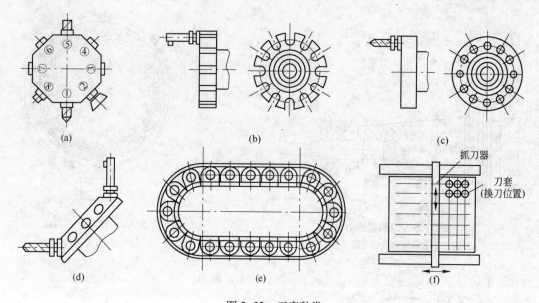

图 5-32 刀库种类
(a) 转塔式刀库；(b) 圆盘式径向取刀刀库；(c) 圆盘式轴向取刀刀库；
(d) 圆盘式顶端型刀库；(e) 链式刀库；(f) 格子式刀库

在加工中心上使用的刀库最常见的有两种，一种是圆盘式刀库，一种是链式刀库。圆盘式刀库装刀容量相对较小，一般装 1~24 把刀具，主要适用于小型加工中心；链式刀库装刀容量大，一般装 1~100 把刀具，主要适用于大中型加工中心。

B 机械手形式

由刀库选刀，再由机械手完成换刀动作，这是加工中心普遍采用的形式。自动换刀过程见3.3.3 节。由于机床结构不同，机械手的形式及动作均不一样。根据刀库及刀具交换方式的不同，换刀机械手也有多种形式。图 5-33 所示为常用的几种形式，它们均为单臂回转机械手，能同时抓取和装卸刀库及主轴(或中间搬运装置)上的刀具，动作简单，换刀时间少。机械手抓刀运动可以是旋转运动，也可以是直线运动。图 5-33(a)为钩手，抓刀运动为旋转运动；图 5-33(b)为抱手，抓刀运动为两个手指旋转；图 5-33(c)为权手，抓刀运动为直线运动。

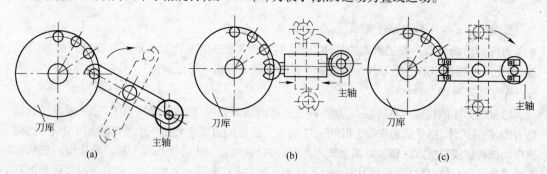

图 5-33 常见换刀机械手形式
(a) 钩手；(b) 抱手；(c) 权手

5.2.3.3 刀库及换刀装置的故障诊断

在带有刀库和自动换刀装置的数控机床或加工中心上，刀库与自动换刀装置中的换刀机械手是可靠性最为薄弱的环节。其中刀库发生的故障通常为刀库不到位、刀库不动作、刀库不回零、定位销松动、刀套松刀或掉刀等。而换刀机械手所发生的故障通常为掉刀、卡刀、机械手动作不到位或根本无动作、机械手夹持刀柄不稳定甚至产生抖动、机械手臂弯曲或下沉等。这些故障最后都会造成换刀动作卡位、整机停止工作,机械维修人员对此应有足够的重视。

刀库与换刀机械手的常见故障及排除方法如表5-10所示。

表5-10　刀库与换刀机械手的常见故障及排除方法

序 号	故 障 现 象	故 障 原 因	排 除 方 法
1	刀具不能夹紧	空气压缩机气压不足	使气压控制在额定范围
		增压漏气	关紧增压
		刀具卡紧液压缸漏油	更换密封装置,使卡紧液压缸不漏
		刀具松卡弹簧上的螺母松动	旋紧螺母
2	刀具夹紧后不能松开	松锁刀的弹簧压力过紧	调节松锁刀弹簧上的螺钉,使其最大载荷不超过额定数值
3	刀套不能夹紧刀具	检查刀套上的调节螺母	顺时针旋转刀套两端的调节螺母,压紧弹簧,顶紧卡紧销
4	机械手换刀速度过快	气压太高或节流阀开口过大	保证气压和流量,旋转节流阀至换刀速度合适
5	换刀时找不到刀	刀位编码用组合行程开关、接近开关等元件损坏、接触不好或灵敏度降低	更换损坏元件
6	刀库不能旋转	连接电动机轴与蜗杆轴的联轴器松动	紧固联轴器上的螺钉
7	刀具从机械手中脱落	检查刀具重量	刀具重量不得超过规定值
		机械手卡紧锁损坏或没有弹出来	更换卡紧锁或弹簧
8	刀具交换时掉刀	换刀时主轴箱没有回到换刀点或换刀点漂移	重新操作主轴箱运动,使其回到换刀点位置,重新设定换刀点
		机械手抓刀时没有到位,就开始拔刀	调整机械手手臂,使手臂爪抓紧刀柄再拔刀

5.2.4　液压系统

数控机床在实现整机的全自动化控制中,除数控系统外,大多数数控机床还需要配备液压装置来实现如下辅助功能:自动换刀所需的动作;机床运动部件的平衡;机床运动部件的制动和离合器的控制,齿轮拨叉挂挡等;机床的润滑冷却;机床防护罩、板、门的自动开关;工作台的松开夹紧,交换工作台的自动交换动作;夹具的自动松开、夹紧等。

5.2.4.1　液压系统的组成

液压系统由以下几部分组成:

(1)动力部分。输出压力油,把机械能转变为液体的压力能并储存起来,如泵装置等。

(2)执行机构部分。带动运动部件,将液体压力能转变成使工作部件运动的机械能,如液压缸、液压马达等。

(3)控制部分。控制流体的压力、流量和流动方向,从而控制执行部件的作用力、运动速度和运动方向,也可以用来卸载,实现过载保护等,如各种液压阀。

(4)辅件部分。协助完成各种控制所不可少的部分,如油箱、蓄能器、过滤器、管道、密封件等。

5.2.4.2　液压系统常见故障诊断及其排除方法

液压系统常见故障及其排除方法见表5-11。

表5-11　液压系统常见故障诊断及其排除方法

序　号	故　障　现　象	故　障　原　因	排　除　方　法
1	液压泵不供油或流量不足	压力调节弹簧过松	将压力调节螺钉顺时针转动使弹簧压缩。启动液压泵,调整压力
		流量调节螺钉调节不当,定子偏心方向相反	按逆时针方向逐步转动流量调节螺钉
		液压泵转速太低,叶片不能甩出	将转速控制在最低转速以上
		液压泵转向相反	调转向
		油的黏度过高,使叶片运动不灵活	采用规定牌号的油
		油量不足,吸油管露出油面吸入空气	加油到规定位置,将过滤器埋入油下
		吸油管堵塞	清除堵塞物
		进油口漏气	修理或更换密封件
		叶片在转子槽内卡死	拆开油泵修理,清除毛刺,重新装配
2	液压泵有异常噪声或压力下降	油量不足,过滤器露出油面	加油到规定位置
		吸油管吸入空气	找出泄漏部位,修理或更换零件
		回油管高出油面,空气进入油池	保证回油管埋入最低油面以下的一定深度
		进油口过滤器容量不足	更换过滤器,进油容量应是油泵最大排量的2倍以上
		过滤器局部堵塞	清洗过滤器
		液压泵转速过高或液压泵装反	按规定方向安装转子
		液压泵与电动机联接同轴度差	同轴度应在0.05 mm内
		定子和叶片磨损,轴承和轴损坏	更换零件
		泵与其他机械共振	更换缓冲胶垫
3	液压泵发热、油温过高	液压泵工作压力超载	按额定压力工作
		吸油管和系统回油管距离太近	调整油管,使工作后的油不直接进入液压泵
		油箱油量不足	按规定加油
		摩擦引起机械损失泄漏引起容积损失	检查或更换零件及密封圈
		压力过高	油的黏度过大,按规定更换
4	系统及工作压力低,运动部件爬行	泄漏	检查漏油部件,修理或更换
			检查是否有高压腔向低压腔的内泄
			将泄漏的管件、接头、阀体修理或更换
5	尾座顶不紧或不运动	压力不足	用压力表检查
		液压缸活塞拉毛或研损	更换或维修
		密封圈损坏	更换密封圈
		液压阀断线或卡死	清洗、更换阀体或重新接线
		套筒研损	修理研损部件

序 号	故障现象	故障原因	排除方法
6	导轨润滑不良	分油器堵塞	更换损坏的定量分油器
		油管破裂或渗漏	修理或更换油管
		没有气体动力源	检查气动柱塞泵是否堵塞,是否灵活
		油路堵塞	清除污物,使油路畅通
7	滚珠丝杠润滑不良	分油管是否分油	检查定量分油器
		油管是否堵塞	清除污物,使油路畅通

5.2.5 气动系统

一些数控机床还需要配备气压装置来实现如下辅助功能:自动换刀所需的动作;机床的润滑冷却;夹具的自动松开、夹紧及主轴锥孔自动清屑等。

5.2.5.1 气压系统的组成

气压系统由以下部件组成:

(1) 气源装置。输出气体压力,把其他形式的能量转变为气体的压力能并储存起来,如空气压缩机、压缩空气站等。

(2) 执行元件。带动运动部件,将气体压力能转变成使工作部件运动的机械能,如气缸、气马达等。

(3) 控制元件。控制气体的压力、流量和流动方向,从而控制执行部件的作用力、运动速度和运动方向,也可以用来卸载,实现过载保护等,如各种压力控制阀和流量控制阀等。

(4) 辅件元件。协助完成各种控制所不可少的部分,如润滑元件、消声器、转换器、管道、管接头等。

(5) 气源净化装置。将油气或水汽进行分离,使压缩空气得到净化,如冷却器、油水分离器、空气过滤器和干燥器等。

5.2.5.2 气压系统常见故障诊断及其排除方法

气压系统常见故障诊断及其排除方法见表5-12。

表 5-12 气压系统常见故障诊断及其排除方法

序 号	故障现象	故障原因	排除方法
1	气缸泄漏、动力不足、动作不平稳	密封件损坏	更换密封圈
		气压缸内有杂质	清除杂质
		润滑不良	加注润滑油
		零部件损坏	更换损坏零件
2	各种阀件功能失效	控制阀弹簧等组件损坏	更换损坏零件
		阀内有杂质或异物	清洗阀件、清除杂质
		润滑不良	加注润滑油

5.3 数控机床的机械故障诊断实例

A 主轴定位不良的故障维修

(1) 故障现象:加工中心主轴定位不良,引发换刀过程发生中断。

（2）故障分析：开始时，出现换刀中断的次数并不多，重新开机后又能工作，但故障反复出现。经对机床进行仔细观察后，发现故障的真正原因是主轴在定向后发生位置偏移，且主轴在定位后用手碰一下，主轴则会产生相反方向的漂移，这种现象和在换刀过程中刀具插入主轴时的情况相近。检查电源无任何报警，该机床的定位采用的是编码器，从故障的现象和可能发生的部位来看，电气部分的可能性比较小，机械部分又很简单，最主要的是连接，所以决定检查连接部分。在检查到编码器的连接时发现编码器上连接套的紧固螺钉松动，使连接套后退造成与主轴的连接部分间隙过大使旋转不同步。

（3）处理办法：将紧固螺钉按要求拧紧后故障排除。

B　伺服电动机与丝杠的联轴器松动

（1）故障现象：加工出的工件尺寸有明显的问题，快速进给时有异常声音，但是数控系统上无任何报警，且数控系统记录的实际位置与零件程序中的指令位置相同。

（2）故障分析：如果采用全闭环位置控制系统的数控机床，在联轴器出现松动时，由于不能达到指令位置，数控系统会出现轮廓误差报警。但对于半闭环位置控制系统，数控系统是根据伺服电动机内置的编码器来测量电动机的角位移，并根据角位移、丝杠螺距、伺服电动机与丝杠的减速比来计算直线位移。若伺服电动机与丝杠连接不牢，在切削时所需的转矩大于联轴器的传递转矩时，伺服电动机与丝杠之间就可能出现相对位移，在快速移动时，在丝杠端产生振动而发出异常声音。伺服电动机已经按照指令转过了所需的角度，因而数控系统没有任何报警。但由于丝杠没有按照指令转到目标位置，所以加工的实际位置出现了偏差，产生报废零件。

（3）处理办法：按要求重新调整联轴器，使其紧固。

C　位移过程中产生机械抖动的故障维修

（1）故障现象：某加工中心运行时，工作台 Y 轴方向位移过程中产生明显的机械抖动故障，故障发生时系统不报警。

（2）故障分析：因故障发生时系统不报警，通过观察 CRT 显示出来的 X、Y、Z 轴位移脉冲数字量的速率都比较均匀，故可排除系统软件参数与硬件控制电路的故障影响。由于故障发生在 Y 轴方向，故可以采用交换法判断故障部位。通过交换伺服控制单元，故障没有转移，因此故障部位应在 Y 轴伺服电动机与丝杠传动链一侧。为区别电动机故障，可拆卸电动机与滚珠丝杠之间的弹性联轴器，单独通电检查电动机。结果表明，电动机运转时无振动现象，显然故障部位在机械传动部分。脱开弹性联轴器，用扳手转动滚珠丝杠进行手感检查。通过手感检查，感觉到这种抖动故障的存在，且丝杠的全行程范围均有这种异常现象。拆下滚珠丝杠检查，发现滚珠丝杠轴承损坏。

（3）处理办法：换上同型号、同规格的新轴承后，故障排除。

D　电动机过热报警的维修

（1）故障现象：X 轴电动机过热报警。

（2）故障分析：电动机过热报警产生的原因有多种，除伺服单元本身的问题外，可能是切削参数不合理，亦可能是传动链上有问题，而该机床的故障原因是由于导轨镶条与导轨间隙太小，调得太紧。

（3）处理办法：松开镶条防松螺钉，调整镶条螺栓，使运动部件运动灵活，保证 0.03 mm 的塞尺塞不入，然后锁紧防松螺钉，故障排除。

E　机床定位精度不合格的故障维修

（1）故障现象：某加工中心运行时，工作台 Y 轴方向位移接近行程终端过程中，丝杠反向间隙明显增大,机床定位精度不合格。

(2) 故障分析:故障部位明显在 Y 轴伺服电动机与丝杠传动链一侧;拆卸电动机与滚珠丝杠之间的弹性联轴器,用扳手转动滚珠丝杠进行手感检查。通过手感检查,发现工作台 Y 轴方向位移接近行程终端时,感觉到阻力明显增加。拆下工作台检查,发现 Y 轴导轨平行度严重超差,故而引起机械转动过程中阻力明显增加,滚珠丝杠弹性变形,反向间隙增大,机床定位精度不合格。

(3) 处理办法:经过修理、调整后,重新装好,故障排除。

F 回转刀架故障的维修

(1) 故障现象:某数控车床刀架电动机不能启动,刀架不能动作。

(2) 故障分析:可能是电动机相位接反或电源电压偏低,但调整电动机相位线及电源电压,故障不能排除,这说明故障为机械原因所致。将电动机罩卸下,旋转电动机风叶,发现阻力过大。卸下电动机进一步检查发现,蜗杆轴承损坏,电动机轴与蜗杆离合器质量差,使电动机出现阻力。

(3) 处理办法:更换轴承,修复离合器后,故障排除。

G 液压卡盘夹紧力不足

(1) 故障现象:对于使用液压卡盘的车床,在进行车削端面、外圆或螺纹时,某坐标突然异常动作,使得刀具损坏、工件受损。但数控系统的实际位置与程序指令相同,且无报警。

(2) 故障分析:由于切削时作用在刀具与工件之间的转矩超过了液压卡盘与工件之间的夹紧转矩,使得卡盘不能夹紧工件,卡盘与工件之间出现了相对位移。对于采用液压卡盘的数控车床,应配备压力传感器监测液压系统的压力,在压力不足的情况下,产生用户报警,并且使数控系统进入进给保持状态。

(3) 处理办法:调高液压卡盘的夹紧力,使其满足加工要求。

H 加工中心刀库运动不到位

(1) 故障现象:加工中心在换刀时,刀库伸出后,换刀过程停止,无系统报警也无用户报警,或数控系统提示"等待使用"。

(2) 故障分析:换刀的过程取决于每一个换刀动作的完成情况,如果一个动作没有完成,下一个动作不能继续。刀库伸出或刀库后退都应该有位置检测传感器,检测刀库是否运动到位。出现此种情况有两种可能的原因:一是传感器故障,不能发出到位位置检测信号,所以换刀过程停止;二是推动刀库伸出的液压或气动系统的压力不足,不能使刀库完全到位,因此传感器没有得到到位信号,换刀过程不能继续。

(3) 处理办法:一是对出现故障的传感器进行维修或更换;二是提高液压或气动系统的压力,使刀库运动到位。

思 考 题

5-1 试述实用诊断技术的内容。

5-2 请列举出部分现代诊断技术。

5-3 简述主轴准停功能的作用。

5-4 数控机床机械故障有哪些表现形式?

5-5 简述传动系统机械故障的处理方法。

5-6 简述液压系统故障诊断和处理方法。

6 机床数控系统的故障诊断与维修

数控机床配置的数控系统品牌繁多,性能和结构也不尽相同。国内的数控系统有武汉华中数控、广州数控、北京凯恩帝、沈阳蓝天数控及上海开通数控等品牌,国外有日本 FANUC、德国 SIEMENS、西班牙 FAGOR、美国 HAIDENHAIN、日本 MAZAK 和 OKUMA 等等。其中,国外品牌日本 FANUC 和德国 SIEMENS 在目前国内数控机床使用的系统中占有率很高,因此本章着重讲解 FANUC 和 SIEMENS 系统的硬件结构及伺服单元的结构等知识。

6.1 数控系统的软件及硬件

数控系统主要由控制单元、可编程控制器、控制电动机放大器、CRT/MDI 单元、I/O(输入/输出)装置及操作面板组成。图 6-1 所示是数控系统三种典型的软硬件界面关系。

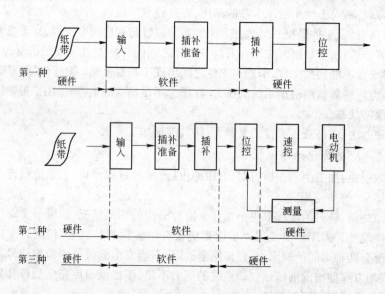

图 6-1 数控系统三种典型的软硬件界面关系

6.1.1 数控系统软件

数控系统是数控机床的控制核心,由数控系统软件实现全部或部分数控功能,从而对机床运动进行实时控制。

一般数控系统软件主要由系统管理程序、零件加工程序的输入/输出管理程序、译码程序、零件加工程序、编辑程序、机床手动控制程序、零件加工程序的解释执行程序、伺服控制及开关控制程序和系统自检程序组成。

数控系统是一个专用的实时多任务计算机系统,采用多任务并行处理和多重实时中断技术。系统软件能够完成管理和控制两大任务。系统的管理部分包括 I/O 处理、显示和诊断,控制部分包括译码、刀具补偿、速度处理、插补和位置控制,如图 6-2 所示。

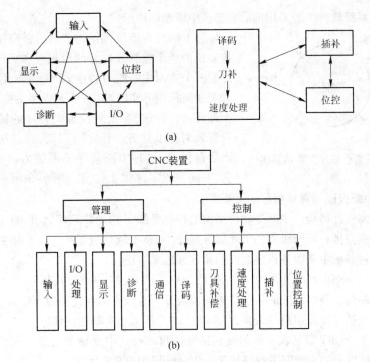

图 6-2　数控系统多任务处理图
(a)任务并行处理图；(b)任务分解图

　　数控系统软件中,由数控系统生产厂家研制的启动芯片、基本系统程序、加工循环、测量循环等,由于安全和保密的需要,在出厂前被预先写入到 EPROM 存储器中,属于机床系统程序。由于 EPROM 存储器不能轻易被擦写,因此,这部分软件对于机床厂和机床用户读出、复制和恢复都很难。如果因为意外破坏了这部分软件,应及时与数控系统生产厂家取得联系,并提供所使用机床的型号和软件版本号,要求更换或复制软件。

　　另外,由机床制造厂编制的针对具体机床所用的 NC 机床数据、PLC(PMC)机床数据、PLC(PMC)报警文本、PLC(PMC)用户程序等部分,用户可以随时根据具体的使用要求和具体机床的性能对它进行修改。这部分软件由机床生产厂在出厂前分别写入到 RAM 和 EPROM 中,并且提供技术资料加以说明。由于存储于 RAM 中的数据容易丢失,所以机床用户可以对这部分软件数据进行改写、清除。

　　最后,由机床用户编制的加工主程序、加工子程序、刀具补偿参数、零点偏置参数等软件或参数被存储于 RAM 中,与具体的加工密切相关。因此,它们正常的设置、更改是机床正确完成加工所必备的。

　　以上几部分软件均可通过多种存储介质(如软盘、硬盘、磁带、纸带等)进行备份,以便出现软件故障时进行核查或恢复。通常容易引起软件故障的是数控机床参数部分,数控机床在出厂前,针对每台数控机床的具体状况,设置了许多初始参数,部分参数还要经过调试来确定。这些具体参数的参数表或参数纸带应该交付给用户。在数控维修中,有时要利用机床某些参数调整机床,有些参数要根据机床的运行状态进行必要的修正,所以维修人员必须了解和掌握这些机床参数,并将整机参数的初始设定记录在案,妥善保存,以便维修时使用。另外,零件加工程序也属于数控软件的范畴,无论对数控机床的维修人员还是编程人员来说,必须能熟练掌握和运用手工编程指令进行零件加工程序的编制。在机床故障中,有些故障是与零件程序编写有关的。

目前数控系统软件一般采用前后台型或中断型结构形式。

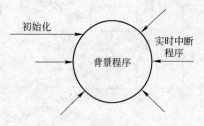

图6-3　前后台程序关系示意图

（1）前后台型软件结构。前后台型软件结构是将数控系统的整个控制软件分前台程序和后台程序。前台程序是一个实时中断服务程序，实现插补、位置控制及机床开关逻辑控制等实时功能；后台程序又称背景程序，是一个循环运行程序，实现数控加工程序的输入和预处理以及管理的各项任务。程序一启动，经过初始化后立即进入后台程序，实时中断程序不断插入，与后台程序相配合，共同完成零件加工任务。图6-3所示是前后台软件结构中，实时中断程序与背景程序的关系图。

（2）中断型软件结构。中断型软件结构的特点是除了初始化程序之外，整个系统软件的各种任务模块分别安排在不同级别的中断服务程序中，整个软件就是一个大的中断系统。其管理的功能主要通过各级中断服务程序之间的相互通信来解决。

以 FANUC – BESK 7CM 中断型 CNC 系统为例。FANUC – BESK 7CM CNC 系统是一个典型的中断型软件结构。整个系统的各个功能模块被分为八级不同优先级的中断服务程序。其中伺服系统位置控制被安排成很高的级别，因为机床的刀具运动实时性很强。

1）0级中断。CRT 显示被安排的级别最低，即0级，其中断请求是通过硬件接线始终保持存在。只要0级以上的中断服务程序均未发生，就进行 CRT 显示。

2）1级中断。1级中断相当于后台程序的功能，进行插补前的准备工作。1级中断有13种功能，对应着口状态字中的13个位，每位对应于一个处理任务，如表6-1所示。在进入1级中断服务时，先依次查询口状态字的0~12位的状态，再转入相应的中断服务。口状态字的置位有两种情况：一是由其他中断根据需要置1级中断请求的同时置相应的口状态字；二是在执行1级中断的某个口处理时，置口状态字的另一位。当某一口的处理结束后，程序将口状态字的对应位清除。

表6-1　FANUC – BESK 7CM CNC 系统1级中断的13种功能

口状态字	对应口的功能	口状态字	对应口的功能
0	显示处理	7	按"启动"按钮时，要读一段程序到 BS 区的预处理
1	公英制转换	8	连续加工时，要读一段程序到 BS 区的预处理
2	部分初始化	9	纸带阅读机反绕或存储器指针返回首址的处理
3	从存储区（MP、PC 或 SP 区）读一段数控程序到 BS 区	A	启动纸带阅读机使纸带正常进给一步
4	轮廓轨迹转换成刀具中心轨迹	B	置 M、S、T 指令标志及 G96 速度换算
5	"再启动"处理	C	置纸带反绕标志
6	"再启动"开关无效时，刀具回到断点"启动"处理		

3）2级中断。2级中断服务程序的主要工作是对数控面板上的各种工作方式和 I/O 信号进行处理。

4）3级中断。3级中断是对用户选用的外部操作面板和电传机的处理。

5）4级中断。4级中断最主要的功能是完成插补运算。7CM 系统中采用了"时间分割法"（数据采样法）插补，此方法经过 CNC 插补计算输出的是一个插补周期 T(8ms) 的 F 指令值，这是一个粗插补进给量,而精插补进给量则是由伺服系统的硬件与软件来完成的。一次插补处理分为速度计算、插补计算、终点判别和进给量变换四个阶段。

6) 5级中断。5级中断服务程序主要对纸带阅读机读入的孔信号进行处理。这种处理基本上可以分为输入代码的有效性判别、代码处理和结束处理三个阶段。

7) 6级中断。6级中断主要完成位置控制、4 ms 定时计时和存储器奇偶校验工作。

8) 7级中断。7级中断实际上是工程师的系统调试工作,非使用机床的正式工作。

中断请求的发生,除了第6级中断是由 4 ms 时钟发生之外,其余的中断均靠别的中断设置,即依靠各中断程序之间的相互通讯来解决。例如第6级中断程序中每两次设置一次第4级中断请求(8 ms);每四次设置一次第1、2级中断请求。插补的第4级中断在插补完一个程序段后,要从缓冲器中取出一段并做刀具半径补偿,这时就置第1级中断请求,并把4号口置1。

6.1.2 数控系统硬件

数控系统的硬件包括电源、控制系统、CNC 装置等部分,如主板、CPU、存储器、CRT 显示器、接口板、I/O 接口板、键盘接口板和抗干扰滤波板等。在数控系统硬件电路的维修过程中,由于具体的东西损坏或者是安装不好而造成的故障,这就是我们所说的硬件故障。

图6-4所示的是 FS16i/160i - A 型 FANUC 数控系统的硬件控制结构图。

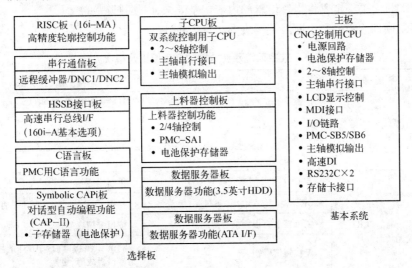

图 6-4　FS16i/160i-A 型 FANUC 数控系统的硬件控制结构图

6.1.3 故障产生的原因及解决办法

数控系统软件故障的产生原因及解决办法见表6-2。

表 6-2　数控系统软件故障的产生原因及解决办法

序号	故障现象	故障原因	解决办法
1	软件变化或丢失	在调试用户程序或修改机床参数时,操作者删除或更改了软件内容或参数,从而造成软件故障	对数据、程序更改补充或清除后重新输入,以恢复系统的正常工作

续表 6-2

序号	故障现象	故障原因	解决办法
2	系统丢失软件或参数	为 RAM 供电的电池经过长时间的使用后,电池电压降低到额定值以下,或在停电情况下拔下为 RAM 供电的电池或电池电路断路或短路、接触不良等都会造成 RAM 得不到维持电压,从而使系统丢失软件或参数	1. 应对长期闲置不用的数控机床经常定期开机,以防电池长期得不到充电造成机床软件的丢失; 2. 为 RAM 供电的电池当出现电量不足而报警时,应及时更换新的电池
3	数控装置停止运行	电源的波动及干扰脉冲窜入数控系统总线,引起时序错误,造成数控装置等停止运行	排除干扰源
4	软件死循环	运行复杂程序或进行大量计算时,有时会造成系统死循环,或机器数据处理中发生了引起系统中断的运算结果,造成软件故障	采取硬件复位法或关掉数控机床总电源开关,然后再重新开机的方法
5	机床报警或停机	操作者违反了机床的操作规程,从而造成机床报警或停机现象	解除报警后,按正确的操作规程进行机床操作
6	机床出现故障报警	由于用户程序中出现语法错误、非法数据,在输入或运行中出现故障报警等现象	对程序进行检查并修改

在数控系统软件故障的排除过程中,开关系统电源是清除软件故障常用的方法,但在出现故障报警或开关机之前一定要将报警信息的内容记录下来,以便排除故障。

数控系统硬件故障的产生原因及解决办法见表 6-3。

表 6-3　数控系统硬件故障的产生原因及解决办法

序号	故障现象	故障原因	解决办法
1	数控系统不能接通电源	电源变压器无输入(如熔断器熔断等)	检查电源输入或检查输入单元的熔断器
		直流工作电压(+ 5 V、+ 24 V)的负载短路	检查各直流工作电压的负载是否短路
		输入单元已坏	更换
2	电源接通后,CRT 无辉度或无画面	与 CRT 有关的连线接触不良	重新连线
		CRT 单元输入电压(+ 24 V)异常	检查 CRT 单元输入电压是否为 + 24 V
		主机板上有报警信号显示	按报警信息处理
		无视频信号输入	测试 CRT 接口板 VIDEO 信号,若无信号则接口板故障,更换
		CRT 单元质量不良	调试或更换
3	CRT 无显示,但输入单元报警灯亮	+ 24 V 电源负载短路	排除短路现象
		连接单元接口板有故障	更换已损坏的元器件或接口板
4	CRT 无显示,机床不能动作,主机板无报警指示	主机板有故障	更换
		控制 ROM 板不良	更换
5	CRT 无显示,但手动或自动操作正常	系统控制部分能正常进行插补运算,仅显示部分有故障	更换 CRT 控制板
6	CRT 显示无规律亮斑、线条或符号	CRT 控制板有故障	更换
		主机板可能有故障	检查报警指示灯情况以确认主机板故障

续表 6-3

序号	故障现象	故障原因	解决办法
7	CRT 只能显示 NOT READY,但能用 JOG 方式移动机床	有报警号显示	根据报警号处理
		磁泡存储器工作不正常	按操作说明书对磁泡存储器进行初始化处理后重新输入系统参数与 PLC 参数
8	CRT 显示位置画面,但机床不能执行 JOG 方式操作	主机板报警	根据报警号处理
		系统参数设定有误	检查并重新设定有关参数
9	CRT 只能显示位置画面	多为 MDI(手动输入方式)控制板故障	更换 MDI 控制板
10	纸带阅读机不能正常读入信息	"纸带"方式系统参数设定有误	检查并重新设定
		纸带阅读机供电不正常	检查纸带阅读机电路板上的电源
		纸带阅读机故障或纸带不符合要求	纸带不能移动为阅读机故障;纸带动为系统参数(000~005 号)有误;否则纸带装反或不合要求
		主机板接口部分器件故障	更换
11	系统不能自动运转	系统状态参数设置错误	检查诊断号中的自动方式、启动、保持、复位等信号与 M、S、T 等指令状态参数设置是否有误
		连接单元接收器不良	若与连接单元有关诊断号参数不能置"0"时,更换连接单元
12	机床不能正常返回基准,且产生 90 号报警	脉冲编码器的每转信号未输入	检查脉冲编码器,检查连接电缆,抽头是否断线
		返回基准点的启动点离基准点太近	手动将坐标轴离远基准点
		脉冲编码器已坏	更换或修复
13	返回基准点系统显示 NOT READY,无报警	基准点的接触或减速开关失灵	检查、修复或更换
14	机床返回的停止位置与基准点不一致	减速挡块的长度及安装位置不正确	调整挡块位置,适当增加其长度
		外界干扰,脉冲编码器电压太低,伺服电动机与机床的联轴器松动	屏蔽线接地,脉冲编码器电缆独立以确保其电缆连接可靠,电缆损耗不大于 0.2 V,紧固联轴器
		脉冲编码器不良或主机板不良	更换脉冲编码器或主机板
		电缆瞬时断线,连接器接触不良,偏置值变化,主机板或速度控制单元不良	焊接电缆接头,更换不良电路板
15	手摇脉冲发生器不能工作	系统参数设置错误	检查诊断号中机床互锁信号、伺服断开信号和方式信号是否正确
		伺服系统故障	若 CRT 画面随手摇脉冲发生器变化而机床不动,则为伺服系统故障
		手摇脉冲发生器或其接口不良	检查主机板,若正常则为手摇脉冲发生器或其接口不良,更换

6.1.4 数控系统软件和硬件故障诊断实例

A FANUC 6M 系统 ALM901 报警的维修

(1)故障现象:某配套 FANUC 6M 的加工中心,在机床工作过程中,系统出现 ALM901 磁泡存储器报警,多次开机故障不能消除。

（2）故障分析：在 FANUC 6M 系统中，当出现系统报警 ALM901、ALM905、ALM906 时，说明磁泡存储器发生了故障，这时报警可以通过对磁泡存储器的初始化操作进行清除。磁泡存储器的初始化操作步骤如下：

1）从系统上取下磁泡存储器板，从存储器板上（或从需要更换的新存储器板上）读取不良环信息（如 012、024、042 等，这些信息被记录在磁泡存储器板的标签上，不良环的数量与信息内容根据存储器板的不同有所区别）。

2）重新安装上磁泡存储器板（在系统断电的情况下进行）。

3）按住"－"与"."键，同时接通系统电源，CRT 显示以下画面：

    IL－MODE
    1 TAPE
    2 MEMORY
    3 ENPANE
    4 BUBBLE
    5 PC－LOAD
    6 RAM TEST

4）按 MDI 面板的数字键 4，选择磁泡存储器初始化模式，CRT 显示以下画面：

    BUBBLE INITIALIZE
    FUNCTION KEY
    1 WRITE BY TAPE
    2 WRITE BY MANUAL
    3 DISPLAY LOOP DATA
    4 ORIGIN RETURN TO IL－MODE

5）按 MDI 面板的数字键 2，选择手动写入模式，CRT 显示以下画面：

    BUBBLE INITIALIZE
    MAKE BMU –– SWITCH ON

6）将主板上的 BMU FREE MODE 开关打到 ON 位置，CRT 显示以下画面：

    BUBBLE INITIALIZE
    STEP1
     INPUT ＝
    INPUT：INPUT LOOP DATA
    DELETE：CLEAR ALL DATA
    START：WRITE BUBBLE

7）用数字键键入不良环信息，并按 INPUT 键输入，当输入错误时，可以利用 DELETE、CAN 键清除后，重新输入；当不良环信息超过 1 个时，需要多次输入，直到全部不良环信息输入完成。

8）按 START 键，进行不良环信息的写入，CRT 显示以下画面：

    BUBBLE INITIALIZE
    DEVICE1 012 024 042
    DEVICE1 039 052 068

9）将主板上的 BMU FREE MODE 开关打到 OFF 位置。

10）断开系统电源，再次接通系统。

11）重新输入系统参数。

若经以上处理后,报警仍然存在,基本可以排除参数错误的原因,故障可能是由于磁泡存储器本身不良引起的。

(3)处理方法:更换系统的磁泡存储器板后,再次对存储器进行初始化处理,步骤同上。经过处理后,系统恢复正常。

B　FANUC 6M 系统 ALM908、ALM911 报警的维修

(1)故障现象:一台卧式加工中心机床,配套 FANUC 6M 系统,在机床较长时间未开机后,开机时出现 908 和 911 号报警。

(2)故障分析:在 FANUC 6M 中,当出现系统报警 ALM908、ALM911 时,说明磁泡存储器故障和 RAM 奇偶出错,通过对磁泡存储器的初始化操作进行清除,故障仍然无法消除;然后采用替换法,确认磁泡存储器与主控制板都存在故障。本机床主板、存储器板损坏的原因,可能是该加工中心处于湿度较大的地区,CNC 系统电柜内部很多地方已经锈蚀,机床又未能经常、及时进行去除潮湿处理,从而引起了主板、存储器板的损坏。

(3)处理方法:更换磁泡存储器板与主板后经例 A 中同样的操作后,故障排除,机床恢复正常。

C　FANUC 0TD 显示出现乱码的故障维修

(1)故障现象:某配套 FANUC 0TD 的数控车床,在强电线路维修完成、更换电池单元电池、系统电源正常后开机,显示器显示乱码。

(2)故障分析:由于本机床已经长时间没有使用,维修时电池单元电池已经完全失效,估计系统内部 RAM 数据已经出错。因此,必须对系统 RAM 进行初始化处理。同时按住系统操作面板的"DELETE"与"RESET"键,接通系统电源,对系统的参数、用户程序存储器进行总清,系统显示报警页面。

(3)处理方法:继续操作系统面板上的其他功能键,系统页面显示恢复正常。

D　FANUC 0MC 系统 ALM911 报警的维修

(1)故障现象:某配套 FANUC 0MC 的加工中心,系统电源接通后,显示器系统报警ALM911,显示页面不能正常转换。

(2)故障分析:FANUC 0MC 系列系统出现 ALM911 报警的原因是系统 RAM 出现奇偶校验错误,这一报警多发生于系统电池失效或不正确的更换电池之后,但偶尔也有因电池的安装不良,外部干扰,电池单元连线的碰壳、连接的脱落等偶然因素影响 RAM 数据。由于机床故障前曾经对机床其他电器进行过维修,估计偶然因素影响系统内部 RAM 数据出错的可能性较大。

(3)处理方法:同时按住系统操作面板的"DELETE"与"RESET"键,接通系统电源,对系统RAM 进行初始化处理后,重新输入参数与程序,机床恢复正常。

E　FANUC 0TD 系统 ALM930 报警的维修

(1)故障现象:ALM930 为系统存储器 ROM 报警。某配套 FANUC 0TD 的数控车床,系统电源接通后,显示器显示 ALM930,系统 CPU 报警灯 L1、L2 亮,显示页面不能转换。

(2)故障分析:该机床已经闲置多时,并经过多次维修。根据机床其他部位情况检查,零部件缺损较多,系统中电源单元的熔断器等部件都已经遗失,电池单元电池已经被取走,因此,估计系统内部元器件亦有缺损。考虑到系统报警 ALM930 与系统存储器卡有关,维修时对存储器板进行了检查,发现系统内部控制程序 ROM 已经全部被取走。

(3)处理方法:根据系统的主板与存储器板的型号,重新配置系统 ROM 后,系统显示恢复正常。

　　F　FANUC 0TD 系统 ALM998 报警的维修

　　(1) 故障现象:某配套 FANUC 0TD 的数控车床,系统电源接通后,显示器显示 ALM998,系统 CPU 报警灯 L1、L2 亮,显示页面不能转换。

　　(2) 故障分析:系统报警 ALM998 为系统 ROM 奇偶校验错误报警,该报警可以提示 ROM 的出错部位。报警提示 ROM NO:OB1 表示系统 ROM OB1 奇偶校验错误。考虑到本机床已经闲置多时,并经过多次转手,估计系统内部元器件有缺损。维修时对存储器板进行了检查,发现系统内部 ROM 已经被取走。

　　(3) 处理方法:重新配置系统 ROM OB1 后,系统显示恢复正常。

　　G　FANUC 7T 数控系统只能输入少量程序段的故障维修

　　(1) 故障现象:一台采用 FANUC 7T 系统的数控立车,在输入较短的程序(如 10 个程序段)时,系统能正常工作,但输入的程序大于 30 个程序段时,系统出现 T08000001 的报警。

　　(2) 故障分析:FS7 系统的 T08000001 报警为系统存储器的奇偶出错报警,由于它出现在输入加工程序时发生,所以初步判定故障原因在 MEM 板(即 01GN715 号板)上。FANUC 7T 数控系统的 RAM 由 17 片 HM43152P 芯片组成,通过对它们进行诊断,发现第一组和第二组的诊断数据在第 10 位上出现错误,说明为第 10 位 RAM 芯片故障(该芯片位于 MEM 板的 A36 位置上)。

　　(3) 处理方法:对芯片进行更换后,故障排除,机床恢复正常。

6.2　数控机床的伺服驱动系统

　　数控机床的伺服驱动系统分为主轴伺服驱动系统和进给伺服驱动系统两大部分。我们下面分两部分来介绍。

6.2.1　主轴伺服驱动系统

　　数控机床主轴伺服驱动系统由主轴驱动装置、主轴电动机、主轴位置检测装置、传动机构及主轴等组成。根据所用电动机的不同,分为直流主轴系统和交流主轴系统两大类。

　　6.2.1.1　直流主轴伺服电动机

　　直流主轴电动机多采用三相全控晶闸管调速装置来驱动。

　　A　结构特点

　　直流主轴电动机要求输出很大的功率,所以在结构上不能做成永磁式,其由定子和转子两部分组成,如图 6-5(a)所示。转子由电枢绕组和换向器组成,定子由主磁极和换向极组成。

　　这类电动机在结构上的特点是:为了改善换向性能,在电动机结构上都有换向极;为缩小体积,改善冷却效果,以免使电动机热量传到主轴上,采用了轴向强迫通风冷却或水管冷却;为适应主轴调速范围宽的要求,一般主轴电动机都能在调速比 1:100 的范围内实现无级调速,而且在基本速度以上达到恒功率输出,在基本速度以下为恒扭矩输出,以适应重负荷的要求。电动机的主磁极和换向极都采用硅钢片叠成,以便在负荷变化或加速、减速时有良好的换向性能。电动机外壳结构为密封式,以适应机加车间的环境。在电动机的尾部一般都同轴安装有测速发电机作为速度反馈元件。

　　B　性能

　　直流主轴电动机的扭矩速度特性曲线如图 6-5(b)所示,在基本速度以下属于恒扭矩范围,用改变电枢电压来调速;在基本速度以上时属于恒功率范围,采用控制激磁的调速方法调速。一般来说,恒扭矩的速度范围与恒功率的速度范围之比为 1:2。

直流主轴电动机一般都有过载能力,且大都能过载150%(即为连续额定电流的1.5倍)。至于过载的时间,则根据生产厂商的不同有较大的差别,从1 min至30 min不等。

一般来说,采用直流主轴控制系统之后,只需要二级机械变速,就可以满足一般数控机床的变速要求。

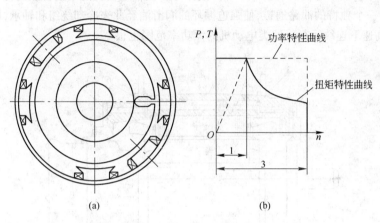

图6-5　直流主轴电动机

(a) 结构示意图;(b) 特性曲线

6.2.1.2　交流主轴伺服电动机

A　结构特点

交流主轴电动机采用感应电动机形式。这是因为受永磁体的限制,当容量做得很大时电动机成本太高,使数控机床无法使用。另外数控机床主轴驱动系统性能要求不如进给伺服驱动系统的高,调速范围也不必太大。因此,采用感应电动机进行矢量控制就完全能满足数控机床主轴的要求。

笼型感应电动机在总体结构上由三相绕组的定子和有笼条的转子构成。一般而言,交流主轴电动机是专门设计的,各有自己的特色。如为了增加输出功率、缩小电动机的体积,都采用定子铁心在空气中直接冷却的办法,没有机壳,而且在定子铁心上加工有轴向孔以利通风等。因此电动机在外形上呈多边形而不是圆形。转子结构多为带斜槽的铸铝结构。在这类电动机轴的尾部安装检测用脉冲发生器或脉冲编码器。

在电动机安装上,一般有法兰盘式和底脚式两种,可根据不同需要选用。

B　性能

交流主轴电动机的特性曲线如图6-6所示。从图中曲线可以看出,交流主轴电动机的特性曲线与直流主轴电动机类似:在基本速度以下为恒扭矩区域,而在基本速度以上为恒功率区域。但有些电动机,如图中所示的那样,当电动机速度超过某一定值之后,其功率–速度曲线又会向下倾斜,不能保持恒功率。对于一般主轴电动机,恒功率的速度范围只有1:3的速度比。另外,交流主轴电动机也有一定的过载能力,一般为额定值的1.2~1.5倍,过载时间则从几分钟到半个

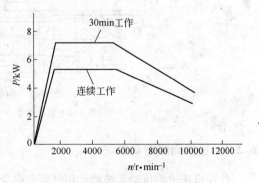

图6-6　交流主轴电动机特性曲线

小时不等。

6.2.1.3　新型主轴电动机

新型主轴电动机主要有液体冷却主轴电动机和内装式主轴电动机。

(1) 液体冷却主轴电动机(见图6-7)。液体冷却主轴电动机的结构特点是在电动机外壳和前端盖中间有一个独特的油路通道,使强迫循环的润滑油经此来冷却绕组和轴承,使电动机可在20000 r/min 高速下连续运行。这类电动机的恒功率范围也很宽。

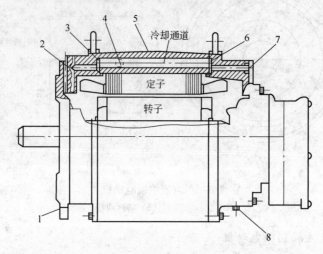

图 6-7　液体冷却主轴电动机

1,8—油/空气出口;2—油/空气入口;3,6—O 形圈;4—冷却油入口;5—定子外壳;7—通道挡板

(2) 内装式主轴电动机。内装式主轴电动机就是将主轴与电动机合二为一。主轴为电机的转子,省去了电机和主轴间的传动件,主轴只承受扭矩而没有弯矩,用电动机变速来实现主轴变速。它在低速时恒扭矩变速,功率随转速的降低而减小,主要用于高速加工,如图6-8 所示。处理好散热和润滑对该方式非常关键,需要特殊的冷却装置。

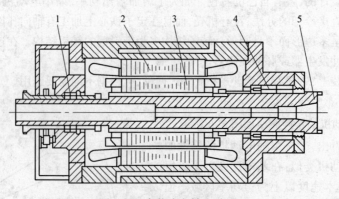

图 6-8　内装式主轴电动机

1—后轴承;2—定子磁极;3—转子磁极;4—前轴承;5—主轴

6.2.2　进给伺服驱动系统

数控机床进给传动系统的作用是负责接受数控系统发出的脉冲指令,经放大和转换后驱动机床运动执行件实现预期的运动。为保证数控机床高的加工精度,要求其进给传动系统有高的

传动精度和灵敏度(响应速度快),工作稳定,有高的构件刚度及长的使用寿命、小的摩擦及运动惯量,并能清除传动间隙。

进给传动系统分为步进电动机伺服进给系统、直流伺服电机伺服进给系统、交流伺服电机伺服进给系统及直线电机伺服进给系统。其中,步进电动机伺服进给系统一般用于经济型数控机床。直流伺服电机伺服进给系统功率稳定,但因采用电刷,其磨损会导致在使用中进行电刷的更换,一般用于中档数控机床。交流伺服电机伺服进给系统的应用较为普遍,主要用于中高档数控机床。直线电机伺服进给系统无中间传动链,精度高、进给快,无长度限制,但散热差,防护要求特别高,主要用于高速加工机床。

6.2.2.1 步进电动机

步进电动机驱动装置是最简单经济的开环位置控制系统,在中小机床的数控改造中经常采用,掌握其工作原理及应用有着重要的现实意义。

步进电动机又称为脉冲电动机、电脉冲马达,是将电脉冲信号转换成机械角位移的执行器件。步进电动机按力矩产生的原理,可分为反应式及励磁式。反应式的转子无绕组,由被励磁的定子绕组产生感应力矩实现步进运动。励磁式的定、转子绕组都有励磁,转子采用永久磁钢励磁,相互产生电磁力矩实现步进运动。

步进电动机按定子绕组数量可分为两相、三相、四相、五相和多相。

A 结构特点

目前我国使用的步进电动机一般为反应式步进电动机,这种电动机有径向分相和轴向分相两种,如图6-9(a)、(b)所示,是由定子、定子绕组和转子组成的。

某三相反应式步进电动机定子上有6个均匀分布的磁极,每个定子磁极上均布5个齿,齿槽距相等,齿间夹角为9°。转子上没有绕组,沿圆周方向均匀分布了40个齿,齿槽等宽,齿间夹角也为9°。因此,电动机三相定子磁极上的小齿在空间上依次错开了1/3齿距,如图6-9(c)所示。

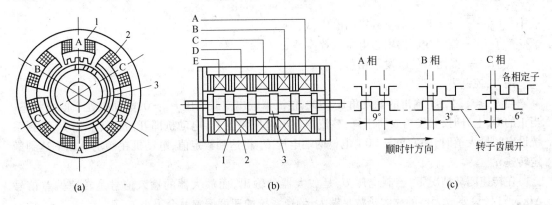

图6-9 步进电动机结构示意图

(a) 三相单定子径向分相式;(b) 轴向分相式;(c) 步进电动机齿距分布

1—定子;2—定子绕组;3—转子

B 性能

由于三相定子磁极上的小齿在空间上依次错开了1/3齿距,故当A相磁极上的齿与转子上的齿对齐时,B相磁极上的齿刚好超前(或滞后)转子齿1/3齿距角,即3°,C相磁极上的齿超前(或滞后)转子齿2/3齿距角,即6°。当采用直流电源给三相反应式步进电动机的A、B、C三相定子绕组轮流供电时,感应力矩将吸引步进电动机的转子齿与A、B、C三相定子磁极上的齿分别对齐,转子将被拖动,按定子上 A、B、C 磁极位置顺序的方向一步一步移动,每步移动的角度为 3°,称为步距角。

步进电动机绕组的每一次通断电称一拍,每拍中只有一相绕组通电,即按 A→B→C→A 的顺序连续向三相绕组通电,称为三相单三拍通电方式。如果每拍中都有两相绕组通电,即按 AB→BC→CA→AB 的顺序连续通电,则称为三相双三拍通电方式。如果通电循环的各拍交替出现单、双相通电状态,即按 A→AB→B→BC→C→CA→A,则称为三相六拍通电方式,又称三相单双相通电方式。

如果改变步进电动机绕组通电的频率,可改变步进电动机的转速;在某种通电方式中如果改变步进电动机绕组通电的顺序,如在三相单三拍通电方式中,将通电顺序改变为 A→C→B→A,则步进电动机将向相反方向运动。

步进电动机的步距角可按下式计算:

$$\alpha = \frac{360°}{kmz}$$

式中　k——通电方式系数,采用单相或双相通电方式时,$k=1$,采用单双相轮流通电方式时,$k=2$;

　　　　m——步进电机的相数;

　　　　z——步进电机转子齿数。

6.2.2.2　直流伺服电动机

A　有静差转速负反馈单闭环调速系统

a　系统结构

该系统的主电路采用晶闸管三相全控桥式整流电路。其系统框图如图 6-10 所示。

主电路采用三相全控桥式可控整流电路时,其输出电压可用公式表示,即

$$U_{d0} = 2.34 U_2 \cos\alpha$$

式中　U_{d0}——可控整流器空载输出电压,V;

　　　　U_2——整流变压器副边电压有效值,V;

　　　　α——晶闸管的触发移相角,(°)。

用 U_{ct} 控制 U_d。

当 $U_{ct}=0$ 时,GT 输出的触发角 $\alpha=90°$,整流器输出空载电压 $U_{d0}=0$,电动机处于停止状态。当正的 U_{ct} 上升时,触发角 α 将下降,整流器输出电压将上升,电动机即开始正转。当 U_{ct} 达到系统设定的最大值时,触发角 $\alpha=0°$,电枢两端电压 U_d 将达到额定值,电动机在额定负载下达到额定转速 n_{nom}。

在转速闭环情况下,控制电压 U_{ct} 是放大器的输出,而放大器的输入信号是转速偏差信号 ΔU_n,所以,只要放大器的放大倍数足够大,调速系统的速度偏差就会很小。

图 6-10 中 TG 为测速发电机,其作用是检测电动机的转速,U_{tg} 为测速发电机的输出电压。

b　系统的工作情况及自动调速过程

当系统在某较小的转速给定电压 U_n^* 作用下启动时,开始一瞬间电动机并未转动,故反馈电压 $U_n=0$,转速偏差电压 $\Delta U_n = U_n^*$,通过放大器后,输出较大的 U_{ct},触发器输出的触发角 α 将由起始状态时的 90°下降,整流器输出电压也由 $U_d=0$ 上升到某一较大的值,电动机在这一电压作用下(电流不超过允许值时)启动运转。随着转速的上升,反馈电压 U_n 上升,则转速偏差电压 ΔU_n 下降,U_{ct} 随之下降,α 上升,整流器输出电压 U_d 也下降,电动机转速上升率也下降,直到转速 n 接近给定转速 n^*,即反馈电压 U_n 接近给定电压 U_n^*,电动机即平稳运转。电动机转速只能接

近给定转速,偏差大小与放大倍数紧密相关。放大倍数取大些,可以减少偏差 Δn,但却不能使 $\Delta n = 0$。同时,放大器放大倍数过大,将使系统不稳定。

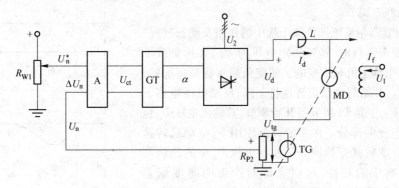

图 6-10 转速闭环有静差调速系统

R_{W1}—转速给定电位器;U_n^*—转速偏差电压,V;U_n—转速反馈电压,V;

$\Delta U_n = U_n^* - U_n$—转速偏差电压,V;A—比例放大器,可由集成运算放大器构成;

U_{ct}—放大器输出的电压(触发控制电压);GT—晶闸管的触发控制装置

当系统受到负载的干扰时,比如加工过程中由于条件变化,电动机负载 T_L 增加,系统将会发生如下的自动调节过程,使系统转速回升到接近干扰前的转速:$T_L \uparrow \to n \downarrow \to U_n \downarrow \to \Delta U_n \uparrow \to U_{ct} \uparrow \to \alpha \downarrow \to U_d \uparrow \to n \uparrow$。

B 无静差转速负反馈单闭环调速系统

a 系统结构

用 PI 调节器构成的转速负反馈单闭环调速系统见图 6-11。

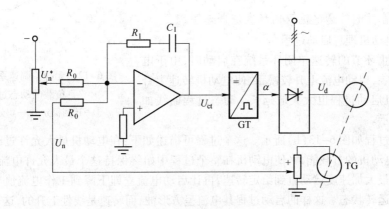

图 6-11 转速反馈无静差调速系统原理框图

本系统采用了 PI 调节器后,在稳态时有

$$\Delta U_n = U_n^* - U_n = 0$$

此时 PI 调节器输出电压中比例部分为零,但仍有积分部分的输出,即无静差时,$U_{ex} = \dfrac{1}{\tau} \int U_{in} \mathrm{d}t$ 中 ΔU_n 虽为零,不再进行积分,但其原来的输出电压值不变,仍继续输出。若用这个电

压作为 U_{ct} 控制晶闸管的触发电路,则晶闸管仍有输出,即为 $\Delta U_n = 0$ 时的电压值,且电动机将继续以给定值正常运转,实现了无静差调节。

    b PI 调节器在系统抗负载干扰中的作用及动态过程

    当系统稳态运行时,转速给定电压为 U_n^*,在抗负载干扰过程中,这个给定值是不变的。假定负载干扰是突加的,由 T_{L1} 变到 T_{L2},开始时电动机转速将下降,反馈电压也将下降,并产生 ΔU_n,于是 PI 调节器开始调节,其输出电压 U_{ct} 包括了比例与积分两部分。在系统调节作用下,电动机转速下降到一定程度后就开始回升。控制电压 U_{ct} 中的比例部分具有快速响应的特性,可以立即对产生的速度偏差(ΔU_n)起调节作用,加快了系统调节的快速性;U_{ct} 的积分部分可以在转速偏差(ΔU_n)为零时,维持稳定的输出,保证了电动机继续稳定运转,最终消除了静差。这个动态过程可以用图 6-12 表示。

    由图 6-12 可见,当负载干扰调节结束进入新的稳态时,ΔU_n 已恢复到零,但 U_{ct} 已由原先的稳态值 U_{ct1} 上升到新的稳态值 U_{ct2},这个变化就是 PI 调节器在整个动态过程中对 ΔU_n 积分积累的结果。U_{ct} 的增加,使晶闸管整流器输出电压由 U_{d1} 上升到 U_{d2},这个差值 ΔU_d 正好抵消了由于负载上升所引起的电枢电流上升在电枢回路电阻上生的压降增量,使电动机仍可以在原来给定的转速下稳定运转。

    C 晶闸管供电转速电流双闭环直流调速系统

    a 直流电动机理想启动过程

    带电流截止环节的转速单闭环系统在启动时,由于电流负反馈的影响,启动电流上升较慢,致使电动机转速上升也较慢,电动机启动过程也大大地延长。动态过程曲线如图 6-13(a)所示。

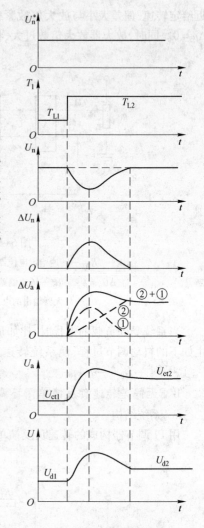

图 6-12 无静差调速系统突加负载的动态过程
①—比例积分;②—积分部分

    理想启动过程如图 6-13(b)所示。这个过程可描述如下:在电动机最大允许过载电流条件下,充分发挥电动机的过载能力,使电动机在整个过程中始终保持这个最大允许电流值,使电动机以尽可能的最大加速度启动直到给定转速,再让启动电流立即下降到工作电流值与负载相平衡而进入稳定运转状态。这样的启动过程其电流呈方形波,而转速是线性上升的,这是在最大允许电流受限制的条件下,调速系统所能达到的最快启动过程。

    这样的快速启动过程,对数控机床是完全必要的,并提出了 200 ms 这样严格的技术指标。

    实际上,由于主电路的电感作用,电流不能突变,故图 6-13(b)中电流和转速的理想波形只能在实践中去逼近,而不能完全实现。

    b 转速电流双闭环调速系统的组成

    系统中设置了两个调节器,分别对转速和电流进行调节,两者之间实行串级连接,如图 6-14 所示。

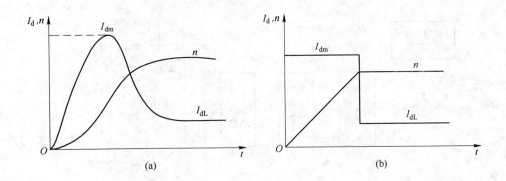

图 6-13 调速系统启动过程的电流和转速波形

由图 6-14 可见,转速给定信号 U_n^* 作为转速调节器 ASR 的输入信号,来自测速环节的转速信号 U_n 作为速度反馈信号,这从闭环结构上构成了该系统的外环——速度环。速度调节器 ASR 的输出信号 U_i^* 是电流调节器 ACR 的输入给定信号,来自主电路的电流检测环节的电流信号 U_i 作为电流调节器的反馈输入信号,其输出信号即为晶闸管触发装置的控制电压 U_{ct}。在闭环结构上,电流反馈环在转速反馈环以内,故称内环。

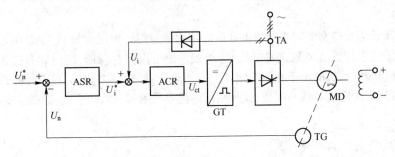

图 6-14 转速电流双闭环调速系统框图

为了获得系统的良好动、静态性能,两个调节器一般都采用带输出限幅的 PI 调节器。速度调节器 ASR 的输出限幅值 U_{im}^* 决定了电流调节器 ACR 的给定电压最大值,也就决定了系统的允许电流最大值 I_{dm},这个值由电机允许过载倍数和拖动系统允许加速度决定。电流调节器 ACR 输出限幅值为 U_{ctm},它限制了晶闸管可控整流装置输出电压的最大值。

D 晶体管直流脉宽(PWM)调速系统

图 6-15 所示为桥式 PWM 驱动装置的控制原理框图。为叙述方便,在功率转换电路框内绘出了元器件。

PWM 驱动装置的控制结构可分为两大部分:从主电源将能量传递给电动机的电路称为功率转换电路,其余部分称为控制电路。

PWM 驱动装置与一般晶闸管驱动装置相比较具有下列特点:

(1)需用的大功率可控器件少,线路简单。

(2)调速范围宽。

(3)快速性好。

(4)电流波形系数好,附加损耗小。

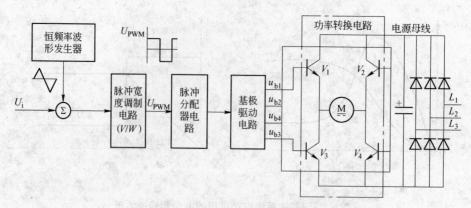

图 6-15　PWM 驱动装置控制原理框图

（5）功率因数高,对用户使用有利。

6.2.2.3　交流伺服电动机

交流伺服电动机分为异步型和同步型两种。同步型交流伺服电动机按转子的不同结构又可分为永磁式、磁滞式和反应式等多种类型。数控机床的交流进给伺服系统多采用永磁式交流同步伺服电动机。现对永磁交流同步伺服电动机进行介绍。

A　结构

图 6-16 所示为永磁交流同步伺服电动机的结构示意图。由图可知,它主要由定子、转子和检测元件(转子位置传感器和测速发电机)等组成。定子内侧有齿槽,槽内装有三相对称绕组,其结构和普通感应电动机的定子相似。定子上有通风孔,外形呈多边形,且无外壳以便于散热;转子主要由多块永久磁铁和铁心组成,这种结构的优点是磁极对数较多,气隙磁通密度较高。

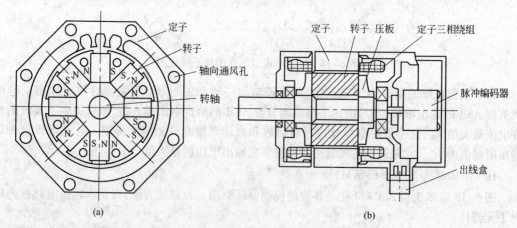

图 6-16　永磁交流同步伺服电动机的结构示意图
(a)永磁交流伺服电动机横剖面;(b)永磁交流伺服电动机纵剖面

B　性能

当三相定子绕组通入三相交流电后,就会在定子和转子间产生一个转速为 n_0 的旋转磁场,转速 n_0 称为同步转速。设转子为两极永久磁铁,定子的旋转磁场用一对旋转磁极表示,由于定子的旋转磁场与转子的永久磁铁的磁力作用,使转子跟随旋转磁场同步转动,如图 6-17 所示。当转子加上负载扭矩后,转子磁极轴线将落后定子旋转磁场轴线一个 θ 角,随着负载增加,θ 角也将增大;负载减小时,θ 角也减小。只要负载不超过一定限度,转子始终跟着定子的旋转磁场以恒定的同步转速 n_0 旋转。若三相交流电源的频率为 f,电动机的磁极对数为 p,则同步转速 $n_0 = 60f/p$。

负载超过一定限度后,转子不再按同步转速旋转,甚至可能不转,这就是交流同步伺服电动机的失步现象。此负载的极限称为最大同步扭矩。

永磁交流同步伺服电动机在启动时由于惯性作用跟不上旋转磁场,定子、转子磁场之间转速相差太大,会造成启动困难。通常要用减小转子惯量或采用多极磁极,使定子旋转磁场的同步转速不很大,同时也可在速度控制单元中让电动机先低速启动,然后再提高到所要求的速度等办法来解决。

永磁交流同步伺服电动机的性能可用特性曲线来表示。图 6-18 所示为永磁同步电动机的工作曲线,即扭矩速度特性曲线。由图可知,它由连续工作区 I 和断续工作区 II 两部分组成。在连续工作区 I 中,速度和扭矩的任何组合都可连续工作;在断续工作区 II 内,电动机只允许短时间工作或周期性间歇工作。

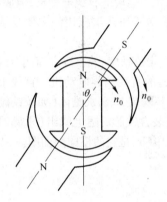

图 6-17　永磁同步交流电动机的工作原理

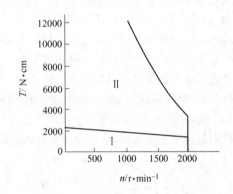

图 6-18　永磁同步电动机的工作曲线

永磁交流同步伺服电动机的机械特性比直流伺服电动机的机械特性更硬,其直线更接近水平线,而断续工作区范围更大,尤其在高速区,这有利于提高电动机的加、减速能力。

C　交流伺服电动机的特性参数

交流伺服电动机的主要特性参数有:

(1) 额定功率。额定功率即电动机长时间连续运行所能输出的最大功率,其数值为额定扭矩与额定转速的乘积。

(2) 额定扭矩。额定扭矩即电动机在额定转速以下所能输出的长时间工作扭矩。

(3) 额定转速。额定转速由额定功率和额定扭矩决定,通常在额定转速以上工作时,随着转速的升高,电动机所能输出的长时间工作扭矩要下降。

此外,交流伺服电动机的特性参数还有瞬时最大扭矩、最高转速和电动机转子惯量等。

6.2.2.4　直线电动机

直线电动机是指电动机没有线圈绕组的旋转而直接产生直线运动的电动机,可作为进给驱动系统。随着近年来超高速加工技术的发展,滚珠丝杠机构已不能满足高速加工的要求,直线电动机才有了进一步的发展。特别是大功率电子器件、新型交流变频调速技术、微型计算机数控技术和现代控制理论的发展,为直线电动机在高速数控机床中的应用提供了条件。

在机床进给系统中,采用直线电动机直接驱动与旋转电动机驱动的最大区别是取消了从电动机到工作台(拖板)之间的一切机械中间传动环节,相当于把机床进给传动链的长度缩短为零。这种传动方式被称为"零传动",从而带来了旋转电动机驱动方式无法达到的一些性能指标和优点:无机械传动误差,精度完全取决于反馈系统的检测精度;反应速度快,在任何速度下都能实现非常平稳的进给运动;动态刚度好;无机械磨损,不需要定期维护;没有行程限制等。由于直线电动机有以上优点,使它的进给速度可达 60～200 m/min,加速度可达 2～10 g。然而,直线电动机在机床上的应用也存在一些问题,包括:对于垂直轴需要外加一个平衡块或制动器;负荷变化大时,需要重新整定系统;注意选择导轨和设计滑架结构,以避免磁铁(或线圈)对电动机部件的吸引力过大,并注意解决磁铁吸引金属颗粒的问题。

直线电动机可分为直流直线电动机、步进直线电动机和交流直线电动机三大类。在励磁方式上,交流直线电动机可分为永磁(同步)式和感应(异步)式两种。永磁式直线电动机的次级是一块一块铺设的永久磁铁,其初级是含铁芯的三相绕组。感应式直线电动机的初级和永磁式直线电动机的初级相同,而次级是用自行短路的反馈电栅条来代替永磁式直线电动机的永久磁铁。永磁式直线电动机在单位面积推力、效率、可控性等方面均优于感应式直线电动机,但成本高,工艺复杂,而且给机床的安装、使用和维护带来不便。目前,在数控机床上应用的主要是感应式直线交流伺服电动机和永磁式直线交流伺服电动机。

直线永磁同步电动机可靠性高和效率高,在推力、速度、定位精度、效率等方面比直线感应电动机和直线脉冲电动机等具有更多的优点,是一种比较合适的直线伺服电动机。直线永磁同步电动机是在定子(即次级)沿全行程方向的一条直线上,交替安装 N、S 永磁体(如钕铁硼),如图 6-19(a)所示,而在动子(即初级)下方的全长上,对应地安装含铁芯的通电绕组(永磁同步旋转电动机则是转子上装永磁体,而定子中有电枢绕组),图 6-19(b)是它的横向剖面图。

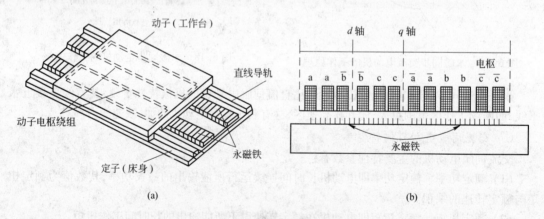

图 6-19　直线永磁同步电动机结构
(a)直线永磁同步电动机结构;(b)直线永磁同步电动机的横向剖面图

直线永磁同步电动机的工作原理与旋转电动机也是类似的。图 6-20 是永磁直线同步电动机工作原理示意图。在动子的三相绕组中通入三相对称正弦电流,同样会产生气隙磁场。当忽略由于铁芯两端开断引起的纵向端部效应时,这个气隙磁场的分布情况与旋转电动机相似,即沿展开的直线方向呈正弦分布。当三相电流随时间变化时,气隙磁场将按 A、B、C 的相序沿直线运动。这个原理与旋转电动机相似,但两者的区别是:直线电动机的气隙磁场是沿直线方向平移的,而不是旋转,因此该磁场称为行波磁场。行波磁场的移动速度与旋转磁场在定子内圆表面的线速度 v_s(即同步速度)是一样的。直线永磁同步电动机永磁体的励磁磁场与行波磁场相互作用便会产生电磁推力。在这个推力的作用下,动子(即初级)就会沿行波磁场运动的反方向做速度为 v_r 的直线运动。

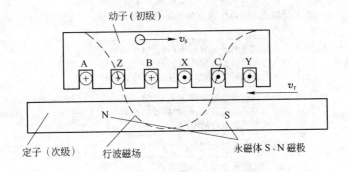

图 6-20　直线永磁同步电动机的工作原理

6.2.3　伺服驱动系统常见故障诊断及其解决办法

伺服驱动系统常见故障诊断及其解决办法见表 6-4。

表 6-4　主轴伺服驱动系统常见故障诊断及其解决办法

序号	故障现象	故障原因	解决办法
1	主轴转速为零时仍有往复转动	调整零速平衡和漂移补偿也不能消除该故障,电磁干扰、屏蔽和接地措施不良引起的	排除干扰源
2	主轴过载	切削用量过大	选择合理的切削用量
		主轴正反转频繁	减少正反转交替次数
		主轴电动机冷却系统不良或主轴电动机内部风扇损坏	清理冷却系统或更换风扇
		主轴电动机与主轴驱动装置之间的连线断开或接触不良	检查主轴电动机与主轴驱动装置之间的连线
3	主轴定位抖动	准停定位要经过减速的过程,减速或增益等参数设置不当	修改减速或增益等参数
		机械准停定位时,定位液压缸活塞移动的限位开关失灵	修理限位开关
		采用磁性传感头作为位置检测元件时,发磁体和磁传感器之间的间隙(1.5 mm ± 0.5 mm)发生变化	调整发磁体和磁传感器之间的间隙
		采用磁性传感头作为位置检测元件时,磁传感器失灵	修理或更换磁传感器
4	主轴转速与进给不匹配	主轴编码器有故障	修理或更换主轴编码器
		反馈信号异常	检查反馈电路
5	主轴转速偏离指令值	CNC 系统输出的主轴转速模拟量(通常为 0 ~ ±10 V)未达到与转速指令对应的值	调整主轴转速模拟量
		主轴驱动装置有故障	检测并修理主轴驱动装置
		电动机过载	使电动机在额定范围内工作
		测速装置有故障或速度反馈信号断线	检查测速装置及反馈装置

序号	故障现象	故障原因	解决办法
6	主轴异常噪声	在减速过程中发生异常噪声,一般是由驱动装置内的再生回路的晶体管模块损坏造成的	更换损坏的元器件
		在恒转速时产生异常噪声,主轴电动机在自由停车过程中有噪声和振动,且主轴振动周期与转速有关,则是主轴机械部分有故障	检查主轴机械部分,并进行修理
		若主轴振动周期与转速无关,则可能是主轴驱动装置未调整好、驱动装置的控制电路不良或测速装置有故障	调整主轴驱动装置;检查驱动装置的控制电路;排除测速装置故障,更换已损坏的元器件
7	电动机过热	负载过大或电流过大	选择合理的切削用量或控制电流
		由于切削液和电刷灰混合在一起嵌入到换向器云母槽中,引起电枢绕组绝缘不正常或内部短路	防止切削液和电刷灰等落入换向器云母槽中
		由于电枢电流曾一度大于"磁钢去磁前最大允许电流"造成磁钢发生不可逆去磁	控制电枢电流
		带有制动器的电动机上的整流块坏了,或制动线圈断线,或制动摩擦片间气隙不合适,造成制动器不释放	更换损坏元器件,连接好制动线圈或调整制动摩擦片间气隙到合适位置
8	电动机旋转时有大的冲击	测速发电机输出电压突然下降	控制测速发电机输出电压
		电枢线圈不正常、内部短路等	检查线路并进行调整
9	电动机噪声大	换向器圆周接触面的粗糙度大或已损坏	修复或更换换向器
		电动机轴向间隙太大,有窜动	调整间隙
		切削液等进入电刷槽中	防止切削液进入
10	在运转、停车或调速时有断续或振动现象	脉冲编码器不良	维修或更换脉冲编码器
		电枢线圈不良(内部短路)	检查线路并进行调整
11	快速移动时机床振动,甚至伴随有大的冲击。或直流伺服单元的保险烧毁	测速发电机电刷接触不良	更换电刷
12	电动机不转	制动器失灵,没有松开	调整制动器
		制动器用的整流器损坏,使制动器不能工作	更换整流器

6.2.4　伺服驱动系统故障诊断实例

A　数控车床主轴停车时间变长

（1）故障现象:某台机床数控系统采用 FANUC OTC 系统,在主轴停车时,主轴停机时间变长,无报警显示,只是影响机床的使用效率。

（2）故障分析:首先对机床数据进行检查,没有发现问题,那么问题可能出在主轴控制器上。这台机床采用的是交流伺服主轴驱动系统,对主轴控制系统进行检查,拆下控制板,发现板上一只制动电阻烧坏,使制动放电时间加长,致使主轴停车时间变长。

（3）处理办法:更换新的电阻后,机床故障消失。

B 数控车床(采用 FANUC 0TC 系统)开机出现 409 报警——"伺服报警,串行主轴错误"

(1)故障现象:某台机床开机后,出现 409 报警,主轴旋转速度很低,并且有异常声音。

(2)故障分析:因为报警指示主轴系统有问题,并且转速不正常,说明是主轴系统的故障。检查主轴放大器,在放大器上数码管显示有 31 号报警,根据报警手册可知,31 号报警是速度检测信号断开。但检查反馈信号电缆没有问题,更换主轴伺服放大器也没有解决问题。根据主轴电动机的控制原理在电动机内有一个磁性测速开关作为转速反馈元件,将这个硬件拆下检查,发现由于安装距离过近,将检测头磨坏,说明磁性测速开关损坏。

(3)处理办法:更换磁性测速开关,机床恢复正常工作。

C 数控车床(采用 FANUC 0TC 系统)主轴转速不稳

(1)故障现象:在机床切削加工过程中,主轴转速不稳定。

(2)故障分析:利用 MDI 方式启动主轴旋转时,发现主轴稳定旋转没有问题,而自动切削加工时,经常出现转速不稳的问题。在加工时观察系统屏幕,除了主轴实际转速变化外,偶然发现主轴速度的倍率数值也在发生变化。检查主轴转速倍率设定开关没有问题,对电气连线进行检查,发现主轴倍率开关的电源连线开焊。在加工时由于振动导致电源线接触不好,有时能够接触上,有时接触不上,造成主轴转速不稳;而在 MDI 方式,由于没有进行加工,没有振动,所以电源线连接上了,倍率没有变化,主轴转速也稳定。

(3)处理办法:将该开关上的电源线焊接好后,主轴转速恢复稳定。

D 主轴驱动器过热报警

(1)故障现象:某台配套 FANUC 21 系统的立式加工中心,在加工过程中,主轴运行突然停止,交流主轴驱动器显示 AL01 报警。

(2)故障分析:主轴驱动器 AL01 报警为主轴电动机过热报警。该报警可以通过复位键清除,清除后系统能够启动,主轴无报警,但在正常执行各轴的手动参考点返回动作后,当 Z 轴向下移动时,又发生上述报警。由于实际机床发生报警时,只是 Z 轴向下移动,主轴电动机并没有旋转,同时也不发热。考虑到主轴电动机是伴随着 Z 轴一起上下移动,据此可以大致判定故障是由于 Z 轴移动,引起主轴电动机电缆弯曲,产生接触不良所致。打开主轴电动机接线盒检查,发现接线盒内插头上的主轴电动机热敏电阻接线松动。

(3)处理办法:重新连接主轴电动机热敏电阻接线后,故障排除,机床恢复正常。

E 机床无法完成"换挡"

(1)故障现象:某配套 FANUC 0TC 系统的数控车床,在机床执行主轴传动级交换指令 M41/42 时,主轴一直处于抖动状态,无法完成"换挡"动作。

(2)故障分析:根据故障现象,很容易判定故障是由于主轴传动级交换指令 M41/42 无法执行完成引起的。检查电磁阀信号与液压缸动作,发现换挡动作实际已经完成,但滑移齿轮换挡到位信号仍然为"0",原因是检测用无触点开关不良。

(3)处理办法:通过更换无触点开关后,机床恢复正常。

F 螺纹加工出现"乱牙"

(1)故障现象:变频控制主轴的数控车床使用外置主轴位置编码器配合机床进行螺纹加工,在加工时出现"乱牙"故障。

(2)故障分析:当系统得到的一转信号不稳时,就会出现"乱牙"现象。产生故障的原因是主轴位置编码器与 CNC 的连接线接触不良、主轴位置编码器损坏、编码器与弹性联轴件的连接松动等原因。

（3）处理办法：重新连接主轴位置编码器与 CNC 的连接线，更换主轴位置编码器或重新连接编码器与弹性联轴件等。

G　驱动器出现过电流报警

（1）故障现象：一台配套 FANUC 11M 系统的卧式加工中心，在加工时主轴运行突然停止，驱动器显示过电流报警。

（2）故障分析：经查交流主轴驱动器主回路，发现再生制动回路、主回路的熔断器均熔断，经更换后机床恢复正常，但机床正常运行数天后，再次出现同样故障。由于故障重复出现，证明该机床主轴系统存在问题。根据报警现象，分析故障可能存在的主要原因有：主轴驱动器控制板不良、电动机连续过载、电动机绕组存在局部短路。根据现场实际加工情况，电动机过载的原因可以排除。考虑到换上元器件后，驱动器可以正常工作数天，故主轴驱动器控制板不良的可能性亦较小。因此，故障原因可能性最大的是电动机绕组存在局部短路。维修时仔细测量电动机绕组的各相电阻，发现 U 相对地绝缘电阻较小，证明该相存在局部对地短路。拆开电动机检查发现，电动机内部绕组与引出线的连接处绝缘套已经老化。经重新连接后，对地电阻恢复正常。

（3）处理办法：再次更换元器件后，机床恢复正常，故障不再出现。

H　FANUC 数控系统的数控机床，进给驱动为直流伺服电动机和晶闸管逻辑无环流可逆调速装置

（1）故障现象：Y 轴正向进给正常，反向进给时，时而移动，时而停止，采用手摇脉冲发生器进给时，也是如此。通过用交换法诊断，将故障定位在 Y 轴的驱动位置上。

（2）故障分析：用手摇脉冲发生器让 Y 轴正、反向进给，将示波器测试棒接 CH19 和 CH20 两测试端，观察电动机电流波形，如图 6-21 所示。从图中看出，反向波形有时为一条直线，偶尔闪出几个负向波形，可见电动机负向供电不正常。用万用表测量速度调节器输出端 CH8 点电压，其极性随正、反向进给而改变，无断续现象。测方向控制电路 5 脚电压，正向进给时为 0 V，反向进给时为 6.6 V，方向控制输入电压正常。再测该电路输出脚 9 和 10 端电压，正向进给时 SGA 为低电平，SGB 为高电平。反向进给时 SGA 为高电平，SGB 为低电平。但有时会出现 SGA 和 SGB 皆为高电平的异常现象，这时反向就停止。

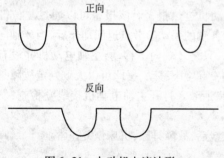

正向

反向

图 6-21　电动机电流波形

如前所述，对逻辑无环流可逆控制系统，不允许正、反两组晶闸管同时导通，在该逻辑切换电路中，切换过程是电源向电容 C_{20} 充电产生延时而获得的。可见故障是由于电路板外围电容 C_{20} 不良引起的，从而产生 SGA 和 SGB 同时为高电平的异常现象。

（3）处理办法：更换电容 C_{20}，重新运行，故障消失。

I　加工中心配有 FANUC 11M 系统产生 SV023 和 SV009 报警

（1）故障现象：一台配有 FANUC 11M 系统的加工中心产生 SV023 和 SV009 报警。

（2）故障分析：SV023 报警表示伺服电动机过载，产生的原因包括电动机负载太大；速度控制单元的热继电器设定错误，如热继电器设定值小于电动机额定电流；伺服变压器热敏开关不良，如变压器表面温度低于 60℃时，热敏开关动作，说明此开关不良；再生反馈能量过大，如电动机的加减速频率过高或垂直轴平衡调整不良；速度控制单元印刷线路板上的设定错误。SV009

报警表示移动时误差过大,产生的原因包括数控系统位置偏差量设定错误;伺服系统超调;电源电压太低;位置控制部分或速度控制单元不良;电机输出功率太小或负载太大等。

综合上述两种报警产生的原因,电动机负载过大的可能性最大。测定机床空运行时的电动机电流,结果超过电动机的额定电流。将该伺服电动机拆下,在电动机不通电的情况下,用手转动电动机输出轴,发现转动很费劲,这表明电动机的磁铁有部分脱落,造成了电动机超载。

(3) 处理办法:修理电动机,故障排除。

6.3 数控机床的检测系统

对于数控机床而言,无论是闭环控制系统还是半闭环控制系统都必须安装检测装置。检测装置对机床运动部件的位置及速度进行检测,把测量信号作为反馈信号,并将其转换成数字信号送回计算机与脉冲指令信号进行比较,若有偏差,经信号放大后控制执行部件,使其向着消除偏差的方向运动,直到偏差为零。为了提高加工精度,必须提高测量元件和测量系统的精度,不同数控机床对测量元件和测量系统的精度要求、允许的最高移动速度各不相同,检测装置的精度直接影响数控机床的定位精度和加工精度。数控机床对位置检测装置有如下要求:受温度、湿度的影响小,工作可靠,能长期保持精度,抗干扰能力强;在机床执行部件移动范围内能满足精度和速度的要求;使用维护方便;成本低等。

位置检测装置的分类如表6-5所示。测量方式如下所述:

表6-5 位置检测装置分类

分类方式	测量方式	检测元件类型
按测量装置编码方式分类	增量式测量	光栅、增量式光电编码盘
	绝对式测量	接触式码盘、绝对式光电编码盘
按检测方式分类	直接测量	光栅、感应同步器、磁栅
	间接测量	脉冲编码器、旋转变压器、测速发电机
按检测信号的类型分类	数字式测量	光栅、光电码盘、接触式编码盘
	模拟式测量	旋转变压器、感应同步器、磁栅

(1) 增量式测量与绝对式测量。增量式测量是指只测位移增量,即工作台每移动一个测量单位,测量装置便发出一个测量脉冲信号。由系统所发脉冲量累计计算位移。绝对式测量是指被测任一点均从固定的零点起算,每一测量点都有一对应的测量值,即被测点均有对应编码。

(2) 直接测量与间接测量。测量传感器按形状可分为直线型和回转型两种。若测量传感器所测量的指标就是所要求的指标,即直线型传感器测量直线位移,回转型传感器测量角位移,则该测量方式为直接测量。若回转型传感器测量的角位移只是中间值,由它再推算出工作台直线位移,则该方式为间接测量。间接测量使用方便又无长度限制,但精度受机床传动链精度的影响。

(3) 数字式测量和模拟式测量。数字式测量以数字形式表示被测的量。数字式测量的特点是测量装置简单,信号抗干扰能力强,且便于显示处理。模拟式测量是将被测的量用连续的变量表示,如用电压变化、相位变化来表示。数控机床检测元件的种类很多,在数字式位置检测装置中,采用较多的有光电编码器、光栅等。在模拟式位置检测装置中,多采用感应同步器、旋转变压器和磁尺等。随着计算机技术在工业控制领域的广泛应用,目前感应同步器、旋转变压器和磁尺在国内已很少使用。然而旋转变压器由于其抗振、抗干扰性好,在欧美一些国家仍有较多的应用。数字式的传感器应用方便,因而应用最为广泛。除了位置检测装置用来对运动部件的位置做测量外,还有速度检测装置如测速发电机对运动部件做速度测量。常用位置检测元件及其特点和应用详见表6-6。

表6-6　常用位置检测元件

类　型	检测元件	特　点　及　应　用
直线型	直线感应同步器	精度高、抗干扰能力强、工作可靠、测量距离长,但安装调试要求高
	光栅尺	响应速度快,精度仅次于激光式测量
	磁栅尺	精度高、安装调试方便、对使用条件要求较低、稳定性好,但使用寿命有限制
	激光干涉仪	使用干涉原理测量,分辨率高、速度快、工作可靠、精度超高,多用于三坐标测量机
旋转型	脉冲编码器	应用广泛,以光电式最为常见
	旋转变压器	多采用无刷式,结构简单、动作灵敏、对环境无特殊要求、维护方便、工作可靠
	圆感应同步器	测量角位移,精度高、抗干扰能力强、工作可靠,但安装调试要求高
	圆光栅	测量角位移,响应速度快,精度仅次于激光式测量
	圆磁栅	测量角位移,精度高、安装调试方便、对使用条件要求较低、稳定性好,但使用寿命有限制

6.3.1　光电脉冲编码器

脉冲编码器是一种旋转式脉冲发生器。它通常安装在被测轴上,与被测轴一起转动,将机械转角转变成电脉冲信号,是一种常用的角位移检测元件。

脉冲编码器分为光电式、接触式和电磁感应式三种,就精度和可靠性来讲,光电式脉冲编码器优于其他两种。数控机床上主要使用光电式脉冲编码器,它的型号由每转发出的脉冲数来区分。光电式脉冲编码器又称为光电码盘,按其编码方式的不同可分为增量式和绝对式两种。

6.3.1.1　增量式光电编码器

增量式光电编码器的结构最为简单,它的特点是每产生一个输出脉冲信号,就对应一个增量角位移。

A　基本结构

光电编码器由LED(带聚光镜的发光二极管)、光栏板、码盘、光敏元件及印刷电路板(信号处理电路)组成,如图6-22所示。图中码盘与转轴连在一起,它一般是由真空镀膜的玻璃制成的圆盘,在圆周上刻有间距相等的细密狭缝和一条零标志槽,分为透光和不透光两部分。光栏板是一小块扇形薄片,制有和码盘相同的三组透光狭缝,其中A组与B组条纹彼此错开1/4节距,狭缝A、$\bar{A}$和B、$\bar{B}$在同一圆周上,另外一组透光狭缝C、$\bar{C}$称为零位狭缝,用以每转产生一个脉冲,光栏板与码盘平行安装且固定不动。LED作为平行光源与光敏元件分别置于码盘的两侧。

B　工作过程

码盘随轴一起,每转过一个缝隙就发生一次光线的明暗变化,光线的明暗变化由光敏元件接收后,变成一次电信号的强弱变化,这一变化规律近似于正弦函数。光敏元件输出的信号经信号处理电路的整形、放大和微分处理后,便得到脉冲输出信号,脉冲数就等于转过的缝隙数(即转过的角度),脉冲频率就表示了转速。

由于A组与B组的狭缝彼此错开1/4节距,故此两组信号有90°的相位差,用于辨向,即光

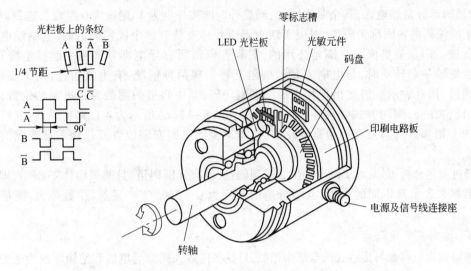

图 6-22 增量式光电编码器结构示意图

电码盘正转时 A 信号超前 B 信号 90°，反之，B 信号超前 A 信号 90°，如图 6-22 所示。而 A、$\overline{A}$ 和 B、$\overline{B}$ 为差分信号，用于提高传输的抗干扰能力。C、$\overline{C}$ 也为差分信号，对应于码盘上的零标志槽，产生的脉冲为基准脉冲，又称零点脉冲，它是轴旋转一周在固定位置上产生的一个脉冲，可用于机床基准电的找正。

增量式光电编码器的测量精度取决于它所能分辨的最小角度，这与码盘圆周内的狭缝数有关，其分辨角 $\alpha = 360°$/狭缝数。

6.3.1.2 绝对式脉冲编码器

绝对式脉冲编码器可直接将被测角用数字代码表示出来，且每一个角度位置均有对应的测量代码，因此这种采用绝对式脉冲编码器的测量方式即使在断电的情况下也能测出被测轴的当前位置，即绝对式脉冲编码器具有断电记忆功能。绝对式编码器可分为接触式、光电式和电磁式三种。

A 接触式码盘

图 6-23 所示为一个 4 位二进制编码盘的示意图，图 6-23（a）中码盘与被测转轴连在一

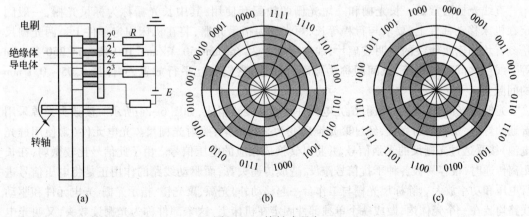

图 6-23 接触式码盘

（a）结构简图；（b）4 位 BCD 码盘；（c）4 位格雷码盘

起,涂黑的部分是导电区,其余是绝缘区,码盘外四圈按导电为 1、绝缘为 0 组成二进制码。通常把组成编码的各圈称为码道,对应于四个码道并排安装有四个固定的电刷,电刷经电阻接电源负极。码盘最里面的一圈是公用的,它和各码道所有导电部分连在一起接电源正极。当码盘随轴一起转动时,与电刷串联的电阻上将出现两种情况:有电流通过,用 1 表示;无电流通过,用 0 表示。因此出现相应的二进制代码,其中码道的圈数为二进制的位数,高位在内、低位在外,编码方式如图 6-23(b)所示。图 6-23(c)所示为 4 位格雷码盘,其特点是任何两个相邻数码间只有一位是变化的,它可减少因电刷安装位置或接触不良造成的读数误差。

通过上述分析可知,对于一个 n 位二进制码盘,就有 n 圈码道,且圆周均分 2^n 等份,即共用 2^n 个数据来表示其不同的位置,其能分辨的角度为 $\alpha = 360°/2^n$。显然,位数越大,测量精度越高。

B　绝对式光电码盘

绝对式光电码盘与接触式码盘结构相似,只是将接触式码盘导电区和绝缘区改为透光区和不透光区,由码道上的一组光电元件接收相应的编码信号,即受光输出为高电平,不受光输出为低电平。光电码盘的特点是没有接触磨损,码盘寿命高、允许转速高、精度高,但结构复杂、光源寿命短。

光电式脉冲编码器在数控机床中可用于工作台或刀架的直线位移的测量;在数控回转工作台中,通过在回转轴末端安装编码器,可直接测量回转台的角位移;在数控车床的主轴上安装编码器后,可实现 C 轴控制,用以控制自动换刀时的主轴准停和车削螺纹时的进刀点和退刀点的定位;在交流伺服电动机中的光电编码器可以检测电动机转子磁极相对于定子绕组的角度位置,控制电动机的运转,并可以通过频率/电压(f/U)转换电路,提供速度反馈信号等。此外,在进给坐标轴中,还采用了一种手摇脉冲发生器,用于慢速对刀和手动调整机床。

6.3.2　光栅测量装置

6.3.2.1　结构

光栅种类较多,根据光线在光栅中是透射还是反射分为透射光栅和反射光栅。透射光栅分辨率较反射光栅高,其检测精度可达 1 μm 以上。根据形状,又可分为圆光栅和直线光栅。圆光栅用于测量转角位移,直线光栅用于检测直线位移。

直线光栅通常是一长光栅和一短光栅两块配套使用,其中长光栅称为标尺光栅,一般固定在机床移动部件上,要求与行程等长,短光栅为指示光栅,装在机床固定部件上。两光栅尺是刻有均匀密集线纹的透明玻璃片,线纹密度为 25 条/mm、50 条/mm、100 条/mm、250 条/mm等。线纹之间距离相等,该间距称为栅距,测量时它们相互平行放置,并保持 0.05 ~ 0.1 mm的间隙。

光栅由光源、聚光镜、光栅尺、光电元件和驱动线路组成,如图 6-24 所示。读数头光源采用普通的灯泡,发出辐射光线,经过聚光镜后变为平行光束,照射光栅尺。光电元件(常使用硅光电池)接受透过光栅尺的光强信号,并将其转换成相应的电压信号。由于此信号比较微弱,在长距离传递时,很容易被各种干扰信号淹没,造成传递失真,而驱动线路的作用正是将电压信号进行电压和功率放大。除标尺光栅与工作台一起移动外,光源、聚光镜、指示光栅、光电元件和驱动线路均装在一个壳体内,做成一个单独部件固定在机床上,这个部件称为光栅读数头,又叫光电转换器,其作用是把光栅莫尔条纹的光信号变成电信号。

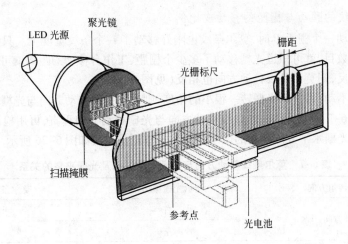

图 6-24　光栅的结构示意图

6.3.2.2　工作原理

当指示光栅上的线纹与标尺光栅上的线纹成一小角度放置时,两光栅尺上线纹互相交叉。在光源的照射下,交叉点附近的小区域内黑线重叠,形成黑色条纹,其他部分为明亮条纹,这种明暗相间的条纹称为莫尔条纹。莫尔条纹与光栅线纹几乎成垂直方向排列,严格地说,它们是与两片光栅线纹夹角的平分线相垂直。莫尔条纹具有如下特点。

A　放大作用

用 $W(\text{mm})$ 表示莫尔条纹的宽度,$P(\text{mm})$ 表示栅距,$\theta(\text{rad})$ 为光栅线纹之间的夹角,如图 6-25 所示,则莫尔条纹宽度 W 与角 θ 成反比,θ 越小,放大倍数越大。

$$W = \frac{P}{\sin\theta} \approx \frac{P}{\theta}$$

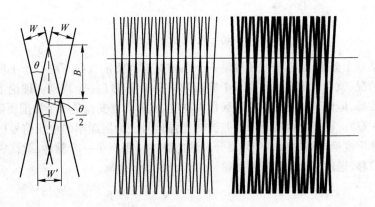

图 6-25　光栅与莫尔条纹示意图

B　均化误差作用

莫尔条纹是由光栅的大量刻线共同组成的。例如,200 条/mm 的光栅,10 mm 宽的光栅就由2000 条线纹组成,这样栅距之间的固有相邻误差就被平均化了,消除了栅距之间不均匀造成的误差。

C　莫尔条纹的移动与栅距的移动成比例

当光栅尺移动一个栅距 P 时,莫尔条纹也刚好移动了一个条纹宽度 W。只要通过光电元件测出莫尔条纹的数目,就可知道光栅移动了多少个栅距,工作台移动的距离就可以计算出来。若光栅移动方向相反,则莫尔条纹移动方向也相反(见图6-25)。

若标尺光栅不动,将指示光栅转一很小的角度,则莫尔条纹移动方向与光栅移动方向及光栅夹角的关系如表6-7所示。因莫尔条纹移动方向与光栅移动方向垂直,可用检测垂直方向宽大的莫尔条纹代替光栅水平方向移动的微小距离。光栅测量系统如图6-26所示。

表6-7　莫尔条纹移动方向与光栅移动方向及光栅夹角的关系

指示光栅转角方向	指示光栅移动方向	莫尔条纹移动方向
逆时针方向	右→	下↓
	左←	上↑
顺时针方向	右→	上↑
	左←	下↓

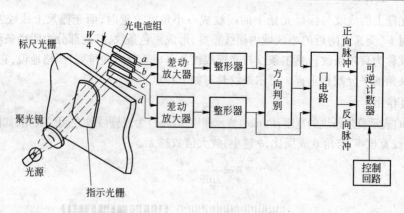

图6-26　光栅测量系统图

当光栅移动一个栅距,莫尔条纹便移动一个条纹宽度。假定我们开辟一个小窗口来观察莫尔条纹的变化情况,就会发现它在移动一个栅距期间明暗变化了一个周期。理论上光栅亮度变化是一个三角波形,但由于漏光和不能达到最大亮度,光栅亮度变化是一个被削顶削底的近似正弦波形(见图6-27)。硅光电池将近似正弦波的光强信号变为同频率的电压信号(见图6-28),经光栅位移—数字变换电路放大、整形、微分后输出脉冲。每产生一个脉冲,就代表移动了一个栅距那么大的位移,通过对脉冲计数便可得到工作台的移动距离。

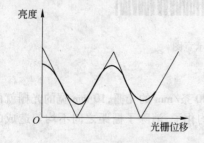

图6-27　光栅的实际亮度变化

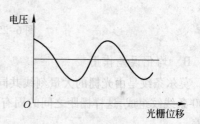

图6-28　光栅的输出波形图

采用一个光电元件即只开一个窗口观察，只能计数，却无法判断移动方向。因为无论莫尔条纹上移或下移，从一固定位置看其明暗变化是相同的。为了确定运动方向，至少要放置两个光电元件，并且两者相距1/4莫尔条纹宽度。当光栅移动时，莫尔条纹通过两个光电元件的时间不同，所以两个光电元件所获得的电信号虽然波形相同，但相位相差90°。根据两光电元件输出信号的超前和滞后，可以确定标尺光栅移动方向。增加线纹密度，能提高光栅检测装置的精度，但制造较困难，成本高。

在实际应用中，为了既要提高测量精度，同时又能达到自动辨向的目的，通常采用倍频或细分的方法来提高光栅的分辨精度，如果在莫尔条纹的宽度内，放置四个光电元件，每隔1/4光栅栅距产生一个脉冲，一个脉冲代表移动了1/4栅距那么大的位移，分辨精度可提高四倍，这就是四倍频方案。图6-29(a)中，P_1、P_2、P_3、P_4是四块硅光电池，产生的信号相位彼此相差90°。P_1、P_3信号是相位差180°的两个信号，经差动放大器放大，得正弦信号。同理，P_2、P_4信号送另一个差动放大器，得到余弦信号。正弦和余弦信号经整形变成方波 A 和 B。为使每隔1/4节距都有脉冲，把 A、B 各自反相一次得 C、D 信号，A、B、C、D 信号再经微分变成窄脉冲 A′、B′、C′、D′，即在正走或反走时每个方波的上升沿产生窄脉冲，由与门电路把0°、90°、180°、270°四个位置上产生的窄脉冲组合起来，根据不同的移动方向形成正向或反向脉冲。正向运动时，用与门 Y_1 ~ Y_4 及或门 H_1，得到 A′B + AD′ + C′D + B′C 的四个输出脉冲；反向运动时，用与门 Y_5 ~ Y_8 及或门 H_2，得到 BC′ + CD′ + A′D + AB′的四个输出脉冲，其波形见图6-29(b)。若光栅栅距为0.01 mm，则工作台每移动0.0025 mm，就会送出一个脉冲，即分辨率为0.0025 mm。由此可见，光栅检测系统的分辨率不仅取决于光栅尺的栅距，还取决于辨向倍频的倍数。除四倍频以外，还有十倍频、二十倍频等。

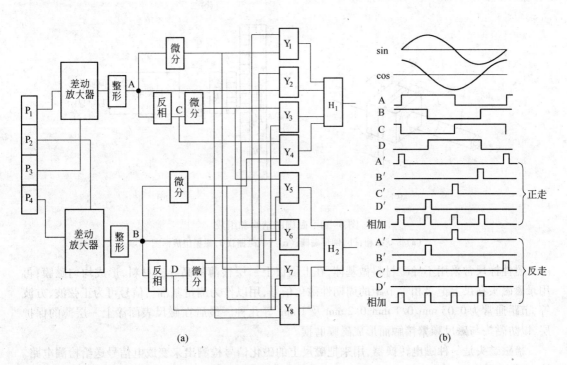

(a)　　　　　　　　　　　　　　　(b)

图6-29　四倍频辨向电路

(a) 原理电路图；(b) 四倍频辨向电路波形图

光栅作为检测元件能满足精度和速度的要求,并且其工作可靠,受温度影响小,抗干扰能力强,能长期保持精度,使用及维护也简单方便,但制造成本高。在对光栅进行维护时,要注意防污和防振。

6.3.3　磁栅测量装置

磁栅又称磁尺,是一种录有等节距磁化信号的磁性标尺或磁盘。在拾磁过程中,磁头读取磁性标尺上的磁化信号并把它转换成电信号,然后通过检测电路将磁头相对于磁性标尺的位置送入计算机或数显装置。它具有调整方便,对使用环境的条件要求低,对周围电磁场的抗干扰能力强,在油污、粉尘较多的场合下使用有较好的稳定性的特点,故在数控机床、精密机床上得到广泛应用。

磁栅按其结构可分为直线型磁栅和圆形磁栅,分别用于直线位移和角位移的测量,如图6-30(d)所示为磁栅组成框图,它由磁性标尺、磁头和检测电路组成。

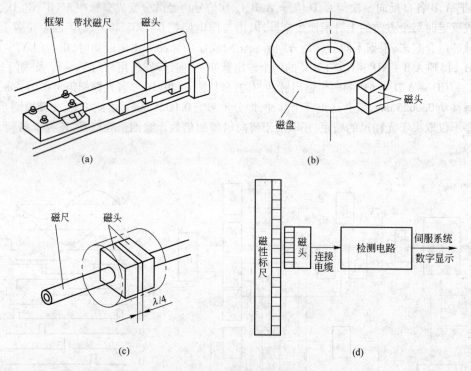

图 6-30　磁栅的结构和组成
(a)带状磁栅;(b)圆形磁栅;(c)线状磁栅;(d)磁栅组成框图

磁性标尺常采用不导磁材料做基体,在上面镀上一层很薄的高导磁材料,形成均匀磁膜;再用录磁磁头在尺上记录相等节距的周期性磁化信号,用以作为测量基准。信号可为正弦波、方波等,节距通常为 0.05 mm、0.1 mm、0.2 mm 及 1 mm 等几种。最后在磁尺表面涂上一层薄的保护层,以防磁头与磁尺频繁接触而形成磁膜磨损。

拾磁磁头是一种磁电转换器,用来把磁尺上的磁化信号检测出来变成电信号送给检测电路。拾磁磁头可分为动态磁头与静态磁头。动态磁头又称为速度响应型磁头,它只有一组输出绕组,所以只有当磁头和磁尺有一定相对速度时才能读取磁化信号,并有电压信号输出。故这种磁头用于录音机、磁带机的拾磁磁头,不能用于测量位移。

由于用于位置检测用的磁栅要求当磁尺与磁头相对运动速度很低或处于静止时亦能测量位移或位置，所以应采用静态磁头。静态磁头又称磁通响应型磁头，它在普通动态磁头上加有带励磁线圈的可饱和铁芯，从而利用了可饱和铁芯的磁性调制原理。静态磁头可分为单磁头、双磁头和多磁头。

由于单个磁头输出的信号较小，为了提高输出信号的幅值，同时降低对录制的磁化信号正弦波形和节距误差的要求，在实际使用时，常将几个或几十个磁头以一定的方式连接起来，组成多间隙磁头。多间隙磁头中的每一个磁头都以相同的间距放置，相邻两磁头的输出绕组反向串联，这样，输出信号为各磁头输出信号的叠加。

6.3.4 旋转变压器测量装置

旋转变压器是一种角位移检测元件，在结构上与两相绕线式异步电机相似，由定子和转子组成。定子绕组为变压器的次绕组，转子绕组为二次绕组。激磁电压接到的一次绕组，感应电动势由二次绕组输出。激磁频率常用的有 400 Hz、500 Hz、1000 Hz、2000 Hz 和 5000 Hz 等。图 6-31 所示为旋转变压器的工作原理图。旋转变压器在结构上保证了其定子和转子在空气间隙内的磁通分布符合正弦规律。

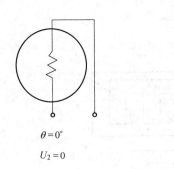
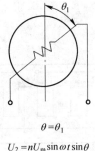
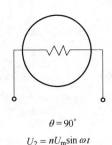

$\theta = 0°$ $\theta = \theta_1$ $\theta = 90°$

$U_2 = 0$ $U_2 = nU_m\sin\omega t\sin\theta$ $U_2 = nU_m\sin\omega t$

图 6-31 旋转变压器的工作原理图

当定子绕组通以交流电 $U_1 = U_m\sin\omega t$ 时，将在转子绕组产生感应电动势

$$U_2 = nU_1\sin\theta = nU_m\sin\omega t\sin\theta$$

式中　n——变压比；

　　　U_m——激磁最大电压；

　　　ω——激磁电压角频率；

　　　θ——转子与定子相对角位移。当转子磁轴与定子磁轴垂直时，$\theta = 0°$；当转子磁轴与定子磁轴平行时，$\theta = 90°$。

因此，旋转变压器转子绕组输出电压的幅值，是严格按转子偏转角的正弦规律变化的。常用的旋转变压器为二极旋转变压器，其定子和转子绕组中各有互相垂直的两个绕组。它的控制系统通常有两种控制方式，一种是鉴相控制，一种是鉴幅控制。

6.3.5 感应同步器测量装置

感应同步器利用滑尺上的励磁绕组和定尺上的感应绕组之间相对位置变化而产生的电磁耦合的变化，发出相应的位置电信号来实现位移检测。根据用途和结构特点，感应同步器分为直线式和旋转式两类，分别用于测量直线位移和旋转角度。数控铣床常用直线式的感应同步器。

6.3.5.1　感应同步器的结构

直线式感应同步器的外观及安装示意图如图 6-32(a)所示。由图可知,直线式感应同步器由相对平行移动的定尺和滑尺组成,定尺安装在床身上,滑尺安装在移动部件上与定尺保持 0.2～0.3 mm 间隙平行放置,并随工作台一起移动。定尺上的绕组是单向、均匀、连续的;滑尺上有两组绕组,一组为正弦绕组 u_s,另一组为余弦绕组 u_c,其节距均与定尺绕组节距相同,为 2 mm,用 τ 表示。当正弦绕组与定尺绕组对齐时,余弦绕组与定尺绕组相差 1/4 节距,即 90° 相位角,如图 6-32(b)所示。

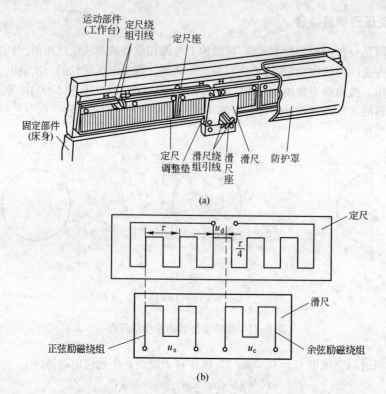

(a)

(b)

图 6-32　直线式感应同步器
(a) 直线式感应同步器的安装示意图;(b) 感应同步器的结构

6.3.5.2　感应同步器的工作过程

当滑尺相对定尺移动时,定尺上感应电压的大小取决于定尺和滑尺的相对位置,且呈周期性变化。滑尺移动一个节距 τ,感应电压变化一个周期。当定尺和滑尺的相对位移是 x,定子绕组感应电压因机械位移引起的相位角的变化为 θ 时,定尺绕组中的感应电压

$$u_d = kU_m\cos\theta\sin\omega t = kU_m\cos\frac{2\pi x}{\tau}\sin\omega t$$

因此,只要测出 u_d 值,便可得出 θ 角和滑尺相对于定尺移动的距离 x。

6.3.5.3　感应同步器的特点

根据励磁绕组中励磁方式的不同,感应同步器也有相位和幅值两种工作方式。其特点是:精度高、维护简单、寿命长、受环境温度变化影响小。

6.3.6 位置检测元件的维护

当位置控制出现故障时,往往在 CRT 上显示报警号及报警信息。大多数情况下,若正在运动的轴实际位置误差超过机床参数所设定的允差值,则产生轮廓误差监视报警;若机床坐标轴定位时的实际位置与给定位置之差超过机床参数设定的允差值,则产生静态误差监视报警;若位置测量硬件有故障,则产生测量装置监控报警。

对位置检测元件的维护见表6-8。

表6-8 位置检测元件的维护一览表

序 号	检测元件类型	维护时注意事项
1	脉冲编码器	防污。污染容易造成信号丢失
		防振。振动容易使编码器内的紧固件松动脱落,造成内部电源短路
		编码器连接紧固。连接松动,往往会影响位置控制精度。另外,还会引起进给运动的不稳定,影响交流伺服电动机的换向控制,从而引起机床的振动
2	光 栅	防污。光栅尺由于直接安装于工作台和机床床身上,因此,极易受到冷却液的污染,从而造成信号丢失,影响位置控制精度
		防振。光栅拆装时要用静力。不能用硬物敲击,以免引起光学元件的损坏
3	磁 栅	不能将磁性膜刮坏。防止铁屑和油污落在磁性标尺和磁头上,要用脱脂棉蘸酒精轻轻地擦其表面
		防振。不能用力拆装和撞击磁性标尺和磁头,否则会使磁性减弱或使磁场紊乱
		接线时要分清磁头上激磁绕组和输出绕组。激磁绕组绕在磁路截面尺寸较小的横臂上,输出绕组绕在磁路截面尺寸较大的竖杆上
4	旋转变压器	接线时,定子上有相等匝数的励磁绕组和补偿绕组,转子上也有相等匝数的正弦绕组和余弦绕组,但转子和定子的绕组阻值不同,一般定子绕组阻值稍大,有时补偿绕组自行短接或接入一个阻抗
		电刷磨损到一定程度后要更换
5	感应同步器	安装时,必须保持定尺和滑尺相对平行,且定尺固定螺栓不得超过尺面,调整间隙在0.09~0.15 mm 为宜
		不要损坏定尺表面耐切削液涂层和滑尺表面一层带绝缘层的铝箔,否则会腐蚀厚度较小的电解铜箔
		接线时要分清滑尺的正弦绕组和余弦绕组,其阻值基本相同,这两个绕组必须分别接入励磁电压

6.4 可编程控制器

6.4.1 可编程控制器的组成和分类

6.4.1.1 PLC 的组成

PLC 是一种面向工业环境设计的专用计算机,它具有与一般计算机类似的结构,也是由硬件和软件所组成的。

PLC 内部硬件结构框图如图 6-33 所示。它由中央处理单元(CPU)、存储器、输入/输出接口、编程器、电源等几部分组成。

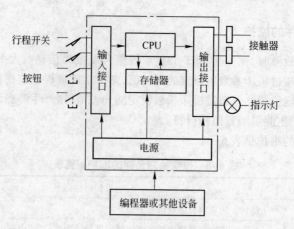

图 6-33　PLC 内部硬件结构框图

　　PLC 软件分为系统软件和用户程序两大部分。系统软件包括系统管理程序、用户指令解释程序及标准程序模块等,由 PLC 制造商固化在机内,用以控制 PLC 本身的运作。用户程序是用户根据现场控制的需要,用 PLC 的编程语言编制的应用程序,由 PLC 的使用者编制并输入,用于控制外部被控对象的运行。

6.4.1.2　PLC 的分类及特点

　　在数控机床中,除了对各坐标轴的位置进行连续控制外,还需要对主轴正/反转、刀架换刀、卡盘夹紧/松开、切削液开/关、排屑等动作进行控制。现代数控机床均采用 PLC 来完成上述功能。

　　数控机床用 PLC 可分为两类:一类是专为实现数控机床顺序控制而设计制造的内装型 PLC;另一类是那些 I/O 接口技术规范、I/O 点数、程序存储容量以及运算和控制功能等均能满足数控机床控制要求的独立型 PLC。

　　A　内装型 PLC

　　内装型 PLC 从属于 CNC 装置,PLC 与 CNC 间的信号传送在 CNC 装置内部实现,PLC 与机床(Machine Tool,即 MT)之间则通过 CNC 装置 I/O 接口电路实现信号传送,如图 6-34 所示。

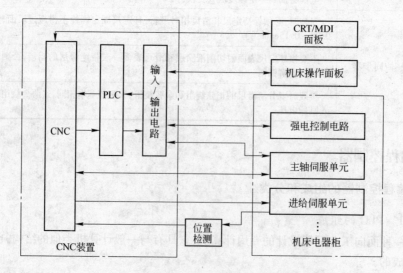

图 6-34　内装型 PLC 的数控机床系统框图

内装型 PLC 的特点:在系统的结构上,内装型 PLC 可与 CNC 共用 CPU,也可单独使用一个 CPU。内装型 PLC 一般单独制成一块附加板,插装到 CNC 主板插座上,不单独配备 I/O 接口及电源;内装型 PLC 实际上是 CNC 装置带有的 PLC 功能,其硬件和软件部分是被作为 CNC 系统的基本功能或附加功能与 CNC 系统一起统一设计制造的;采用内装型 PLC 结构,扩大了 CNC 系统内部直接处理数据的能力;提高了 CNC 系统的性能价格比。

目前世界上著名的 CNC 系统厂家在其生产的 CNC 系统中,大多开发了内装型 PLC 功能。

B 独立型 PLC

独立型 PLC 又称通用型 PLC。独立型 PLC 独立于 CNC 装置,具有完备的硬件和软件功能,是能够独立完成规定控制任务的装置。采用独立型 PLC 的数控机床系统框图如图 6-35 所示。

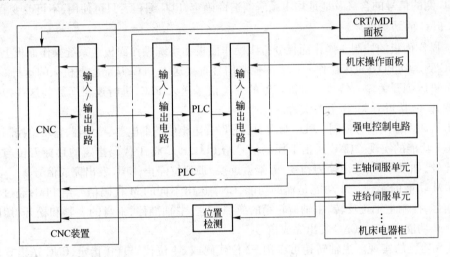

图 6-35 独立型 PLC 的数控机床系统框图

独立型 PLC 的特点:独立型 PLC 和 CNC 均具有自己的 I/O 接口电路;数控机床应用的独立型 PLC 一般采用中型或大型 PLC,所以多采用积木式模块化结构,具有安装方便、功能易于扩展和变换等优点;独立型 PLC 的 I/O 点数可以通过 I/O 模块的增减灵活配置,有的独立型 PLC 还可通过多个远程终端连接器构成有大量 I/O 点的网络,以实现大范围的集中控制;造价较高。

一般内装型 PLC 多用于单微处理器的 CNC 系统,而独立型 PLC 主要用于多微处理器的 CNC 系统,但它们的作用是一样的,都是配合 CNC 系统实现刀具轨迹控制和机床顺序控制。

C PLC 与外部信息交换

我们通常把数控机床分为 CNC 侧和 MT 侧两大部分来讨论 PLC、CNC 和机床各机械部件、机床辅助装置、机床强电电路之间的关系。

CNC 侧包括 CNC 的硬件和软件;MT 侧包括机床机械部分、机床辅助装置、机床操纵台、机床强电电路等。PLC 处于 CNC 侧和 MT 侧之间,对 CNC 侧和 MT 侧的输入、输出信号进行处理。

MT 侧顺序控制的对象随数控机床的类型、结构、辅助装置等的不同而有很大差别。机床机构越复杂,辅助装置越多,受控对象也越多。

PLC、CNC 侧和 MT 侧三者之间的信息交换包括以下四部分:

(1) PLC 至 MT 侧。PLC 控制机床的信号主要是控制机床执行件的执行信号,如电磁铁、接触器、继电器的动作信号以及确保机床各运动部件状态的信号及故障指示。这些信号通过 PLC 的开关量输出接口送到 MT 侧,所有开关量输出信号的含义及所占用 PLC 的地址均可由 PLC 程序设计者自行定义。

（2）MT 侧至 PLC。MT 侧的开关量信号主要是机床操作面板上各开关、按钮以及床身上的限位开关等信息,其中包括主轴正/反转、切削液的开/关、各坐标的点动和卡盘的松/夹等信号。这些信号通过 I/O 单元接口输入至 PLC 中,除了极少数信号外,绝大多数信号的含义及所占用 PLC 的地址均可由 PLC 程序设计者自行定义。

（3）CNC 侧至 PLC。CNC 侧送至 PLC 的信息主要是 M、S、T 功能信息以及其他的状态信号。所有 CNC 侧送至 PLC 信号的含义及 PLC 的地址均由系统制造商确定,PLC 编程者只可使用,不可改变和增删。

（4）PLC 至 CNC 侧。PLC 送至 CNC 侧的信息主要是经 PLC 处理后的逻辑信息。所有 PLC 送至 CNC 侧的信号的含义及地址均由系统制造商确定,PLC 编程者只可使用,不可改变和增删。

D　PLC 的功能

（1）操作面板的控制。操作面板分机床操作面板和系统操作面板。系统操作面板上控制信号由 CNC 侧送到 PLC,机床操作面板上的控制信号直接送入 PLC,从而控制机床的运行。

（2）机床侧开关输入信号。将机床侧的开关信号送入 PLC,进行逻辑运算。这些控制开关包括行程开关、接近开关、压力开关等。

（3）机床侧输出信号控制。PLC 输出的信号经强电柜中的继电器、接触器,输出给控制对象。

（4）T 功能的实现。CNC 送出 T 代码信号给 PLC,PLC 将 T 代码指定的目标刀位与当前刀位进行比较,如果不符,发出换刀指令,刀架就近换刀,到位停止,CNC 发出完成信号。

（5）M 功能的实现。M 功能是辅助功能,CNC 送出不同的 M 代码信号给 PLC,经过译码输出控制信号,控制主轴正反转、主轴齿轮箱的换挡变速、主轴准停、卡盘的夹紧和松开、切削液的开关等。M 功能完成时,CNC 发出完成信号。

（6）S 功能的实现。主轴转速可以用 S2 位代码或 S4 位代码直接指定,CNC 送出 S 代码信号给 PLC,经过译码、数据转换和 D/A 转换,最后送到主轴驱动系统。

6.4.2　FANUC 系统 PMC 的指令系统

FANUC 数控系统将 PLC 记为 PMC,称作可编程机床控制器,即专门用于控制机床的 PLC。目前 FANUC 系统中的 PLC 均为内装型 PMC。PMC 的指令有基本指令和功能指令两种指令。在设计顺序程序时,使用最多的是基本指令。由于数控机床执行的顺序逻辑往往较为复杂,仅用基本指令编程会十分困难或规模庞大,因此必须借助功能指令以简化程序。型号不同,功能指令的数目有所不同,除此以外,指令系统是完全一样的。

基本指令只是对二进制位进行逻辑操作,而功能指令是对二进制字节或字进行一些特定功能的操作。

6.4.2.1　基本指令

基本指令格式如图 6-36 所示,常用的基本指令见表 6-9。

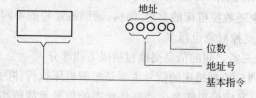

图 6-36　基本指令格式

表 6-9 常用的基本指令

序号	指令	处理内容
1	RD	读出指定信号状态,在一个梯级开始的触点是常开触点时使用
2	RD. NOT	读出指定信号的"非"状态,在一个梯级开始的触点是闭触点时使用
3	WRT	将运算结果写入到指定的地址
4	WRT. NOT	将运算结果的"非"状态写入到指定的地址
5	AND	执行触点逻辑"与"操作
6	AND. NOT	以指定信号的"非"状态进行逻辑"与"操作
7	OR	执行触点逻辑"或"操作
8	OR. NOT	以指定信号的"非"状态进行逻辑"或"操作
9	RD. STK	电路块的起始读信号,指定信号的触点是常开触点时使用
10	RD. NOT. STK	电路块的起始读信号,指定信号的触点是常闭触点时使用
11	AND. STK	电路块的逻辑"与"操作
12	OR. STK	电路块的逻辑"或"操作

6.4.2.2 功能指令

数控机床用 PMC 的指令满足数控机床信息处理和动作控制的特殊要求。例如,由 CNC 输出的二进制代码信号的译码、机械运动状态的延时确认、选刀时刀架按就近原则的旋转和当前位置至目标位置步数的计算以及比较、代码转换、四则运算、信息显示等控制功能,仅用基本指令编程,实现起来将会十分困难。因此,需要增加一些具有专门控制功能的指令来解决基本指令无法解决的控制问题。这些专门指令就是功能指令,即调用相应的子程序。

指令数目视型号不同而不同。本节将以 FANUC 0i 系统的 PMC—SA1/SA3 为例,介绍 FANUC 系统常用 PMC 功能指令的功能、指令格式及数控机床的具体应用。

FANUC 的 PMC—SA1/SA3 型部分功能指令见表 6-10。

表 6-10 FANUC 的 PMC—SA1/SA3 型部分功能指令

序号	指令助记符	SUB 号	处理内容	序号	指令助记符	SUB 号	处理内容
1	END1	1	第一级程序结束	13	MOVOR	28	逻辑或后的数据传送
2	END2	2	第二级程序结束	14	COM	9	公共线控制
3	TMR	3	定时器	15	COME	29	公共线控制结束
4	TMRB	24	固定定时器	16	JMP	10	跳转
5	DEC	4	译码	17	JMPE	30	跳转结束
6	DECB	25	二进制译码	18	PARI	11	奇偶检查
7	CTR	5	计数器	19	DCNV	14	数据转换
8	ROT	6	旋转控制	20	DCNVB	31	扩展数据转换
9	ROTB	26	二进制旋转控制	21	COMP	15	比较
10	COD	7	代码转换	22	COMPB	32	二进制数比较
11	CODB	27	二进制代码转换	23	COIN	16	一致性检测
12	MOVE	8	逻辑乘后的数据传送	24	SFT	33	寄存器移位

续表 6-10

序号	指令助记符	SUB 号	处 理 内 容	序号	指令助记符	SUB 号	处 理 内 容
25	DSCH	17	数据检索	33	MUL	21	乘 法
26	DSCHB	34	二进制数据检索	34	MULB	38	二进制乘法
27	XMOV	18	变址数据传送	35	DIV	22	除 法
28	XMOVB	35	二进制变址数据传送	36	DIVB	39	二进制除法
29	ADD	19	加 法	37	NUME	23	常数定义
30	ADDB	36	二进制加法	38	NUMEB	40	二进制常数定义
31	SUB	20	减 法	39	DISPB	41	扩展信息显示
32	SUBB	37	二进制减法				

A　功能指令的格式

功能指令格式包括控制条件、指令、参数和输出,必须无一遗漏地按固定的顺序编写,如图 6-37 所示。

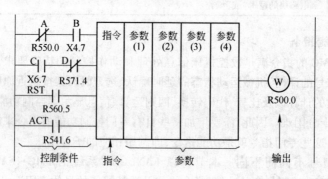

图 6-37　功能指令格式

(1) 控制条件。每条功能指令控制条件的数量和含义各不相同,被存于堆栈寄存器中。RST 为控制条件的功能指令中优先级最高的,当 RST 和 ACT 均为 1 时,进行 RST 处理。

(2) 指令。有三种格式分别用于梯形图、纸带穿孔和程序显示,编程机输入时用简化指令。

(3) 参数。数据或存有数据的地址可作为参数写入功能指令。参数数目和含义随指令不同而不同。

(4) 输出。功能指令的操作结果用逻辑"1"和"0"状态输出到 W,W 地址由编程者任意制定,但有些功能指令不用 W,如 MOVE、COM、JMP 等。

功能指令具有基本指令所没有的数据处理功能。功能指令处理的数据包括 BCD 代码数据和二进制代码数据。BCD 代码数据由 1B(0~99)或相邻的 2B(0~9999)组成。二进制代码由 1B、2B 或 4B 数据组成。不论 BCD 数据或二进制数据是几个字节,在功能指令中指定的地址都应是最小地址。

B　部分功能指令说明

a　程序结束指令 END1 和 END2

END1 是第一级程序结束指令;END2 是第二级程序结束指令。

图 6-38 所示程序结束指令中,i 为 1 或 2,分别表示第一级和第二级程序结束指令。

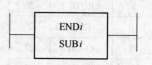

图 6-38　程序结束指令

END1 在程序中必须指定一次,其位置在第一级程序的末尾。当没有第一级程序时,则在第二级程序的开头指定。END2 在第二级程序末尾指定。

PLC 程序按优先级别分为两部分:第一级程序和第二级程序。划分优先级别是为了处理要求响应快的信号(如脉冲信号),这些信号包括紧急停止信号以及进给保持信号等。第一级程序每 8 ms 执行一次,这 8 ms 中的其他时间用来执行第二级程序。如果第二级程序很长的话,就必须对它进行划分,划分得到的每一部分与第一级程序共同构成 8 ms 的时间段。梯形图的循环周期(即扫描周期)是指将 PLC 程序完整执行一次所需要的时间,循环周期等于 8 ms 乘以第二级程序划分所得的数目。如果第一级程序很长的话,相应的循环周期也要增加。

b 定时器指令

在数控机床梯形图中,定时器是不可缺少的指令,功能相当于时间继电器。

(1) 定时器 TMR。TMR 是设定时间可以更改的延时定时器(见图 6-39),在保持型存储器的 T 区设定时间。T 区共有 80 B,2 B 为一个定时器(用二进制设定)。对于 1~8 号定时器,设定时间的单位为 48 ms,最大为 1572.8 s;对于 9~40 号定时器,设定时间的单位为 8 ms,最大为 262.1 s。

(2) 固定定时器 TMRB。TMRB 是设定时间固定的通电延时型定时器(见图 6-40),通过功能指令参数来指定所需的延时时间。预设定时间以十进制表示,设定时间的最小单位为 8 ms,最大值为 262.136 s。定时器号为 1~100。

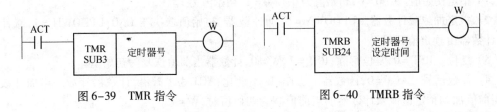

图 6-39 TMR 指令　　图 6-40 TMRB 指令

TMR 及 TMRB 控制原理为:当 ACT=0 时,定时器关断,输出 W=0;当 ACT=1 时,定时器开始计时,到达预定的时间后,输出 W=1。

c 译码指令

数控机床在执行加工程序中规定的 M、S、T 功能时,CNC 装置以 BCD 或二进制代码形式输出 M、S、T 代码信号。这些信号需要经过译码才能从 BCD 或二进制状态转换成具有特定功能含义的一位逻辑状态。

(1) DEC 指令。DEC 指令的功能是对由 CNC 至 PLC 的两位 BCD 代码进行译码。DEC 指令主要用于数控机床的 M 码、T 码的译码。一条 DEC 译码指令只能译一个 M 代码。图 6-41 所示为 DEC 译码指令和应用实例。

DEC 译码指令如图 6-41 所示。译码信号地址为指定包含两位 BCD 代码信号的地址。译码方式包括译码数值和译码位数两部分。译码数值为要译码的两位 BCD 代码;译码位数 01 为只译低 4 位数,10 为只译高 4 位数,11 为高低位均译。当 ACT=0 时,不执行译码指令;当 ACT=1 时,执行译码指令。若两位 BCD 代码与给定数值一致时,W 为 1,否则为 0。

(2) DECB 指令。DECB 指令是对由 CNC 至 PLC 的 1B、2B 或 4B 的二进制代码进行译码,如图 6-42 所示。DECB 指令主要用于数控机床的 M 码、T 码的译码。一条 DECB 译码指令可译 8 个连续 M 代码或 8 个连续 T 代码。

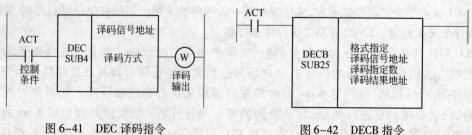

图 6-41 DEC 译码指令   图 6-42 DECB 指令

图 6-42 中,格式指定为 1(或 2、4)是指指定了 1B(或 2B、4B)的二进制代码数据;译码信号地址是指给定一个存储器代码数据的地址;译码指定数是指给定要译码的 8 个连续数字的第一位;译码结果地址是指给定一个输出译码结果的地址。

当控制条件 ACT = 0 时,将所有输出位复位;当 ACT = 1 时,对二进制代码数据进行译码,所指定的 8 位连续数据之一与代码数据相同时,对应的输出数据位为 1,没有相同的数时,输出数据为 0。

d 计数器指令

计数器的主要功能是进行计数,可以是加计数器,也可以是减计数器,它在保持型存储器的 C 区设定预定位。C 区共有 80B,4B 为一个计数器,计数器号为 1 ~ 20。

(1) 计数器 CRT。CRT 的预置值或计数值是 BCD 代码或二进制代码形式,由系统参数设定。CRT 指令格式如图 6-43 所示。

1) 指定初始值。CN0 = 0,初始值为 0;CN0 = 1,初始值为 1。

2) 指定加或减计数器。UPDOWN = 0,加计数器,初始值取决于 CN0;UPDOWN = 1,减计数器,计数器由预定值开始。

3) 复位。RST = 0,复位解除;RST = 1,W = 0,计数器当前值恢复为初始值。

4) 计数信号。ACT = 0,计数器不工作,W 不变化;ACT 为上升沿,计数器计数。当加计数器的当前值加到预定值或减计数器的当前值减为初始值时,W = 1。

计数器可以实现对加工工件的自动计数,另外还可作为分度工作台的自动分度控制及加工中心自动换刀装置中的换刀位置自动检测控制等。

(2) 计数器 CTRC。此计数器中的数据都是二进制数,指令格式如图 6-44 所示。

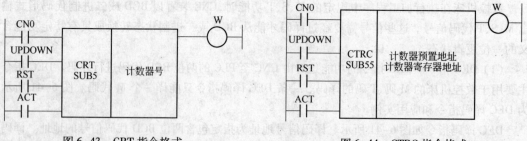

图 6-43 CRT 指令格式   图 6-44 CTRC 指令格式

计数器预置值地址为计数器预置值的第一个地址,此区域需要从第一个地址开始的连续 2B 的存储空间,一般使用 D 域,计数器预置值为二进制,其范围为 0 ~ 32767;计数器寄存器地址为计数器寄存器区域的首地址,此区域需要自首地址开始的连续 4B 的存储空间,一般使用 D 域。

CTRC 指令控制条件和工作原理与 CTR 指令相同。

6.4.3　编程实例

A　DECB 指令应用实例

图 6-45 所示为 DECB 指令应用实例。当 F7.0 = 1 时,开始对 F10 起始地址的 1B 二进制代码(M 代码)进行译码。当译码后的数据与 0～7 共 8 个数中任意一个数符合时,对应 R200 中相应的位被置为 1;否则,相应的位被置为 0。例如,当译码数据为 2 时,R200.2 = 1,R10.2(M02 译码 M02R) = 1。

B　自动计数加工件数的 PMC 控制

图 6-46 所示为自动计数加工件数的 PMC 控制。计数器的初始值 CN0 为 0(R1.0 为逻辑 1),加工件数从 0 开始计数;加减计数形式 UPDOWN 为 0,即指定计数器为加计数。通过 PMC 参数画面设定计数器 1 的预置值为 100(设定加工零件 100 件)。每加工一个工件,通过加工程序结束指令 M30(R10.0)进行计数器加 1 累计。当加工 100 件时,计数器的计数值累计到 100,计数器输出 Y0.0 为 1,通知操作者加工结束,并通过 Y0.0 的常闭触点切断计数器的计数控制。

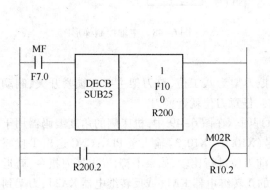

图 6-45　DECB 指令应用实例

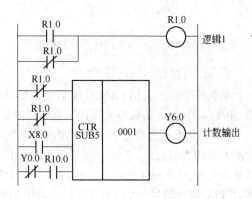

图 6-46　自动计数加工件数的 PMC 控制

如果重新进行计数,可通过机床面板的复位开关 X8.0 进行复位,计数器重新计数。

C　机床工作方式的选择控制

数控机床工作方式主要有 EDIT、MEM、MDI、JOG、RAPID、REF 等方式,利用 4 层 6 挡转换开关选择机床工作方式。图 6-47 所示为机床工作方式的选择控制,通过 X9.4、X9.5、X9.6 信号的不同组合,形成 EDIT、MEM、MDI、JOG、RAPID 方式。REF 方式是在 JOG 方式下接通 X9.7 信号。

D　主轴控制

图 6-48 所示为主轴控制梯形图。X8.5 为液压电动机启动;X8.6 为液压电机停止(常闭输入按钮);R0.5 为报警(包括断路器、急停、主传动报警);R3.0 为机床准备好;F1.0 为电池报警;F1.1 为系统复位;R20.3、R20.4、R20.5 为辅助功能 M 代码译码后生成的主轴正转、反转、停止信号。当液压电动机启动后,系统发出主轴正转、反转或停止信号,经译码指令译码,控制主轴正转、反转或停止。正转(或反转)信号延长 2 s 后接通速度到达信号,系统复位,用于停止主轴。

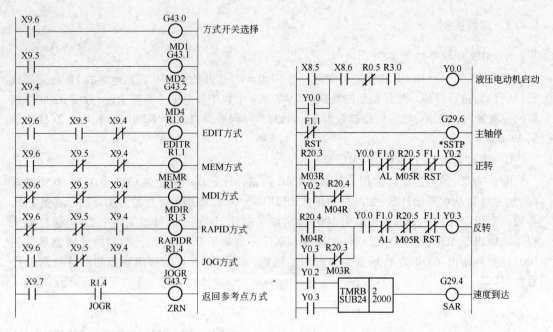

图 6-47　机床工作方式选择控制梯形图　　　　　图 6-48　主轴控制梯形图

E　刀架控制

某数控车床上采用 FANUC 0i 数控系统,数控刀架为八工位,该刀架主要有锁紧开关、制动器、角度编码器、电动机等元器件。它可双向旋转,任意刀位就近换刀。

图 6-49 所示为数控车床刀架控制的电气原理图。在图 6-49 中,机床侧的角度编码器用于检测刀架的当前刀位,它将当前刀位 BCD 码信号(X10.0 ~ X10.3)输入至 PLC;CNC 送出 T 代码信号给 PLC,PLC 将 T 代码指定的目标刀位与当前刀位进行比较,如果不符,发出换刀指令,就近换刀,PLC 输出信号 Y0.4(或 Y0.5)至强电柜中的正转继电器 KA1(或反转继电器 KA2);刀架到位后,锁紧开关 SQ 发出信号 X10.6 输入至 PLC,PLC 输出信号 Y0.6 至制动继电器 KA3,刀架制动,CNC 发出完成信号。

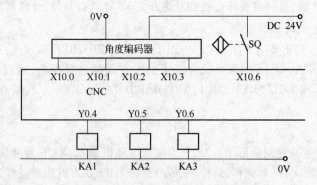

图 6-49　数控车床刀架控制的电气原理图

刀架控制梯形图如图 6-50 所示。系统送出 T 代码信号(T00 ~ T31 二进制代码),然后发出 T 功能选通信号 TF,PLC 读入 T 代码;功能指令 DCNV(数据转换)把二进制 T 代码转换成 BCD 码,MOVE(逻辑与数据传送)传送当前刀位,屏蔽 BCD 码数据的高四位;功能指令 COIN(符合检查)完成目标刀位与当前刀位的比较;如果不符,功能指令 ROT(旋转控制)使刀架就近换刀,到位锁紧开关动作;功能指令 TMRB(定时)使制动器通电制动 1 s,换刀停止,CNC 发出完成信号 FIN。

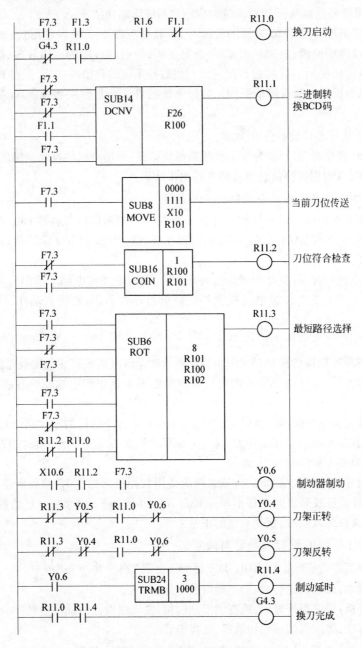

图 6-50 刀架控制梯形图

6.4.4 利用 PMC 进行故障诊断的方法及实例

6.4.4.1 利用 PMC 进行故障诊断的方法
数控机床的故障分为控制系统故障和机床侧故障。因为系统的可靠性越来越高,所以系统的故障率越来越低,数控机床的大部分故障都是机床侧故障。

数控机床机床侧故障是指在机床上出现的非控制系统的故障,包括机械、强电、液压等问题。机床侧故障还可以分为主机故障和辅助装置故障。机床侧故障是数控机床的常见故障,对这类故障的诊断和维修要熟练掌握 PLC 系统的应用和系统诊断功能。

当数控机床出现有关 PMC 方面的故障时,一般会有以下三种表现形式:故障可通过 CNC 报警直接找到故障的原因;故障虽有 CNC 报警显示,但引起故障的原因较多,难以找出真正的原因;故障没有任何提示。后两种情况可以利用数控系统的自诊断功能,根据 PMC 的梯形图和 I/O 状态信息来分析和判断故障的原因。数控系统的自诊断是解决数控机床输入、输出故障的基本方法。

A　利用报警信息诊断机床侧故障

在编写 PMC 程序时,已经设计了一些故障报警信息,为用户提供排除故障的信息。所以,在机床出现故障时,可根据报警信息对故障进行初步认识。

B　利用 PMC 状态显示功能诊断机床侧故障

数控机床的有些故障可以根据故障现象、机床的电气原理图以及查看 PMC 相关的 I/O 状态来进行诊断。利用 PMC I/O 状态显示功能,可以在线观察 PMC 的 I/O 瞬时状态,对诊断数控机床的很多故障是非常有用的。

在 PMC 状态观察时,若没有所需的输入开关量,则检查外部电路。输出开关量若能正确输出,则检查由输出开关量直接控制的接触器或继电器是否动作;若没有动作,则检查连线及元器件。

C　利用 PMC 梯形图诊断机床侧故障

根据可编程序控制器的梯形图来分析和诊断故障是解决数控机床外围故障的基本方法。出现比较复杂的故障时,应该通过分析产生故障的梯形图来查找产生故障的各种原因,然后排除故障。

如果采用这种方法诊断机床故障,首先应该了解机床各个部件的电气原理、动作顺序和连锁关系,然后利用数控系统的自诊断功能,通过可编程序控制器动态跟踪,实时跟踪 I/O 及标识状态的瞬间变化,以确定故障原因。

对于数控机床的维修人员来说,应该掌握所使用数控机床的 PMC 编程语言,以便在分析机床 PMC 梯形图时较易找到故障。梯形图的软盘备份也是必不可少的,一旦数控系统梯形图丢失,可以将备份文件传入系统,恢复系统的正常工作。

6.4.4.2　利用 PMC 进行故障诊断的实例

A　数控加工中心(采用 FANUC OMC 系统)出现"润滑油不足"报警

(1)故障现象:机床在运行时,指示润滑油不足。

(2)故障分析:根据报警显示,检查润滑油油箱,发现润滑油位确实过低。

(3)处理办法:将润滑油油箱加满后,该报警解除。

B　数控机床(采用 FANUC 0i 系统)出现"Z 轴超行程"报警

(1)故障现象:这台机床开机就出现"Z 轴超行程"报警。

(2)故障分析:由于报警指示的是"Z 轴超行程",因此对 Z 轴进行检查,但没有发现 Z 轴超行程,并且 Z 轴的限位开关也没有压下,此时利用 CNC 系统的 PMC 状态显示功能检查 Z 轴限位开关的 PMC 输入 X0.2 所处的状态为"1",开关触点确实已经接通,说明行程限位开关出现了问题。

(3)处理办法:更换新的限位开关后,机床故障消除。

C 急停按钮引起的故障

(1)故障现象:某配套 FANUC 0M 的加工中心,开机时显示"NOT READY",伺服电源无法接通。

(2)故障分析:FANUC 0M 系统引起"NOT READY"的原因是数控系统的紧急停止" * ESP"信号被输入。通过 PMC 状态显示功能进行检查,发现系统 I/O 模块的"急停"输入信号为"0"。对照机床电气原理图,检查发现操纵台上急停按钮断线。

(3)处理办法:重新连接,复位急停按钮后,再按 RESET 键,机床即恢复正常工作。

D 屏幕显示坐标变化,但坐标轴不运动

(1)故障现象:某配套 FANUC 0M 的立式加工中心,在手动操作时发现屏幕显示坐标变化,但实际坐标轴没有运动,系统无报警显示。

(2)故障分析:为了迅速判别坐标轴不运动的原因,首先检查移动坐标轴时电动机是否转动。经观察,发现该机床各轴伺服电动机均未转动。考虑到 FANUC 0M 为闭环系统,对于这种结构,出现显示变化但伺服电动机不转且系统无报警显示现象,其原因一般均为"机床锁住"信号生效而引起的。经进一步检查发现,该机床的 MLK(G117.1)为"1",使机床进入了"锁住"状态。

(3)处理办法:在机床操作面板上取消机床锁住状态,机床即可正常工作。

E 某立式加工中心自动换刀故障

(1)故障现象:换刀臂平移到位时,无拔刀动作。

(2)故障分析:ATC 动作的起始状态是:1)主轴上装有待交换的旧刀具;2)换刀臂在上部 B 位置;3)刀库已将要交换的新刀具转出。

自动换刀的顺序为:换刀臂左移(B→A)→换刀臂下降(从刀库拔刀)→换刀臂右移(A→B)→换刀臂上升→换刀臂右移(B→C,抓住主轴中刀具)→主轴液压缸下降(松刀)→换刀臂下降(从主轴拔刀)→换刀臂旋转180°(交换两刀具位置)→换刀臂上升(装刀)→主轴液压缸上升(抓刀)→换刀臂左移(C→B)→刀库转动(找出旧刀具位置)→换刀臂左移(B→A,将旧刀具返回给刀库)→换刀臂右移(A→B)→刀库转动找出下一把待换新刀具。

换刀臂平移至 C 位置时,无拔刀动作,分析原因,有几种可能:

1)SQ2 无信号,使松刀电磁阀 YV2 未激磁,主轴仍处抓刀状态,换刀臂不能下移。

2)松刀接近开关 SQ4 无信号,则换刀臂升降电磁阀 YV1 状态不变,换刀臂不下降。

3)电磁阀有故障,给予信号也不能动作。

逐步检查,发现 SQ4 未发信号,进一步对 SQ4 检查,发现感应间隙过大,导致接近开关无信号输出,产生动作障碍。

(3)处理办法:调整 SQ4 的感应间隙。

F 数控车床换刀时刀架一直旋转,找不到刀位

(1)故障现象:换刀时刀架一直旋转,找不到刀位。

(2)故障分析:刀架电气控制原理图如图 6-49 所示,PLC 程序如图 6-50 所示。根据 PLC 梯形图的动态显示功能进行诊断与故障排除。先检查锁紧开关 SQ 信号 X10.6 状态。刀架旋转到位时,X10.6 状态为"1",检查角度编码器的信号 X10.0 ~ X10.3 状态有错误,系统找不到所需刀号,可能是角度编码器不良或其电路有问题。

(3)处理办法:检查其电路或更换角度编码器。

思 考 题

6-1　简述螺纹加工中出现乱牙的原因。

6-2　简述维护检测元件时的注意事项。

6-3　简述 PLC 的功能。

6-4　如何利用 PMC 进行机床故障检测？

附　　录

附录 A　CNC 报警代码一览表

表 A-1　程序错误/有关编程和操作(P/S)的报警

号 码	信 息	内 容
000	PLEASE TURN OFF POWER	输入了要求切断电源的参数。应切断电源
001	TH PARITY ALARM	TH 报警(输入了带有奇偶性错误的字符)。修改程序或纸带
002	TV PARITY ALARM	TV 报警(一个程序段内的字符数为奇数),只有在设定画面上的 TV 校验有效时,才产生报警
003	TOO MANY DIGITS	输入了超过允许值的数据
004	ADDRESS NOT FOUND	程序段开头无地址,只输入了数值或符号。修改程序
005	NO DATA AFTER ADDRESS	地址后没有紧随相应的数据,而输入了地址、EOB 代码。修改程序
006	ILLEGAL USE OF NEGATIVE SIGN	负号"－"输入错误(在不能使用"－"符号的地址后输入了该符号,或输入了两个或两个以上的"－"符号)。修改程序
007	ILLEGAL USE OF DECIMAL POINT	小数点"."输入错误(在不能使用"."的地址后输入了小数点,或输入了两个或两个以上的".")。修改程序
009	ILLEGAL ADDRESS INPUT	在有意义的信息区输入了不可用的地址。修改程序
010	IMPROPER G－CODE	指定了一个不能用的 G 代码或针对某个没有提供的功能指定了某个 G 代码。修改程序
011	NO FEEDRATE COMMANDED	没有指定切削进给速度,或进给速度指令不当。修改程序
014	CAN NOT COMMAND G95(M series)	没有螺纹切削,同步进给功能时指令了同步进给。修改程序
	ILLEGAL LEAD COMMAND(T series)	可变螺纹切削时,地址 K 指令的螺距增、减量超过了最大指令值,或指令螺距值为负值。修改程序
015	TOO MANY AXES COMMANDED (M series)	指定的移动坐标轴数超过了联动轴数。修改程序
	TOO MANY AXES COMMANDED (T series)	移动轴超过了联动轴数,或者在扭矩极限到达信号的跳步功能指令(G31 P99/98)中,在同一个程序段中无轴移动指令,或者指令了 2 个轴以上的轴移动。同一程序段的轴移动指令必须为单个轴
020	OVER TOLERANCE OF RADIUS	在圆弧插补(G02 或 G03)中,圆弧始点半径值与圆弧终点半径值的差超过了 3410 号参数的设定值
021	ILLEGAL PLANE AXES COMMANDED	在圆弧插补中,指令指定了不在指定平面(G17、G18、G19)的轴。修改程序

号　码	信　　息	内　　容
022	NO CIRCLE RADIUS	在圆弧插补指令中,没指定圆弧半径 R 或圆弧的起始点到圆心之间的距离的坐标值 I、J 或 K
023	ILLEGAL RADIUS COMMAND(T series)	指定圆弧半径 R 时,R 被指令为负值。修改程序
025	CANNOT COMMAND F0 IN G02/G03 (M series)	在圆弧插补中,用 F1 一位数进给指令了 F0(快速进给)。修改程序
027	NO AXES COMMANDED IN G43/G44 (M series)	在刀具长度补偿 C 中,在 G43/G44 的程序段没有指定轴;刀具长度补偿 C 中,在没有取消补偿状态下,又对其他轴进行补偿。修改程序
028	ILLEGAL PLANE SELECT	在平面选择指令中,在同一方向指定了两个或两个以上的坐标轴。修改程序
029	ILLEGAL OFFSET VALUE(M series)	用 H 代码选择的偏置量的值过大。修改程序
	ILLEGAL OFFSET VALUE(T series)	用 T 代码选择的偏置量的值过大。修改程序
030	ILLEGAL OFFSET NUMMBER (M series)	用 D/H 代码指令的刀具半径补偿,刀具长度补偿的偏置号过大。修改程序
	ILLEGAL OFFSET NUMMBER(T series)	T 功能的刀具位置偏移量的偏置号过大。修改程序
031	ILLEGAL P COMMAND IN G10	在程序输入偏置量(G10)中,指定偏置量的 P 值太大,或者没有指定 P 值。修改程序
032	ILLEGAL OFFSET VALUE IN G10	偏置量程序输入(G10)或用系统变量写偏置量时,指定的偏置量过大
033	NO SOLUTION AT CIRC (M series)	刀具半径补偿没有求到交点。修改程序
	NO SOLUTION AT CIRC(T series)	刀尖半径补偿没有求到交点。修改程序
034	NO CIRC ALLOWED IN ST UP/EXT BLK (M series)	刀具补偿 C 中,在 G02/G03 方式进行建立或取消刀补。修改程序
	NO CIRC ALLOWED IN ST UP/EXT BLK (T series)	刀尖半径补偿中,在 G02/G03 方式进行建立或取消刀补。修改程序
035	CAN NOT COMMANDED G39(M series)	在刀具补偿 B 方式或在非补偿平面指令了 G39。修改程序
	CAN NOT COMMANDED G31(T series)	刀尖半径补偿方式中,指令了跳步切削(G31)。修改程序
036	CAN NOT COMMANDED G31(M series)	刀具补偿方式中,指令了跳步切削(G31)。修改程序

号 码	信 息	内 容
037	CAN NOT CHANGE PLANE IN CRC（M series）	在非补偿平面或刀具补偿 B 方式下指令了 G40。刀具补偿 C 方式中，使用 G17、G18 或 G19 选择平面被改变。修改程序
	CAN NOT CHANGE PLANE IN CRC（T series）	刀尖半径补偿中，切换了补偿平面。修改程序
038	INTERFERENCE IN CIRCULAR BLOCK（M series）	在刀具补偿 C 中，圆弧的始点或终点与圆心一致，可能产生过切。修正程序
	INTERFERENCE IN CIRCULAR BLOCK（T series）	在刀尖半径补偿中，圆弧的始点或终点与圆心一致，可能产生过切。修改程序
039	CHF/CNR NOT ALLOWED IN CRC（T series）	在刀尖半径补偿中，起始、取消或 G41/G42 的切换进行在斜面和拐角处，程序在进行到倒角或拐角处时可能造成过切。修改程序
040	INTERFERENCE IN G90/G94 BLOCK（T series）	单一形固定循环 G90/G94 中，用刀尖半径补偿时有可能产生过切。修改程序
041	INTERFERENCE IN CRC（M series）	刀具补偿 C 中，可能产生过切。在刀具补偿方式中，两个或两个以上的程序段被连续用在一些功能上，例如辅助功能和暂停功能。修改程序
	INTERFERENCE IN CRC（T series）	刀尖半径补偿中可能产生过切。修改程序
042	G45/G48 NOT ALLOWED IN CRC（M series）	在刀具补偿方式中，指令了刀具位置补偿（G45 ~ G48）。修改程序
044	G27 – G30 NOT ALLOWED IN FIXED CYC（M series）	在固定循环方式中，指令了 G27 ~ G30。修改程序
045	ADDRESS Q NOT FOUND（G73/G83）（M series）	在固定循环（G73/G83）中，各自切削（Q）的深度没有给出，或者只给出 Q0。修正程序
046	ILLEGAL REFERENCE RETURN COMMAND	在返回第 2、3、4 参考点指令中，非 P2、P3、P4 被指令。修改程序
047	ILLEGAL AXIS SELECT	三维刀具补偿的起始或三维坐标转换中，指令了两个或两个以上的平行轴（与基本轴平行的坐标轴）
048	BASIC 3 AXIS NOT FOUND	使用了三维刀具补偿或三维坐标转换，但是当 $X\rho$、$Y\rho$ 或 $Z\rho$ 被省略时，三个基本坐标轴没有被设定在参数 1022 中
049	ILLEGAL OPERATION（G68/G69）（M series）	没有套入三维坐标转换指令（G68/G69）和刀具长度补偿指令（G43、G44、G45）。修改程序
050	CHF/CNR NOT ALLOWED IN THRD BLK（M series）	在螺纹切削程序段，指令了任意角度的倒角、拐角 R。修改程序
	CHF/CNR NOT ALLOWED IN THRD BLK（T series）	在螺纹切削程序段，指令了任意角度的倒角、拐角 R。修改程序
051	MISSING MOVE AFTER CHF/CNR（M series）	任意角度的倒角、拐角 R 程序段的下个程序段的移动或移动量不合适。修改程序

号 码	信　息	内　容
051	MISSING MOVE AFTER CHF/CNR（T series）	倒角、拐角 R 程序段的下个程序段的移动或移动量不合适。修改程序
052	CODE IS NOT G01 AFTER CHF/CNR（M series）	在指令了任意角度倒角、拐角 R 的程序段的下一个程序段,不是 G01、G02、G03 的程序段。修改程序
052	CODE IS NOT G01 AFTER CHF/CNR（T series）	倒角、拐角 R 程序段的下个程序段不是 G01。修改程序
053	TOO MANY ADDRESS COMMANDS（M series）	在没有任意角度倒角、拐角 R 功能的系统中,指令了逗号","或者在任意角度倒角、拐角 R 指令中,逗点","之后不是 R、C 指令。修改程序
053	TOO MANY ADDRESS COMMANDS（T series）	在倒角、拐角 R 指令中,指令了两个或两个以上的 I、K、R;或者在直接输入图纸尺寸中逗点","之后,不是 C 或 R;或者用非指令逗点","的方法指令了逗点","。修改程序
054	NO TAPER ALLOWED AFTER CHF/CNR（T series）	在被指定的角度或拐角 R 处的倒角程序段,被指定了包含锥度的指令。修改程序
055	MISSING MOVE VALUE IN CHF/CNR（M series）	在任意角度倒角、拐角 R 的程序段中指定的移动量比倒角、拐角 R 的量还小
055	MISSING MOVE VALUE IN CHF/CNR（T series）	倒角、拐角 R 的程序段中指定的移动量比倒角、拐角 R 的量还小
056	NO END POINT & ANGLE IN CHF/CNR（T series）	只有角度指定(A)的程序段的下个程序段,终点和角度都没有指定。在倒角指令中,I(K)为 X(Z)轴指令
057	NO SOLUTION OF BLOCK END（T series）	直接坐标图纸编程中,不能正确计算出程序段终点
058	END POINT NOT FOUND（M series）	任意角度倒角、拐角 R 中,指令了选择平面以外的轴。修正程序
058	END POINT NOT FOUND（T series）	直接坐标图纸编程中,找不到程序段的终点
059	PROGRAM NUMBER NOT FOUND	在外部程序号检索中,没有发现指定的程序号;或者检索了后台编辑中的程序号;或者在宏程序调用中被指定程序号的程序在存储器中没有被发现。确认程序号和外部信号,或者中止后台编辑操作
060	EQUENCE NUMBER NO FOUND	指定的顺序号在顺序号搜索中未找到。检查顺序号
061	ADDRESS P/Q NOT FOUND IN G70 – G73（T series）	在 G70、G71、G72、G73 指令的程序段中,没指令地址 P 或 Q。修改程序
062	ILLEGAL COMMAND IN G71 – G76（T series）	1. G71、G72 中,切削深度为 0 或负; 2. 在 G73 中,重复次数为 0 或负; 3. 在 G74、G75 中,Δi∆k 为负; 4. 在 G74、G75 中,Δi∆k 为 0,但 U、W 不为 0; 5. 在 G74、G75 中,决定了退刀方向,但 ∆d 指定了负值; 6. 在 G76 中,螺纹高度及第一次切削深度指定了 0 或负值; 7. 在 G76 中,最小切削深度比螺纹高度值还大; 8. 在 G76 中,指定了不可使用的刀尖角度。 修改程序

号 码	信 息	内 容
063	SEQUENCE NUMBER NOT FOUND（T series）	在 G70、G71、G72、G73 中，没有找到 P 指定的顺序号。修改程序
064	SHAPE PROGRAM NOT MONOTONOUSLY（T series）	在复合形固定循环（G71、G72）中，指定了非单调的加工形状
065	ILLEGAL COMMAND IN G71 – G73（T series）	1. 在 G71、G72、G73 中，用 P 指定顺序号的程序段中，没有指令 G00 或 G01； 2. 在 G71、G72 中，在 P 指定的程序段中指令了 Z（W）（G71），或者指令了 X（U）（G72）。修改程序
066	IMPROPER G – CODE IN G71 – G73（T series）	在 G71、G72、G73 中用 P 指定的程序段间，指令了不允许的 G 代码。修正程序
067	CAN NOT ERROR IN MDI MODE（T series）	在 MDI 方式，指令了含有 P、Q 的 G70、G71、G72、G73。修改程序
069	FORMAT ERROR IN G70 – G73（T series）	G70、G71、G72、G73 的 P、Q 指令的程序段的最后移动指令以倒角或拐角 R 结束。修改程序
070	NO PROGRAM SPACE IN MEMORY	存储器的存储容量不够。删除各种不必要的程序并再试
071	DATA NOT FOUND	没有发现检索的地址数据，或者在程序号检索中没有找到指定的程序号。再次确认要检索的数据
072	TOO MANY PROGRAMS	登录的程序数超过 63（基本）、125（可选）、200（可选）、400（可选）或 1000（可选）个。删除不要的程序，再次登录
073	PROGRAM NUMBER ALREADY IN USE	要登录的程序号与已登录的程序号相同。变更程序号或删除旧的程序号后再次登录
074	ILLEGAL PROGRAM NUMBER	程序号为 1~9999 以外的数字。修改程序号
075	PROTECT	登录了被保护的程序号
076	ADDRESS P NOT DEFINED	在包括 M98、G65 或 G66 指令的程序段中，没有指定地址 P（程序号）。修改程序
077	SUB PROGRAM NESTING ERROR	调用了 5 重子程序。修改程序
078	NUMBER NOT FOUND	M98、M99、G65 或 G66 的程序段中的地址 P 指定的程序号或顺序号未找到；或 GO TO 语句指定的顺序号未找到；或调用了正在被后台编辑的程序。修改程序或中止后台编辑操作
079	PROGRAM VERIFY ERROR	在存储器与程序校对中，存储器中的某个程序与从外部 I/O 设备中读入的不一致。检查存储器中的程序以及外部设备中的程序
080	G37 ARRIVAL SIGNAL NOT ASSERTED（M series）	在刀具长度自动测量功能（G37）中，在参数 6254、6255（ε 值）设定的区域内，测量位置到达信号（XAE，YAE，ZAE）没有变为 ON。此报警属设定或操作错误
	ARRIVAL SIGNAL NOT ASSERTED（T series）	自动刀具补偿功能中（G36、G37），在参数 6254（2 值）设定的区域内，测量位置到达信号（XAE，ZAE）没有变为 ON。此报警属设定或操作错误

号　码	信　　　息	内　　容
081	OFFSET NUMBER NOT FOUND IN G37 (M series)	在刀长自动测量功能中，没指令 H 代码，而指令了刀长自动测量 (G37)。修改程序
	OFFSET NUMBER NOT FOUND IN G37 (T series)	在自动刀具补偿功能中，没有指令 T 代码，却指令了 G36、G37 自动刀具补偿。修改程序
082	H – CODE NOT ALLOWED IN G37 (M series)	刀长自动测量功能中，在同一程序段指令了 H 代码和刀长自动测量 (G37)。修改程序
	T – CODE NOT ALLOWED IN G37 (T series)	在自动刀具补偿功能中，在同一程序段指令了 T 代码和自动刀具补偿 (G36、G37)。修改程序
083	ILLEGAL AXIS COMMAND IN G37 (M series)	刀长自动测量功能中，轴指定错，或者移动指令是增量指令。修改程序
	ILLEGAL AXIS COMMAND IN G37 (T series)	自动刀具补偿功能 (G36、G37) 中，轴指定错，或者移动指令是增量指令。修改程序
085	COMMUNICATION ERROR	用阅读机/穿孔机接口进行数据读入时，出现溢出错误、奇偶错误或成帧错误。可能是输入的数据的位数不吻合，或波特率的设定、设备的规格号不对
086	DR SIGNAL OFF	用阅读机/穿孔机接口进行数据输入/输出时，I/O 设备的动作准备信号 (DR) 断开。有可能是 I/O 设备电源没有接通、电缆断线或印刷电路板出故障
087	BUFFER OVERFLOW	用阅读机/穿孔机接口进行数据读入时，虽然指定了读入停止，但超过了 10 个字符后输入仍未停止。I/O 设备或印刷电路板出故障
088	LAN FILE TRANS ERROR (CHANNEL – 1)	传输出错，经由以太网进行的文件数据传输被停止
089	LAN FILE TRANS ERROR (CHANNEL – 2)	传输出错，经由以太网进行的文件数据传输被停止
090	REFERENCE RETURN INCOMPLETE	1. 因为起始点离参考点太近，或速度过低，而不能正常进行参考点返回。把起始点移到离参考点足够远的距离后，再进行参考点返回操作，或提高返回参考点的速度，再进行参考点返回 2. 使用绝对位置检测器进行参考点返回时，如出现此报警，除了确认上述条件外，还要进行以下操作——在伺服电动机转过至少一转后，关掉电源再开机，然后进行参考点返回
091	REFERENCE RETURN INCOMPLETE	自动运行暂停时，不能进行手动返回参考点
092	AXES NOT ON THE REFERENCE POINT	在 G27 (返回参考点检测) 中，被指定的轴没有返回到参考点
094	PTYPE NOT ALLOWED (COORD CHG)	程序再启动中，不能指令 P 型 (自动运行中断后，又进行了坐标系设定)。按照操作说明书，重新正确地操作
095	PTYPE NOT ALLOWED (EXT OFS CHG)	程序再启动中，不能指令 P 型 (自动运行中断后，变更了外部工件偏置量)。按照操作说明书，重新正确地操作
096	PTYPE NOT ALLOWED (WRK OFS CHG)	程序再启动中，不能指令 P 型 (自动运行中断后，变更了工件偏置量)。按照操作说明书，重新正确操作
097	PTYPE NOT ALLOWED (AUTO EXEC)	程序再启动中，不能指令 P 型 (接通电源后，或紧急停止后，或 P/S 报警 094 ~ 097 的复位后，一次也没进行自动运行)。进行自动运行

号 码	信 息	内 容
098	G28 FOUND IN SEQUENCE RETURN	电源接通或紧急停止后没有返回参考点就指令程序再启动,检索中发现了 G28。进行返回参考点
099	MDI EXEC NOT ALLOWED AFT SEARCH	在程序再启动中,检索结束后进行轴移动之前,用 MDI 运行了移动指令。应先进行轴移动,不能介入 MDI 运行
100	PARAMETER WRITE ENABLE	参数设定画面,PWE(参数可写入)被定为"1"。请设为"0",再使系统复位
101	PLEASE CLEAR MEMORY	用程序编辑改写存储器时,电源断电了。当此报警发生时,同时按下"PROG"和"RESET"键,只删除编辑中的程序,报警也被解除。再次登录被删除的程序
109	FORMAT ERROR IN G08	G08 后面的 P 值不是 0、1,或没有指令
110	DATA OVERFLOW	固定小数点显示数据的绝对值超过了允许范围。修正程序
111	CALCULATED DATA OVERFLOW	宏程序功能的宏程序命令的运算结果超出允许范围 $(-10^{-47} \sim -10^{-29}, 0, 10^{-29} \sim 10^{47})$。修改程序
112	DIVIDED BY ZERO	除数为"0"(包括 $\tan 90°$)。修改程序
113	IMPROPER COMMAND	指定了用户宏程序不能使用的功能。修正程序
114	FORMAT ERROR IN MACRO	〈公式〉以外的格式中有误。修正程序
115	ILLEGAL VARIABLE NUMBER	用户宏程序或高速循环加工中指定了没有定义的值作为变量号,或标题内容不恰当。此报警在下列情况发生(高速循环加工中): 1. 指定切削循环号码调用相应的标题没找到; 2. 循环连接数据值超出允许范围 (0~999); 3. 标题中的数据号超出允许范围 (0~32767); 4. 执行的格式化数据的起始变量号超出允许范围 (#20000~#85535); 5. 执行的格式化数据的末存储变量号超出允许范围 (#85535); 6. 执行的格式化数据的存储起始数据变量号与使用中的标题变量号重叠。 修改程序
116	WRITE PROTECTED VARIABLE	赋值语句的左侧为禁止输入的变量。修正程序
118	PARENTHESIS NESTING ERROR	括号的嵌套数超过了上限值(5 重)。修正程序
119	ILLEGAL ARGUMENT	SQRT 的自变量为负值,或 BCD 的自变量为负值,BIN 自变量的各位为 0~9 以外的值。修正程序
122	FOUR FOLD MACRO MODAL CALL	宏程序模态调出,指定为 4 重。修正程序
123	CAN NOT USE MACRO COMMAND IN DNC	在 DNC 运转中使用了宏程序控制指令。修正程序
124	MISSING END STATEMENT	DO–END 没有 1:1 对应。修正程序
125	FORMAT ERROR IN MACRO	〈公式〉的格式中有误。修正程序
126	ILLEGAL LOOP NUMBER	DOn 中,未满足 $1 \leqslant n \leqslant 3$。修正程序
127	NC MACRO STATEMENT IN SAME BLOCK	NC 指令与宏程序指令混用。修正程序

号　码	信　息	内　容
128	ILLEGAL MACRO SEQUENCE NUMBER	在转移命令中,转移点的顺序号不是 0 ~ 9999,或者没有找到转移点的顺序号。修正程序
129	ILLEGAL ARGUMENT ADDRESS	指令了〈自变量〉中不允许的地址。修正程序
130	ILLEGAL AXIS OPERATION	PMC 对 CNC 控制轴给出了轴控制指令,反之,CNC 对 PMC 控制的轴给出了轴控制指令。修改程序
131	TOO MANY EXTERNAL ALARM MESSAGES	外部报警信息中,发生了 5 个以上的报警。从 PMC 梯形图中找原因
132	ALARM NUMBER NOT FOUND	外部报警信息全清时,没有对应的报警号。检查 PMC 梯形图
133	ILLEGAL DATA IN EXT ALARM MSG	外部报警信息或外部操作信息中,小分区数据有错误。检查 PMC 梯形图
135	ILLEGAL ANGLE COMMAND（M series）	分度工作台定位角度指令了非最小角度的整数倍的值。修改程序
	SPINDLE ORIENTATION PLEASE（T series）	主轴一次也没定向就进行了主轴分度。进行主轴定向
136	ILLEGAL AXIS COMMAND（M series）	在分度工作台分度功能中,与 B 轴同时指令了其他轴。修改程序
	C/N – CODE & MOVE CMD IN SAME BLK（T series）	与主轴分度地址 C、H 同一程序段指令了其他轴的移动指令。修改程序
137	M – CODE & MOVE CMD IN SAME BLK	在有关主轴分度的 M 代码的程序段指令了其他轴移动指令。修改程序
138	SUPERIMPOSED DATA OVERFLOW	PMC 控制轴的扩展功能中的双重控制中,CNC 和 PMC 的总发送量过大
139	CAN NOT CHANGE PMC CONTROL AXIS	PMC 轴控制中,指令了轴选择。修改程序
141	CAN NOT COMMAND G51 IN CRC（M series）	刀具补偿方式中,指令了 G51（比例缩放有效）。修改程序
142	ILLEGAL SCALE RATE（M series）	指令的比例缩放倍率值在 1 ~ 999999 之外。请修正比例缩放倍率值（G51 P…,或参数 5411、5421）。
143	SCALED MOTION DATA OVERFLOW（M series）	比例缩放的结果、移动量、坐标值、圆弧半径等超过了最大指令值。修改程序或比例缩放倍率
144	ILLEGAL PLANE SELECTED（M series）	坐标旋转平面与圆弧或刀具补偿 C 平面必须一致。修改程序
145	ILLEGAL CONDITIONS IN POLAR COORDINATE INTERPOLATION	极坐标扞补开始或取消的条件不正确: 1. 在非 G40 方式指令了 G12.1/G13.1。 2. 平面选择错。参数 5460、5461 设定错。 修改程序或参数

续表 A-1

号码	信 息	内 容
146	IMPROPER G CODE	在极坐标扦补方式中使用了不能指令的 G 代码。修改程序
148	ILLEGAL SETTING DATA（M series）	自动拐角倍率的减速比超过判定了角度允许设定值的范围。修改参数(1710～1714)的设定值
150	ILLEGAL TOOL GROUP NUMBER	刀具组号超出允许的最大值。修改程序
151	TOOL GROUP NUMBER NOT FOUND	在加工程序中，没有设定指定刀具的组号。修改程序或参数设定值
152	NO SPACE FOR TOOL ENTRY	一组内的刀具数超过了可以登录的最大值。修改刀具数的设定值
153	T – CODE NOT FOUND	在刀具寿命数据登录时，在应指定 T 代码的程序段没有指定 T 代码。修正程序
154	NOT USING TOOL IN LIFE GROUP（M series）	在没有指令刀具组时，却指令了 H99 或 D99。修改程序
155	ILLEGAL T – GODE IN M06（M series）	在加工程序中，M06 程序段的 T 代码与正在使用的组不对应。修改程序。
	ILLEGAL T – GODE IN M06（T series）	加工程序中指令了 T△△××，而组号△△与使用中刀具所属组号不一致。修改程序
156	P/L COMMAND NOT FOUND	在设定刀具组的程序的开头时，没有指令 P/L。修改程序
157	TOO MANY TOOL GROUPS	设定的刀具组数超过了允许的最大值。修改程序(查看参数 6800 的第 0 位和第 1 位)
158	ILLEGAL TOOL LIFE DATA	设定的寿命值太大。修改设定值
159	TOOL DATA SETTING INCOMPLETE	在执行设定程序时，电源断了。需再次设定
160	MISMATCH WAITING M – CODE（T series（At two – path））	在等待 M 代码时，开头 1 和 2 中指令了不同的 M 代码。修改程序
	MISMATCH WAITING M – CODE（T series（At three – path））	1. 虽然指定了相同的 P 指令，但是等待中的 M 代码不匹配； 2. 虽然等待中的 M 代码匹配，但是 P 指令不匹配； 3. 同时指定了双路等待和三路等待。 修改程序
	G72. 1 NESTING ERROR（M series）	带有 G72. 1 进行轮转复制的一个辅助程序，包含另一个 G72. 1 指令
161	ILLEGAL P OF WAITING M – CODE（T series（three – path control））	1. P 地址的值为负、1、2、4 或不小于 8 的值； 2. P 中指定的值与系统配置不一致。 修改程序
163	COMMAND G68/G69 INDEPENDENTLY（T series（At two – path））	平衡切削中 G68 和 G69 不是独立地被指令。修改程序

号　码	信　　息	内　　容
169	ILLEAGAL TOOL GEOMETRY DATA (At two – path)	干涉检测中发现不正确的刀具轮廓数据。设定正确数值或选择正确的刀具外形
175	ILLEGAL G107 COMMAND	圆柱插补开始或解除的条件不正确。改变到圆柱插补方式,用如下指令格式"G07.1 回转轴名称 圆柱半径"
176	IMPROPER G – CODE IN G107 (M series)	圆柱插补方式中,指令了不能指令的 G 代码。下述 G 代码在圆柱插补方式中不可用: 1. 定位 G 代码(G28、G73、G74、G76、G81 ~ G89,包括指定快速进给循环的代码)。 2. 系统坐标设定 G 代码(G52、G92)。 3. 坐标系选择 G 代码(G53、G54 ~ G59)。 修改程序
	IMPROPER G – CODE IN G107 (T series)	圆柱插补方式中,指令了不能指令的 G 代码。下述 G 代码在圆柱插补方式中不可用: 1. 定位 G 代码(G28、G76、G81 ~ G89,包括指定快速进给循环的代码)。 2. 系统坐标设定 G 代码(G50、G52)。 3. 坐标系选择 G 代码(G53、G54 ~ G59)。 修改程序
181	FORMAT ERROR IN G81 BLOCK (Hobbing machine, EGB) (M series)	G81 程序段格式错误(滚齿机): 1. T(齿数)没有给定; 2. T、L、Q、P 中任一给定了指令范围以外的数据; 3. 同步系数计算值溢出。 修改程序
182	G81 NOT COMMANDED (Hobbing machine) (M series)	通过 G81 给出的同步指令 G83(C 轴伺服滞后值偏置)没有被指定。修改程序。(滚齿机)
183	DUPLICATE G83 (COMMAND) (Hobbing machine) (M series)	G83 给出的 C 轴伺服滞后值偏置补偿后,在被 G81 指令取消前,G83 又被指定
184	ILLEGAL COMMAND IN G81 (Hobbing machine, EGB) (M series)	G81 给出同步指令过程中,指定了不该有的指令(滚齿机): 1. 指定了 G00、G27、G28、G29、G30 等给出的 C 轴指令; 2. 指定了 G20、G21 给出的英寸/公制切换
185	RETURN TO REFERENCE POINT (Hobbing machine) (M series)	开机或急停解除后,没有返回参考点就给出了 G81 指令
186	PARAMETER SETTING ERROR (Hobbing machine, EGB) (M series)	G81 相关参数错误(滚齿机): 1. C 轴没有被设为旋转轴; 2. 滚刀轴和位置编码齿轮比设定错误。 修改参数
187	HOB COMMAND IS NOT ALLOWED	指令了 G81.4 或 G81 的模式状态发生错误: 1. 设定了固定循环模式(G81 ~ G89); 2. 设定了螺纹切削模式; 3. C 轴受同步、复合或双重控制
190	ILLEGAL AXIS SELECT(M series)	恒定线速度切削控制中,轴指定错(参照参数 3770 的设定)。指定的 P 轴超出指定范围。修改程序

续表 A-1

号 码	信 息	内 容
194	SPINDLE COMMAND IN SYNCHRO – MODE	串行主轴同步控制方式中,指令了轮廓控制方式或者主轴定位(Cs 轴控制)和刚性攻丝方式的指令。修改程序,以便事先解除同步控制方式
197	C – AXIS COMMANDED IN SPINDLE MODE	CON 信号(DGN = G027.7)为 OFF 时,程序指令了沿 Cs 轴的移动。从 PMC 梯形图查找 CON 信号不接通的原因
199	MACRO WORD UNDEFINED	使用了未定义的宏语句。修改用户宏程序
200	ILLEGAL S CODE COMMAND	刚性攻丝中的 S 值超出允许范围,或没指令。修改程序
201	FEEDRATE NOT FOUND IN RIGID TAP	刚性攻丝中,没有指令 F。修改程序
202	POSITION LSI OVERFLOW	刚性攻丝中主轴分配值过大(系统错)。
203	PROGRAM MISS AT RIGID TAPPING	刚性攻丝中 M 代码(M29)或 S 指令位置不对。修改程序
204	ILLEGAL AXIS OPERATION	刚性攻丝中,在刚性攻丝 M 代码(M29)和 M 系的 G84 或 G74(T 系的 G84 或 G88)的程序段间指令了轴移动。修改程序
205	RIGID MODE DI SIGNAL OFF	在刚性攻丝中,指令了 M 代码(M29),但当执行 M 系的 G84 或 G74(T 系的 G84 或 G88)的程序段时,刚性方式的 DI 信号(DGN G061.0)没有成为 ON 状态。从 PMC 梯形图查 DI 信号不为 ON 的原因
206	CAN NOT CHANGE PLANE (RIGID TAP) (M series)	刚性攻丝方式中,指令了平面切换。修改程序
207	RIGID DATA MISMATCH	刚性攻丝方式中,指令的距离太短或太长
210	CAN NOT COMAND M198/M199	在程序运行中,执行了 M198、M199,或者在 DNC 运行中执行了 M198。修改程序,在复合型固定循环的小型加工中中断宏程序而执行 M99
211	G31(HIGH) NOT ALLOWED IN G99	选择了高速跳步时,在每转指令中,指令了 G31。修改程序
212	ILLEGAL PLANE SELECT(M series)	在含有附加轴的平面中,指令了任意角度倒角、拐角 R。修改程序
	ILLEGAL PLANE SELECT(T series)	在 Z – X 平面以外指令了图纸尺寸直接输入。修改程序
213	ILLEGAL COMMAND IN SYNCHRO – MODE(M series)	在同步(简易同步控制)运行中,发生以下异常: 1. 对于从动轴,在程序中指令了移动; 2. 对于从动轴,指令了 JOG 进给/手轮进给/增量进给; 3. 电源接通后不进行手动返回参考点就指令自动返回参考点; 4. 主动轴和从动轴的位置偏差量超过参数(NO. 8313)中的设定值
	ILLEGAL COMMAND IN SYNCHRO – MODE(T series)	移动指令加到了一个同步控制的轴
214	ILLEGAL COMMAND IN SYNCHRO – MODE	在同步控制中,执行了坐标系设定或位移型刀具补偿。修改程序

号　码	信　息	内　容
217	DUPLICATE G51.2（COMMANDS）（T series）	G51.2/G251（多边形）方式中，再一次指令了 G51.2/G251。修改程序
218	NOT FOUND P/Q COMMAND IN G251（T series）	在 G51.2/G251 的程序段中设有指令 P/Q，或指令值在允许范围之外。修改程序
219	COMMAND G250/G251 INDEPENDENTLY（T series）	G51.2/G251、G50.2/G250 与其他指令同在一程序段。修改程序
220	ILLEGAL COMMAND IN SYNCHR - MODE（T series）	同步运行中 NC 程序或 PMC 轴控制接口给同步轴指定了移动指令。修改程序或检查 PMC 梯形图
221	ILLEGAL COMMAND IN SYNCHR - MODE（T series）	同时进行多边形加工同步运行和 Cs 轴控制。修改程序
222	DNC OP. NOT ALLOWED IN BG. - EDIT（M series）	后台编辑状态，输入和输出同时被执行。请执行正确操作
224	RETURN TO REFERENCE POINT（M series）	自动运行开始以前，没有返回参考点（只在参数 1005#0 为 0 时）。请进行返回参考点的操作
225	SYNCRONOUS/MIXED CONTROL ERROR（T series（At two - path））	此报警在下列情况发生（在同步和混合控制指令中查找）： 1. 轴号参数（NO. 1023）设定错误； 2. 控制指令错误。 在滚齿加工中，指令给出了同步控制、混合控制或双重控制的 C 轴。 修改程序或参数
226	ILLEGAL COMMAND IN SYNCHROMODE（T series（At two - path））	移动指令被发送到同步模式下的同步轴。修改程序
229	CAN NOT KEEP SYNCHRO - STATE（T series）	此报警在下列情况下发生： 1. 系统过载，致使同步/混合状态不能被保持； 2. 上述情况在 CNC 设备中发生，同步状态不能保持（此报警在正常使用条件下不会发生）
230	R CODE NOT FOUND（Grinding machine）（T series）	在 G61 程序段，没有给出进给数量 R，或指令 R 为负值。修正程序
231	ILLEGAL FORMAT IN G10 OR L50	在用程序输入参数时，指令格式有以下错误： 1. 没有输入地址 N 或 R； 2. 输入了不存在的参数号； 3. 轴号过大； 4. 有轴型参数但没有指令轴号； 5. 没有轴型参数，但指令了轴号； 6. 在密码功能锁定状态下，试图改变参数 1023 的内容，或设定参数 3204 的第 4 位（NE9）为 0； 7. 试图改变程序加密参数（参数 3220 到 3223）
232	TOO MANY HELICAL AXIS COMMANDS	在螺旋轴插补模式，指定了三个或三个以上的轴[一般定向控制模式（M series）为两个或两个以上的轴]为螺旋轴
233	DEVICE BUSY	当要使用某一与 RS232C 接口连接的设备时，其他的用户却正在使用它

号 码	信 息	内 容
239	BP/S ALARM	使用控制外部 I/O 单元功能正在进行穿孔时,进行了后台编辑操作
240	BP/S ALARM	MDI 操作时,进行了后台编辑
241	ILLEGAL FORMAT IN G02.2、G03.2 (M series)	渐开线插补指令中,结束点 I、J、K 或 R 丢失
242	ILLEGAL COMMAND IN G02.2/G03.2 (M series)	渐开线插补指令中指定了无效的值: 1. 开始或结束点在基圆以内; 2. I、J、K 或 R 被设为 0; 3. 渐开线起始与起点或终点的旋转度超过 100°
243	OVER TOLERANCE OF END POINT (M series)	包含起点的渐开线,终点不在渐开线上,落在了由参数 5610 所设定的范围以外
244	P/S ALARM (T series)	在由扭矩极限信号决定跳步功能中,扭矩极限信号输入之前,累积误差脉冲数超过了 32767。请重新改变变轴的进给速度和扭矩极限值等
245	T - CODE NOT ALLOWED IN THIS BLOCK (T series)	在 T 代码的程序段中,指令了不允许指令的 G 代码(G50、G10、G04)
246	ENCODE PROGRAM NUMBER ERROR	读取一个加密程序时,尝试使用带有超过保护范围的数来存储程序。(查看参数 3222 和 3223)
247	ILLEGAL CODE USED FOR OUTPUT	加密程序输出时,压缩代码被设为 EIA。修改为 ISO
250	Z AXIS WRONG COMMAND (ATC) (M series)	在换刀指令(M06T_)程序段中,指定了 Z 轴径向移动。(只对钻削中心 ROBODRILL)
251	ATC ERROR(M series)	下列情况发生此报警: 1. M06T_指令中包含一个不可用的 T 代码; 2. Z 轴机械坐标为正时,给出 M06 指令; 3. 当前刀具号参数(NO. 7810)被设为 0; 4. 固定循环模式中给出了 M06 指令; 5. 参考点返回指令(G27～G44)和 M06 被指定在同一程序段; 6. 刀补模式(G41～G44)中指令了 M06; 7. 在开机或急停解除后,没有进行参考点返回就指令了 M06; 8. 换刀过程中机床锁住信号和 Z 轴忽略信号被打开; 9. 换刀过程中检测到报警
252	ATC SPINDLE ALARM(M series)	ATC 主轴定位过程中引发超差错误。具体情况查诊断 NO. 531(只对钻削中心 ROBODRILL)
253	G05 IS NOT AVAILABLE(M series)	在先行控制模式(G08P1)指令了高速缓冲控制(G05)和高速循加工进行二进制输入。执行 G08P0,在执行这些 G05 指令前取消先行控制
5010	END OF RECORD	指定了程序结束符"%",I/O 设备指定错。修改程序
5011	PARAMETER ZERO (CUT MAX) (M series)	HPCC 模式中的最大切削进给量(参数 NO. 1422、NO. 1430、NO. 1431、NO. 1432)为 0

号　码	信　息	内　容
5014	TRACE DATA NOT FOUND(M series)	因没有轨迹数据,不能运行
5015	NO ROTATION AXIS(M series)	刀具轴直接手动进给,所指定的旋转轴不存在
5016	ILLEGAL COMBINATION OF M CODE	在一个程序段中指令了属于同一组的 M 代码,或是在一个程序段中,某个不能与其他 M 代码一起指令的 M 代码,却与其他的 M 代码一起指令了
5018	POLYGON AXIS SPPED ERROR (T series)	功能种类:多边形加工。 报警详情:G51.2 方式中,主轴或多边形同步轴的速度超过了限制值或太小,不能维持指令值的转速比
5020	PARAMETER OF RESTART ERROR	程序再启动的参数设定错误
5043	TOO MANY G68 NESTING(M series)	三维坐标转换指令 G68 被指令了三次或更多次
5043	TOO MANY G68 NESTING(T series)	三维坐标转换指令 G68.1 被指令了三次或更多次
5044	G68 FORMAT ERROR(M series)	一个 G68 指令段包含格式错误。下列情况引发此报警: 1. I、J 或 K 从 G68 指令段丢失(失去坐标旋转选择); 2. G68 指令段中 I、J 或 K 为 0; 3. R 从 G68 指令段丢失
5044	G68 FORMAT ERROR(T series)	一个 G68.1 指令段包含格式错误。下列情况引发此报警: 1. I、J 或 K 从 G68.1 指令段丢失(失去坐标旋转选择); 2. G68.1 指令段中 I、J 或 K 为 0; 3. R 从 G68.1 指令段丢失
5046	ILLEGAL PARAMETER(ST. COMP)	直线补偿的参数设定错误。可能的原因如下: 1. 某移动轴或补偿轴的参数包含一个不被使用的轴号; 2. 负向和正向终点之间出现多于 128 个螺距误差补偿点; 3. 直线的补偿点号码没有按正确次序给定; 4. 在负向和正向终点间的螺距误差补偿点,没有直线补偿点存在; 5. 各个补偿点的补偿值过大或过小; 6. 参数 NO. 1381 到 1386 的设定(插补型直线补偿)不合法
5050	ILL – COMMAND IN CHOPPING MODE (M series)	圆柱螺纹切削时,指令了转变主要轴,或者指令了主要轴长度的设定为 0
5051	M – NET CODE ERROR	收到异常字符(使用了非传输代码)
5052	M – NET ETX ERROR	异常 ETX 代码
5053	M – NET CONNECT ERROR	连接时间监测错误(参数 NO.175)
5054	M – NET RECEIVE ERROR	接收时间监测错误(参数 NO.176)
5055	M – NET PRT/FRT ERROR	垂直奇偶或框架错误
5057	M – NET BOARD SYSTEM DOWN	1. 传输时间错误(参数 NO.177); 2. ROM 奇偶错误; 3. CPU 中断

号 码	信 息	内 容
5058	G35/G36 FORMAT ERROR(T series)	圆柱螺纹切削时,指令了转变主要轴,或者指令了主要轴长度的设定为 0
5059	RADIUS IS OUT OF RANGE	圆弧扦补中,用 I、J、K 指令圆弧中心时,半径值超过了 9 位数
5060	ILLEGAL PARAMETER IN G02.3/G03.3 (M series)	参数设定错误: 1. 参数 NO. 5641(设定直线轴)未设; 2. 设定在参数 NO. 5641 里的轴不是直线轴; 3. 参数 NO. 5642(设定旋转轴)未设; 4. 设定在参数 NO. 5642 里的轴不是旋转轴; 5. 直线轴和旋转轴不受 CNC 控制(参数 NO. 1010 中设定的值超出范围)
5061	ILLEGAL FORMAT IN G02.3/G03.3 (M series)	1. 指数型插补指令(G02.3/G03.3)存在格式错误; 2. 地址 I、J 或 K 未指定; 3. 地址 I、J 或 K 的值为 0
5062	ILLEGAL COMMAND IN G02.3/G03.3 (M series)	指数型插补指令(G02.3/G03.3)中指定的值不合法,指定了指数插补中不允许的值(例如指定了负数值)
5063	IS NOT PRESET AFTER REF. (M series)	功能类型:工件厚度测量。 报警详情:工件厚度测量开始前,位置计数器没有预设。下列情况引发此报警: 1. 没有首先建立原点就尝试开始测量; 2. 手动返回原点后,没有预设位置计数器,就尝试开始测量
5064	DIFFERENT AXIS UNIT (IS - B, IS - C) (M series)	圆弧插补时,一个平面内的轴含有不同增量系统
5065	DIFFERENT AXIS UNIT (PMC AXIS) (M series)	含有不同增量系统轴被指定在同一 DI/DO 组,受 PMC 轴控制。修改参数 NO. 8010 的设定
5067	G05 PO COMMANDED IN G68/G51 MODE (HOPCC) (M series)	在 G51(缩放比例)或 G68(坐标系统旋转)中,HPCC 模式不能被取消。修正程序
5068	G31 FORMAT ERROR(M series)	持续高速跳步指令(G31 P90)存在下列错误之一: 1. 没有指定沿刀具移动而动的轴; 2. 沿刀具移动而动的轴多于一个。 或者,EGB 跳步指令(G31.8)或持续高速跳步指令(G31.9)存在下列错误之一: 1. 移动指令加到了 EGB 轴(工件轴); 2. 指定了多于一个轴; 3. 没有指定 P; 4. 指定的 Q 值超出了允许范围。 修正程序
5069	WHL - C:ILLEGA P - DATA (M series)	砂轮磨损补偿的 P 值无效
5073	NO DECIMAL POINT	应该指令小数点的地址上没有输入小数点
5074	ADDRESS DUPLICATION ERROR	在同一个程序段内,指令了两次或两次以上的相同地址,或在同一程序段内指令了两个或两个以上同一组的 G 代码
5082	DATA SERVER ERROR	此报警详情显示在数据服务器信息画面

号　码	信　息	内　容
5085	SMOOTH IPL ERROR 1	平滑插补的程序段包含了一个语法错误
5096	MISMATCH WAITING M - CODE（M series）	不同的等待码（M 代码）指定在 HEAD1 和 HEAD2 中。修正程序
5110	NOT STOP POSITION （G05.1G1）（M series）	在 AI 轮廓控制模式中指定了一个非法 G 代码
	NOT STOP POSITION（G05.1G1）（21i - M）	在 AI 前馈控制模式中指定了分度工作台的分度轴
5111	IMPROPER MODEL G - CODE （G05.1 G1）（M series）	指令 AI 轮廓控制方式时，保留了非法的模态 G 代码
	IMPROPER MODEL G - CODE （G05.1 G1）（21i - M）	指令 AI 预读控制方式时，保留了非法的模态 G 代码
5112	G08 CAN NOT BE COMMANDED （G05.1 G1）（M series）	前馈控制（G08）被指令在 AI 轮廓控制中
	G08 CAN NOT BE COMMANDED （G05.1 G1）（21i - M）	前馈控制（G08）被指令在 AI 预读控制中
5114	NOT STOP POSITION （G05.1 Q1）（M series）	手动干涉后的重新启动时，干涉发生时的坐标没有存储
	NOT STOP POSITION（G05.1 Q1）（21i - M）	在 MDI 方式中指令了 AI 轮廓控制（G05.1）
5115	SPL：ERROR（M series）	1. 排列的规格有误； 2. 没有指定节点； 3. 指定的节点有误； 4. 轴的数量超出限制； 5. 其他的程序错误
5116	SPL：ERROR（M series）	1. 预读控制下的一个程序段中存在程序错误； 2. 节点不遵守单向递增的原则； 3. 在 NURBS 插补方式中，不能一起使用的模式被指定
5117	SPL：ERROR （M series）	NURBS 的第一个控制点不正确
5118	SPL：ERROR （M series）	手动绝对方式设为开的状态，手动干涉后，NURBS 补偿被重新启动
5122	ILLEGAL COMMAND IN SPIRAL （M series）	螺补或锥补指令中包含错误。原因可能为下列情况之一： 1. 指定了 L = 0； 2. 指定了 Q = 0； 3. 指定了 R╱、C； 4. 0 被指定为高度增量； 5. 三个或三个以上的轴被指定为高度轴； 6. 有两个高度轴的情况下指令了一个高度增量； 7. 没有选择螺旋补偿功能的情况下指令了圆锥补偿； 8. 半径差值 >0 的时候指定 Q <0； 9. 半径差值 <0 的时候指定 Q >0； 10. 没有指定高度轴的情况下指令了高度增量

号 码	信　息	内　容
5123	OVER TOLERANCE OF END POINT（M series）	指令的终点与计算的终点间的差值超出了允许范围（参数 3471）
5124	CAN NOT COMMAND SPIRAL(M series)	在下列方式中指令了圆锥补偿或螺旋补偿： 1. 缩放； 2. 可编程镜像； 3. 极坐标插补。 在刀补 C 方式中，中心被设为起点或终点
5134	FSSB：OPEN READY TIME OUT	FSSB 准备状态没有初始化
5135	FSSB：ERROR MODE	FSSB 进入了错误方式
5136	FSSB：NUMBER OF AMPS IS SMALL	与控制轴的数量比较，FSSB 认出的放大器的数量不够
5137	FSSB：CONFIGURATION ERROR	FSSB 检测到配置错误
5138	FSSB：AXIS SETTING NOT COMPLETE	在自动设定方式，还没完成轴的设定。在 FSSB 设定画面进行轴的设定
5139	FSSB：ERROR	1. 伺服初始化没有正常结束； 2. 光缆可能失效，或者与放大器或别的模块的连接有误。 检查光缆和连接状态
5155	NOT RESTART PROGRAM BY G05	G05 伺服倾斜控制中，互锁或进给保持后，尝试执行重新启动的操作。此操作不能被执行（G05 倾斜控制也同时被终止）
5156	ILLEGAL AXIS OPERATION（AICC）（M series）	在 AI 轮廓控制方式中，控制轴选择信号（PMC 轴控制）变化了。在 AI 轮廓控制方式中，简易同步轴选择信号变化了
	ILLEGAL AXIS OPERATION（AICC）（21i – M）	在 AI 前馈控制方式中，控制轴选择信号（PMC 轴控制）变化了。在 AI 前馈控制方式中，简易同步轴选择信号变化了
5157	PARAMETER ZERO（AICC）（M series）	最大切削进给速度的参数（NO. 1422 或 1432）设定值为 0。插补前加减速的参数（NO. 1770 或 NO. 1771）设定值为 0。请正确设定参数
5195	DIRECTION CAN NOT BE JUDGED（T series）	直接输入刀具补偿测定值 B 功能中，具有单一触点的接触式传感器储存的脉冲方向不固定。此时为下述的任一种状态： 1. 偏置写入方式时，处于停止状态； 2. 伺服关断状态； 3. 方向变化； 4. 2 轴同时移动
5196	ILLEGAL OPERATION（HPCC）（M series）	HPCC 方式中执行了分离操作（如果在 HPCC 方式中执行了分离操作，此报警通常在已执行的程序段结束后发生）
5197	FSSB：OPEN TIME OUT	CNC 允许 FSSB 打开，FSSB 却没有打开
5198	FSSB：ID DATA NOT READ	临时分配失败，因此放大器初始 ID 信息不能被读取
5199	FINE TORQUE SENSING PARAMETER	与精转矩传感功能相关的参数不合法： 1. 存储间隔无效； 2. 无效的轴名被设为目标轴。 修正参数

续表 A-1

号　码	信　息	内　容
5218	ILLEGAL PARAMETER (INCL. COMP)	斜角补偿参数设定存在错误。原因如下： 1. 正向和负向终点间的螺距误差补偿点数超过 128 个； 2. 斜角补偿点号码间的数量关系不正确； 3. 某倾斜角补偿点落在了正向和负向终点间的斜角误差补偿点之外； 4. 各个补偿点的补偿值过大或过小。 修正参数
5219	CAN NOT RETURN	三维坐标转换过程中不允许有手动干涉或返回
5220	REFERENCE POINT ADJUSTMENT MODE	自动设定的参考点参数被设定（参数 NO. 1819#2 = 1）。 执行自动设定。（手动将机械位置定位在参考位置,然后执行手动参考点返回） 补充:自动设定是将参数 NO. 1819#2 设为 0
5222	SRAM CORRECTABLE ERROR	SRAM 可修正性错误无法进行修正。 原因:存储器初始化时发生错误。 措施:更换主印刷电路板（SRAM 模块）
5227	FILE NOT FOUND	使用内装 Handy File 进行传送时,所指定的文件没有找到
5228	SAME NAME USED	两个相同文件名存在于内装 Handy File 中
5229	WRITE PROTECTED	内装 Handy File 的软驱写保护
5231	TOO MANY FILES	使用内装 Handy File 进行传送时,文件数量超过限制
5232	DATA OVER – FLOW	内装 Handy File 的软驱空间不足
5235	COMMUNICATION ERROR	使用内装 Handy File 进行传送时,发生传送错误
5237	READ ERROR	内装 Handy File 的软驱无法读取。软驱可能失效,或磁头脏,也可能 Handy File 失效
5238	WRITE ERROR	内装 Handy File 的软驱不能写入。软驱可能失效,或磁头脏,也可能 Handy File 失效
5242	ILLEGAL AXIS NUMBER(M series)	柔性同步的主动轴和从动轴的轴数不正确(柔性同步控制打开时发生此报警)。或者从动轴的轴数少于主动轴
5243	DATA OUT OF RANGE(M series)	齿轮比没有正确设定(柔性同步控制打开时发生此报警)
5244	TOO MANY DI ON(M series)	即使在自动操作时 M 代码被使用,柔性同步方式信号也不打开或关闭
5245	OTHER AXIS ARE COMMANDED (M series)	在柔性同步控制中或柔性同步控制打开时,出现了下列指令情况之一: 1. 同步控制的主动轴或从动轴为 EGB 轴; 2. 同步控制的主动轴或从动轴为切割轴; 3. 在参考位置返回方式
5251	ILLEGAL PARAMETER IN G54. 2 (M series)	卡具偏置参数（NO. 7580 ~ 7588）不合法。修改参数
5252	ILLEGAL COMMAND IN G54. 2(M series)	卡具偏置的偏置号所指定的 P 值过大

号 码	信 息	内 容
5257	G41/G42 NOT ALLOWED IN MDI MODE (M series)	在 MDI 方式中,指令了 G41/G42(刀具补偿 C;M 系列)由参数 NO.5008#4 来设定
	G41/G42 NOT ALLOWED IN MDI MODE (T series)	在 MDI 方式中,指令了 G41/G42(刀尖半径补偿:T 系)由参数 NO.5008#4 来设定
5300	SET ALL OFFSET DATAS AGAIN	刀具偏置数据的英制/公制自动转换功能(OIM:参数 NO.5006#0)打开或关闭后,所有刀具偏置数据必须重新设定。此报警信息提醒操作者进行数据的重新设定。如果发生了此报警,要重新设定所有的刀具偏置数据。如果不进行设定就操作机床会造成故障
5302	ILLEGAL COMMAND IN G68 MODE	在坐标系统旋转方式下指定了设定坐标系统的指令
5303	TOUCH PANEL ERROR	触摸面板发生错误。原因: 1. 触摸面板持续被按压; 2. 电源打开时触摸面板被按压。 去除以上原因,然后再打开电源
5422	EXCESS VELOCITY IN G43.4/G43.5 (M series)	作为刀具长度补偿的结果,沿进给轴移动的刀具超过最大进给量
5425	ILLEGAL OFFSET VALUE(M series)	偏置号不正确
5430	ILLEGAL COMMAND IN 3 - D CIR (M series)	在不能指定三维圆弧插补的方式下,指令了三维圆弧插补(G02.4/ G03.4),或者在三维圆弧插补方式中指定了无法使用的指令
5432	G02.4/G03.4 FORMAT ERROR (M series)	三维圆弧插补指令(G02.4/G03.4)不正确
5433	MANUAL INTERVENTION IN 3 - D CIR (M series)	在三维圆弧插补(G02.4/G03.4)方式中,手动绝对开关在打开的状态下进行了手动干预
5435	PARAMETER OUT OF RANGE (TLAC) (M series)	不正确的参数设定(设定值的范围)
5436	PARAMETER SETTING ERROR1(TLAC) (M series)	不正确的参数设定(旋转轴的设定)
5437	PARAMETER SETTING ERROR2(TLAC) (M series)	不正确的参数设定(刀具轴的设定)
5440	ILLEGAL DRILLING AXIS SELECTED (M series)	1. 固定钻孔循环中指定的钻孔轴不正确; 2. 钻孔轴固定循环的 G 代码指令段没有指定 Z 点。若没有与钻孔轴平行的轴,则同时要指定平行轴
5445	CRC:MOTION IN G39 (M series)	刀补中拐角圆弧插补(G39)没有单独指令,而是与移动指令同时指定
5455	ILLEGAL ACC. PARAMETER(M series)	最适宜的转矩加速/减速参数不正确。可能的原因如下: 1. 减速度与加速度的比率低于极限; 2. 减速到速度为 0 所需要的时间超过最大值

表 A-2　后台编辑(BP/S)报警

号　码	信　息	内　容
???	BP/S alarm	在通常的程序编辑中,发生了与 P/S 报警相同号码的 BP/S 报警(P/S 070、071、072、073、074、085~087 等)。修改程序
140	BP/S alarm	某一程序已被前台选择,却在后台对它进行选择或删除操作。请正确运用后台编辑

注:后台编辑发生的报警显示在其画面的键输入行上,而不是通常的报警画面上,可由任一 MDI 键操作进行解除。

表 A-3　绝对脉冲编码器(APC)报警

号　码	信　息	内　容
300	APC alarm:nth – axis origin return	在 n 轴(1~4 轴)进行手动返回参考点
301	APC alarm:nth – axis communication	n 轴(1~4 轴)APC 通讯错(数据传送异常)。APC、电缆或伺服接口模块不良
302	APC alarm:nth – axis over time	n 轴(1~4 轴)超时错(数据传送异常)。APC、电缆或伺服接口模块不良
303	APC alarm:nth – axis framing	n 轴(1~4 轴)APC 成帧错(数据传送异常)。APC、电缆或伺服接口模块不良
304	APC alarm:nth – axis parity	n 轴(1~4 轴)APC 奇偶错(数据传送异常)。APC、电缆或伺服接口模块不良
305	APC alarm:nth – axis pulse error	n 轴(1~4 轴)APC 脉冲错报警(APC 报警)。APC 或电缆不良
306	APC alarm:nth – axis battery volatge 0	n 轴(1~4 轴)APC 用电池电压已降低到不能保持数据的程度(APC 报警)。电池或电缆不良
307	APC alarm:nth – axis battery low 1	n 轴(1~4 轴)APC 用电池电压降低到要更换电池的程度(APC 报警)。请更换电池
308	APC alarm:nth – axis battery low 2	n 轴(1~4 轴)APC 用电池电压已降低到必须更换电池的程度(含电源 OFF 时,APC 报警)。更换电池
309	APC ALARM: n AXIS ZRN IMPOSSIBL	电机每转 1 转以上就返回参考点。使电机转 1 转以上,关电源,再接通后,返回参考点

表 A-4　电感调谐设备报警

号　码	信　息	内　容
330	INDUCTOSYN:DATA ALARM	电感调谐设备的绝对位置数据(偏置数据)无法被检测
331	INDUCTOSYN:ILLEGAL PRM	参数 NO.1874、1875 或 1876 设定为 0

表 A-5　串行脉冲编码器(SPC)报警

号　码	信　息	内　容
360	n AXIS:ABNORMAL CHECKSUM (INT)	内置脉冲编码器发生校验错误
361	n AXIS:ABNORMAL PHASE DATA (INT)	内置脉冲编码器发生相位数据错误

号 码	信 息	内 容
362	n AXIS：ABNORMAL REV. DATA（INT）	内置脉冲编码器发生一转速计数错误
363	n AXIS：ABNORMAL CLOCK（INT）	内置脉冲编码器发生时钟错误
364	n AXIS：SOFT PHASE ALARM（INT）	数字伺服软件检测到内置脉冲编码器的无效数据
365	n AXIS：BROKEN LED（INT）	内置脉冲编码器发生 LED 错误
366	n AXIS：PULSE MISS（INT）	内置脉冲编码器发生脉冲错误
367	AXIS：COUNT MISS（INT）	内置脉冲编码器发生计数错误
368	n AXIS：SERIAL DATA ERROR（INT）	内置脉冲编码器发出的传输数据无法接收
369	n AXIS：DATA TRANS. ERROR（INT）	从内置脉冲编码器接收的数据发生 CRC 或停止位错误
380	n AXIS：BROKEN LED（EXT）	分离型检测器的 LED 错误
381	n AXIS：ABNORMAL PHASE（EXT）	分离型直线尺发生相位数据错误
382	n AXIS：COUNT MISS（EXT）	分离型检测器发生脉冲错误
383	n AXIS：PULSE MISS（EXT）	分离型检测器发生计数错误
384	n AXIS：SOFT PHASE ALARM（EXT）	数字伺服软件检测到分离型检测器的无效数据
385	n AXIS：SERIAL DATA ERROR（EXT）	分离型检测器发出的传输数据无法接收
386	n AXIS：DATA TRANS. ERROR（EXT）	从分离型检测器接收的数据发生 CRC 或停止位错误
387	n AXIS：ABNORMAL ENCODER（EXT）	分离型检测器发生错误。详情请与光栅尺制造厂家联系

表 A-6　伺服报警（1/2）

号 码	信 息	内 容
401	SERVO ALARM：n – TH AXIS VRDY OFF	n 轴（1~4 轴）的伺服放大器的准备好信号 DRDY 为 OFF
402	SERVO ALARM：SV CARD NOT EXIST	没有提供轴控制卡
403	SERVO ALARM：CARD/SOFT MISMATCH	轴控制卡与伺服软件的搭配不合适。可能的原因如下： 1. 没有提供正确的轴控制卡； 2. 快闪存储器中没有安装正确的伺服软件
404	SERVO ALARM：n – TH AXIS VRDY ON	轴卡的准备好信号（MCON）为 OFF，而伺服放大器的准备好信号（DRDY）为 ON，或者电源接通时 MCON 为 OFF，但 DRDY 仍是 ON。请确认伺服接口模块和伺服放大器的连接
405	SERVO ALARM：（ZERO POINT RETURN FAVLT）	位置控制系统异常。由于返回参考点时 NC 内部或伺服系统异常，可能不能正确返回参考点。重新用手动返回参考点
407	SERVO ALARM：EXCESS ERROR	在简易同步控制中，出现以下异常——同步轴之间的位置偏差量超过了参数（NO. 8314）设定的值
409	TORQUEALM'：EXCESS ERROR	伺服电机出现了异常负载，或 Cs 方式中主轴电机出现了异常负载
410	SERVO ALARM：n – TH AXIS – EXCESS ERROR	发生了以下异常： 1. n 轴停止中的位置偏差量的值超过了参数（NO. 1829）上设定的值； 2. 简易同步控制中，同步时的最大补偿量超过了参数（NO. 8325）上设定的值。此报警只发生在从动轴

号码	信息	内容
411	SERVO ALARM:n – TH AXIS – EXCESS ERROR	n 轴(1~8 轴)移动中的位置偏差量大于设定值。参考故障处理的步骤
413	SERVO ALARM:n – TH AXIS – LSI OVERFLOW	n 轴(1~8 轴)的误差寄存器的内容超出 ±2^{31} 的范围。这种错误通常是由于参数设定错误造成
415	SERVO ALARM:n – TH AXIS – EXCESS SHIFT	在 n 轴(1~8 轴)指令了大于 524288000 检测单位/sec 的速度。此错误是因 CMR 的设定错误造成的。
417	SERVO ALARM:n – TH AXIS PARAMETER INCORRECT	当第 n 轴(1~8 轴)处在下列状况之一时发生此报警(数字伺服系统报警): 1. 参数 NO. 2020(电机形式)设定在特定限制范围以外; 2. 参数 NO. 2022(电机旋转方向)没有设定正确值(111 或 –111); 3. 参数 NO. 2023(电机一转的速度反馈脉冲数)设定了非法数据(例如小于 0 的值); 4. 参数 NO. 2024(电机一转的位置反馈脉冲数)设定了非法数据(例如小于 0 的值); 5. 参数 NO. 2084 和参数 NO. 2085(柔性齿轮比)没有设定; 6. 参数 NO. 1023(伺服轴数)设定了超出范围(1 到伺服轴数)的值或是设定了范围内不连续的值,或设定隔离的值(例如只有 3 轴,而设定 4)
420	SERVO ALARM: n AXIS SYNC TORQUE	简易同步控制中,主动轴与从动轴扭矩指令差超过了参数设定值(NO. 2031)
421	SERVO ALARM: n AXIS EXECESS ER (D)	使用双位置反馈功能时,半闭环的误差与全闭环的误差之差值过大。请确认双位置变换(参数 NO. 2078,2079)的设定值
422	SERVO ALARM: n AXIS	在 PMC 轴的扭矩控制中,速度超出了允许的速度
423	SERVO ALARM: n AXIS	在 PMC 轴控制的扭矩控制中,超过了由参数设定的允许移动累计值
430	n AXIS:SV. MOTOR OVERHEAT	伺服电机过热
431	n AXIS: CNV. OVERLOAD	1. PSM:发生过热; 2. β 系列 SVU:发生过热
432	n AXIS: CNV. LOWVOLT CON.	1. PSM:控制电源电压降低; 2. PSMR:控制电源电压降低; 3. β 系列 SVU:控制电源电压降低
433	n AXIS: CNV. LOWVOLT DC LINK	1. PSM:DC link 电压降低; 2. PSMR:DC link 电压降低; 3. α 系列 SVU:DC link 电压降低; 4. β 系列 SVU:DC link 电压降低
434	nAXIS:INV. LOWVOLT CONTROL	SVM:控制电源电压降低
435	nAXIS: INV. LOWVOLT DC LINK	SVM:DC link 电压降低
436	nAXIS: SOFTTHERMAL(OVC)	数字伺服检测到软件热态(OVC)
437	nAXIS:CNV. OVERCURRENT POWER	PSM:输入回路流入高电流
438	nAXIS:INV. ABNORMAL CURRENT	1. SVM:电机电流过高; 2. α 系列 SVU:电机电流过高; 3. β 系列 SVU:电机电流过高

号 码	信 息	内 容
439	n AXIS：CNV. OVERVOLT POWER	1. PSM：DC link 电压过高； 2. PSMR：DC link 电压过高； 3. α 系列 SVU：DC link 电压过高； 4. β 系列 SVU：DC link 电压过高
440	n AXIS：CNV. EX DECELERATION POW.	1. PSMR：再生放电总量过大； 2. α 系列 SVU：再生放电总量过大，或再生放电回路异常
441	n AXIS：ABNORMAL CURRENT OFFSET	数字伺服软件检测到电机电流检测回路异常
442	n AXIS：CNV. CHARGE FAULT	1. PSM：DC link 的备用放电回路异常； 2. PSMR：DC link 的备用放电回路异常
443	n AXIS：CNV. COOLING FAN FAILURE	1. PSM：内部风扇不转； 2. PSMR：内部风扇不转； 3. β 系列 SVU：内部风扇不转
444	n AXIS：INV. COOLING FAN FAILURE	SVM：内部风扇不转
445	n AXIS：SOFT DISCONNECT ALARM	数字伺服软件检测到某脉冲编码器断线
446	n AXIS：HARD DISCONNECT ALARM	硬件检测到内置脉冲编码器断线
447	nAXIS：HARD DISCONNECT(EXT)	硬件检测到分离型检测器断线
448	nAXIS：UNMATCHED FEEDBACK ALARM	内置脉冲编码器的反馈数据标记与分离型检测器的反馈数据标记不同
449	n AXIS：INV. IPM ALARM	1. SVM：IPM(智能电源模块)检测到一个报警； 2. α 系列 SVU：IPM(智能电源模块)检测到一个报警
453	n AXIS：SPC SOFT DISCONNECT ALARM	α 脉冲编码器未连接软件报警。关闭 CNC 电源，然后移动接插脉冲编码器电缆，如果仍发生报警，更换脉冲编码器
456	ILLEGAL CURRENT LOOP	电流控制循环设定(参数 NO.2004，参数 NO.2003 的第 0 位和参数 NO.2013 的第 0 位)不正确。可能的原因如下： 1. 对于两个轴，伺服轴号(参数 NO.1023 中设定)为奇数后面跟一个偶数(例如，一对轴轴 1 和 2，轴 5 和 6)，每个轴设定了不同的当前控制循环； 2. 设定电流控制循环所必需的伺服设定，包括数量、类型，以及它们之间的连接方式，不满足需要
457	ILLEGAL HI HRV(250US)	即使电流控制循环为 200 μs，仍然指定使用高速 HRV
458	CURRENT LOOP ERROR	电流控制循环设定与实际当前控制循环不匹配
459	HI HRV SETTING ERROR	对于两个轴，伺服轴号(参数 NO.1023 中设定)为奇数后面跟一个偶数(例如，一对轴轴 1 和 2，轴 5 和 6)，其中一个轴的 SVM 支持高速 HRV 控制，但是另一个轴的 SVM 不支持。查看 SVM 的规格
460	n AXIS：FSSB DISCONNECT	FSSB 通讯突然中断。可能的原因如下： 1. FSSB 传输电缆未连接或断线； 2. 放大器电源突然掉电； 3. 放大器发生低电压报警
461	n AXIS：ILLEGAL AMP INTERFACE	2 轴放大器的轴被分配到快速类型接口
462	n AXIS：SEND CNC DATA FAILED	由于 FSSB 通讯错误，导致驱动不能接收到正确数据

号 码	信 息	内 容
463	n AXIS: SEND SLAVE DATA FAILED	由于 FSSB 通讯错误,导致伺服系统不能接收到正确数据
464	n AXIS: WRITE ID DATA FAILED	尝试在放大器维修画面写入维修信息,但是失败
465	n AXIS: READ ID DATA FAILED	开机时,放大器初始 ID 信息不能被读取
466	n AXIS: MOTOR/AMP COMBINATION	放大器的最大电流值与电机的不匹配
467	n AXIS: ILLEGAL SETTING OF AXIS	在轴设定画面,当一个轴指定占用一个信号 DSP(通常对应两个轴)时,下列的伺服功能没有打开: 1. 学习控制(参数 NO. 2008 的第 5 位 =1); 2. 高速电流环(参数 NO. 2004 的第 0 位 =1); 3. 高速接口轴(参数 NO. 2005 的第 4 位 =1)
468	HI HRV SETTING ERROR(AMP)	一个放大器的某个控制轴指定了使用高速 HRV,但是放大器不支持高速 HRV

表 A-7 超程报警

号 码	信 息	内 容
500	OVER TRAVEL: + n	超过了 n 轴的正向存储行程检查 I 的范围(参数 1320 或 1326)[①]
501	OVER TRAVEL: − n	超过了 n 轴的负向存储行程检查 I 的范围(参数 1321 或 1327)[②]
502	OVER TRAVEL: + n	超过了 n 轴的正向存储行程检查 II 的范围(参数 1322)
503	OVER TRAVEL: − n	超过了 n 轴的负向存储行程检查 II 的范围(参数 1323)
504	OVER TRAVEL: + n(T series)	超过了 n 轴的正向存储行程检查 III 的范围(参数 1324)
505	OVER TRAVEL: − n(T series)	超过了 n 轴的负向存储行程检查 III 的范围(参数 1325)
506	OVER TRAVEL: + n	超过了 n 轴正向的硬件 OT
507	OVER TRAVEL: − n	超过了 n 轴负向的硬件 OT
508	INTERFERENCE: + n (T series (two − path control))	沿第 n 轴正方向移动的刀具阻碍另一刀架
509	INTERFERENCE: − n (T series (two − path control))	沿第 n 轴负方向移动的刀具阻碍另一刀架
510	OVER TRAVEL: + n	移动之前的行程检测报警。一个程序段指定的结束点,落在了沿 N 轴正方向行程检测所定义的禁止范围以内。修正程序
511	OVER TRAVEL: − n	移动之前的行程检测报警。一个程序段指定的结束点,落在了沿 N 轴负方向行程检测所定义的禁止范围以内。修正程序
514	INTERFERENCE: + n	旋转区域干涉检测功能发现第 n 轴正方向干涉
515	INTERFERENCE: − n	旋转区域干涉检测功能发现第 n 轴负方向干涉

①、② 参数 1326 和 1327 在行程限位切换信号 EXLM 打开时有效。

表 A-8　伺服报警(2/2)

号　码	信　息	内　容
600	n AXIS：INV. DC LINK OVER CURRENT	DC link 电流过大
601	n AXIS：INV. RADIATOR FAN FAILURE	外部散热风扇不转
602	n AXIS：INV. OVERHEAT	伺服放大器过热
603	n AXIS：INV. IPM ALARM(OH)	IPM(智能电源模块)检测到过热报警
604	n AXIS：AMP. COMMUNICATIONG ERROR	SVM 和 PSM 之间传输通讯失败
605	n AXIS：CNV. EX. DISCHARGE POW.	PSMR：再生电源过大
606	n AXIS：CNV. RADIATOR FAN FAILURE	PSM：外部散热导流风扇不转； PSMR：外部散热导流风扇不转
607	n AXIS：CNV. SINGLE PHASE FAILURE	PSM：输入电压在开相状态； PSMR：输入电压在开相状态

表 A-9　过热报警

号　码	信　息	内　容
700	OVERHEAT：CONTROL UNIT	这是控制部分过热。请检查风扇的动作并对空气过滤网进行清扫
701	OVERHEAT：FAN MOTOR	控制单元上部的风扇电机过热。请检查风扇电机动作，如有问题请更换风扇
704	OVERHEAT：SPINDLE	检测主轴波动时，出现主轴过热： 1. 如果是重切削，请减轻切削条件； 2. 检查刀具是否很钝了； 3. 主轴放大器不良

表 A-10　刚性攻丝报警

号　码	信　息	内　容
740	RIGID TAP ALARM：EXCESS ERROR	刚性攻丝时，主轴停止中的位置偏差量超过了设定值
741	RIGID TAP ALARM：EXCESS ERROR	刚性攻丝时，主轴运行中的位置偏差量超过了设定值
742	RIGID TAP ALARM：LSI OVERFLOW	刚性攻丝时，主轴的 LSI 溢出

表 A-11　关于串行主轴的报警

号　码	信　息	内　容
749	S - SPINDLE LSI ERROR	接通电源后在系统启动中，发生串行通讯错误时的报警。其原因可考虑以下几点： 1. 光缆接触不良，或者脱落、断线； 2. CPU 主板不良； 3. 主轴放大器、印刷板不良。 接通 CNC 电源后发生本报警时可将 CNC 复位，本报警仍不能解除时，将电源(含主轴电源)切断，然后再启动

号　码	信　息	内　容
750	SPINDLE SERIAL LINK START FAULT	装有串行主轴的系统接通电源,主轴放大器不是正常启动状态时发生此报警。其原因大致有以下几点: 1. 光缆接触不良或主轴放大器的电源 OFF; 2. 主轴放大器的显示器显示 SU－01 或 AL－24 以外的报警状态,NC 电源 ON 时,这种报警主要是串行主轴动作中,电源关断时引起的。 此时可将主轴放大器的电源关断,然后再次启动。 3. 其他(硬件配置错误等)。 本报警在系统启动(含主轴控制单元)后不发生。 4. 第 2 主轴(参数号 3701#4,SS2＝1 时)为上述 1～3 状态时,详细内容请参照诊断号 409
752	FIRST SPINDLE MODE CHANGE FAULT	串行主轴控制中,对轮廓控制方式、主轴定位、刚性攻丝方式的切换及对主轴控制方式的切换没有正常完成。对于来自 CNC 的切换指令,主轴放大器响应不正常时发生此报警
754	SPINDLE－1 ABNORMAL TORQUE ALM	在第 1 主轴电机中检测出异常负载
762	SECOND SPINDLE MODE CHANGE FAULT	内容同报警 NO.752(第 2 主轴用)
764	SPINDLE－2 ABNORMAL TORQUE ALM	内容同报警 NO.754(第 2 主轴用)
772	SPINDLE－3 MODE CHANGE ERROR	内容同报警 NO.752(第 3 主轴用)
774	SPINDLE－3 ABNORMAL TORQUE ALM	内容同报警 NO.754(第 3 主轴用)
782	SPINDLE－4 MODE CHANGE ERROR	内容同报警 NO.752(第 4 主轴用)
784	SPINDLE－4 ABNORMAL TORQUE ALM	内容同报警 NO.754(第 4 主轴用)

表 A-12　安全区域报警

号　码	信　息	内　容
4800	ZONE:PUNCHING INHIBITED 1	当执行安全区域检查时,在禁止穿孔的区域 1 中给出了穿孔指令
4801	ZONE:PUNCHING INHIBITED 2	当执行安全区域检查时,在禁止穿孔的区域 2 中给出了穿孔指令
4802	ZONE:PUNCHING INHIBITED 3	当执行安全区域检查时,在禁止穿孔的区域 3 中给出了穿孔指令
4803	ZONE:PUNCHING INHIBITED 4	当执行安全区域检查时,在禁止穿孔的区域 4 中给出了穿孔指令
4810	ZONE:ENTERING INHIBITED 1 + X	当执行安全区域检查时,沿 X 正方向移动的部分进入到区域 1 中,区域 1 禁止进入
4811	ZONE:ENTERING INHIBITED 1 - X	当执行安全区域检查时,沿 X 负方向移动的部分进入到区域 1 中,区域 1 禁止进入
4812	ZONE:ENTERING INHIBITED 2 + X	当执行安全区域检查时,沿 X 正方向移动的部分进入到区域 2 中,区域 2 禁止进入
4813	ZONE:ENTERING INHIBITED 2 - X	当执行安全区域检查时,沿 X 负方向移动的部分进入到区域 2 中,区域 2 禁止进入
4814	ZONE:ENTERING INHIBITED 3 + X	当执行安全区域检查时,沿 X 正方向移动的部分进入到区域 3 中,区域 3 禁止进入
4815	ZONE:ENTERING INHIBITED 3 - X	当执行安全区域检查时,沿 X 负方向移动的部分进入到区域 3 中,区域 3 禁止进入
4816	ZONE:ENTERING INHIBITED 4 + X	当执行安全区域检查时,沿 X 正方向移动的部分进入到区域 4 中,区域 4 禁止进入

号　码	信　息	内　容
4817	ZONE：ENTERING INHIBITED 4 – X	当执行安全区域检查时,沿 X 负方向移动的部分进入到区域 4 中,区域 4 禁止进入
4830	ZONE：ENTERING INHIBITED 1 + Y	当执行安全区域检查时,沿 Y 正方向移动的部分进入到区域 1 中,区域 1 禁止进入
4831	ZONE：ENTERING INHIBITED 1 – Y	当执行安全区域检查时,沿 Y 负方向移动的部分进入到区域 1 中,区域 1 禁止进入
4832	ZONE：ENTERING INHIBITED 2 + Y	当执行安全区域检查时,沿 Y 正方向移动的部分进入到区域 2 中,区域 2 禁止进入
4833	ZONE：ENTERING INHIBITED 2 – Y	当执行安全区域检查时,沿 Y 负方向移动的部分进入到区域 2 中,区域 2 禁止进入
4834	ZONE：ENTERING INHIBITED 3 + Y	当执行安全区域检查时,沿 Y 正方向移动的部分进入到区域 3 中,区域 3 禁止进入
4835	ZONE：ENTERING INHIBITED 3 – Y	当执行安全区域检查时,沿 Y 负方向移动的部分进入到区域 3 中,区域 3 禁止进入
4836	ZONE：ENTERING INHIBITED 4 + Y	当执行安全区域检查时,沿 Y 正方向移动的部分进入到区域 4 中,区域 4 禁止进入
4837	ZONE：ENTERING INHIBITED 4 – Y	当执行安全区域检查时,沿 Y 负方向移动的部分进入到区域 4 中,区域 4 禁止进入
4870	AUTO SETTING FEED ERROR	安全区域自动设定的进给率与参数值（NO.16538,NO.16539）不同
4871	AUTO SETTING PIECES ERROR	在安全区域自动设定中,安全区域点不正确,或位置检测器故障,请告知机床制造商
4872	AUTO SETTING COMMAND ERROR	M 代码、S 代码或 T 代码与安全区域自动设定指令（G32）一起执行。G32 指定在单步方式中、刀具补偿中、旋转方式或比例缩放方式中

表 A-13　系统报警
（本报警使用复位键不能复位）

号　码	信　息	内　容
900	ROM PARITY	F – ROM 模块中存储的 CNC、宏程序数字伺服等的 ROM 文件(控制软件)的奇偶错误。F – ROM 模块不良
910	SRAM PARITY：(BYTE 0)	在部分程序存储 RAM 中发生奇偶校验错误。全清 RAM,或更换 SRAM 模块或主板,然后重新设定参数和数据
911	SRAM PARITY：(BYTE 1)	
912	DRAM PARITY：(BYTE 0)	
913	DRAM PARITY：(BYTE 1)	
914	DRAM PARITY：(BYTE 2)	
915	DRAM PARITY：(BYTE 3)	DRAM 模块中发生奇偶校验错误。更换 DRAM 模块
916	DRAM PARITY：(BYTE 4)	
917	DRAM PARITY：(BYTE 5)	
918	DRAM PARITY：(BYTE 6)	
919	DRAM PARITY：(BYTE 7)	

续表 A-13

号 码	信 息	内 容
920	SERVO ALARM (1－4 AXIS)	这是伺服报警(第1~4轴),出现了监控报警或伺服模块内 RAM 奇偶错误。请更换主板上的伺服控制模块
921	SERVO ALARM (5－8 AXIS)	这是伺服报警(第5~8轴),发生了监控报警或伺服模块内 RAM 奇偶错误。请更换主板上的伺服控制模块
926	FSSB ALARM	FSSB 报警。更换轴控制卡
930	CPU INTERRUPT	CPU 报警非正常中断。主板或 CPU 卡不良
935	SRAM ECC ERROR	部分程序存储的 RAM 发生错误。 措施:更换主印刷电路板(SRAM 模块),执行全清操作,然后设定所有参数和数据
950	PMC SYSTEM ALARM PCxxx YYYYYYYYYYYYYY	PMC 异常。 PCxxx 的详情,查看附录 B 部分的系统报警信息列表中的"LIST OF ALARMS(PMC)"
951	PMC WATCH DOG ALARM	PMC 异常。(监控报警)主板可能故障
970	NMI OCCURRED IN PMCLSI	使用 PMC－SA1,主板上的 PMC 控制 LSI 设备异常(I/O RAM 奇偶)。更换主板
971	NMI OCCURRED IN SLC	使用 PMC－SA1,检测到 I/O Link 断线。检查 I/O Link
972	NMI OCCURRED IN OTHER MODULE	除了主板以外的另一系统板发生 NMI 错误。选择功能板可能有故障
973	NON MASK INTERRUPT	未知原因造成的 NMI 错误
974	F－BUS ERROR	FANUC 总线发生错误。主板或选择功能板可能有故障
975	BUS ERROR	主板发生总线错误。主板可能有故障
976	L－BUS ERROR	本地总线发生错误。主板可能有故障

附录 B 串行主轴报警一览表

表 B-1 α系列主轴放大器上的报警号码和报警显示

号码	信息	SPM 显示(*1)	失效位置和处理	内 容
(750)	SPINDLE SERIAL LINK ERROR	A0 A	1. 更换 SPM 控制电路板上的 ROM; 2. 更换 SPM 控制电路板	程序没有正常启动。ROM 序列错误或 SPM 控制电路板上硬件异常
(749)	S-SPINDLE LSI ERROR	A1	更换 SPM 控制电路板	SPM 控制电路板上的 CPU 外围电路检测异常
7n01	SPN_n_: MOTOR OVERHE AT	01	1. 检查外围设备的温度以及负载状态; 2. 如果冷却风扇不转,更换掉	1. 电机线圈中嵌入的温度测量器起作用; 2. 电机内部温度超标; 3. 电机持续过度使用,或冷却部分异常

续表 B-1

号码	信 息	SPM 显示(＊1)	失效位置和处理	内 容
7n02	SPN_n_: EX SPEED ERROR	02	1. 检查切削条件,减小负载; 2. 修正参数 NO.4082	1. 电机速度不能到达指定值; 2. 检测到电机负载转矩超标; 3. 参数 NO.4082 中设定的加/减速时间无效
7n03	SPN_n_: FUSE ON DC LINK BLOWN	03	1. 更换 SPM 单元; 2. 检查电机绝缘状态; 3. 更换接口电缆	PSM 准备好(显示 00),但是 SPM 的 DC link 电压过低,或 SPM 上 DC link 部分的保险断(电源设备损坏或电机对地短路),或 JX1A/JX1B 连接电缆异常
7n04	SPN_n_: INPUT FUSE/POWER FAULT	04	检查 SPM 的电源状态	PSM 发现缺相(PSM 报警为5)
7n06	SPN_n_: THERMAL SENSOR DISCONNECT	06	1. 检查并修正参数; 2. 更换反馈电缆	电机的温度传感器没有连接
7n07	SPN_n_: OVERSPEED	07	检查是否有顺序错误(例如,主轴不能转动时检查是否指定了主轴同步控制)	1. 电机速度超过额定速度的115%; 2. 主轴在位置控制模式时,位置偏移量累积过大(主轴同步控制时,SFR 和 SRV 被关掉)
7n09	SPN_n_: OVERHEAT MAIN CIRCUIT	09	1. 改善散热条件; 2. 如果散热风扇不转,更换 SPM 单元	电源的晶体管散热器温度异常
7n11	SPN_n_: OVERVOLT POW CIRCUIT	11	1. 检查选择的 PSM; 2. 检查输入电源电压以及电机加速时的电压变化。如果电压超过253VAC(对 200-V 系统)或530VAC(对 400-V 系统),改善电源的阻抗	1. 检测到 PSM 的 DC link 部分过电压(PSM 报警显示:7); 2. PSM 选择错误(超过 PSM 的最大输出规格)
7n12	SPN_n_: OVERCURRENT POW CIRCUIT	12	1. 检查电机绝缘状态; 2. 查主轴参数; 3. 更换 SPM 单元	1. 电机输出电流过高; 2. 电机相关参数与电机型号不匹配; 3. 电机绝缘不良
7n15	SPN_n_: SP SWITCH CONTROL ALARM	15	1. 检查修正梯图顺序; 2. 更换开关 MC	1. 主轴开关/输出开关的开关顺序操作异常; 2. 开关 MC 接触状态检查信号和指令不符
7n16	SPN_n_: RAM FAULT	16	更换 SPM 控制电路板	检测到 SPM 控制电路板异常(外部 RAM 数据异常)
7n18	SPN_n_: SUMCHECK ERROR PGM DATA	18	更换 SPM 控制电路板	检测到 SPM 控制电路板异常(程序 ROM 数据异常)

续表 B-1

号码	信　息	SPM 显示(＊1)	失效位置和处理	内　容
7n19	SPN_n_:EX OFF-SET CURRENT U	19	更换 SPM 单元	检测到 SPM 部分异常(U 相电流检测回路的初始值异常)
7n20	SPN_n_:EX OFF-SET CURRENT V	20	更换 SPM 单元	检测到 SPM 部分异常(V 相电流检测回路的初始值异常)
7n21	SPN_n_: POS SENSOR POLARITY ERROR	21	检查及修正参数(NO.4000#0,NO.4001#4)	位置传感器的极性参数设定错误
7n24	SPN_n_: SERIAL TRANSFER ERROR	24	1. 将 CNC 到主轴的电缆与电源电缆分开放置; 2. 更换电缆	1. CNC 电源关断(正常关机或电缆断线); 2. 传输到 CNC 的通讯数据检测到错误
7n26	SPN_n_:DISCON-NECT C – VELO DE-TECT	26	1. 更换电缆; 2. 重新调整前置放大器	Cs 轮廓控制的电机侧的检测信号(连接器 JY2)幅度异常(电缆被摘除,调整错误等)
7n27	SPN_n_:DISCON-NECT POS – CODER	27	1. 更换电缆; 2. 重新调整 BZ 传感器信号	1. 主轴位置编码器(连接器 JY4)信号异常; 2. MZ 或 BZ 传感器的信号(连接器 JY2)幅度异常(电缆被摘除,调整错误等)
7n28	SPN_n_:DISCON-NECT C – POS DE-TECT	28	1. 更换电缆; 2. 重新调整前置放大器	Cs 轮廓控制的位置检测信号(连接器 JY5)异常
7n29	SPN_n_:SHORT-TIME OVERLOAD	29	检查修正负载状态	在一段时间里持续超负荷运行(电机轴被锁住的情况下励磁启动,也发生此报警)
7n30	SPN_n_: OVER-CURRENT POW CIRCUIT	30	检查修正电源电压	1. PSM 主回路的输入检测到过电流(PSM 报警显示:1); 2. 电源电压不平衡; 3. PSM 部分错误(超过 PSM 的最大输出规格)
7n31	SPN_n_:MOTOR LOCK OR V-SIG LOS	31	1. 检查修正负载状态; 2. 更换电机传感器电缆(JY2 或 JY5)	1. 电机不能到达指定转速(转速级别没有达到旋转指令的 SST 级且持续出现); 2. 速度检测信号异常
7n32	SPN_n_: RAM FAULT SERIAL LSI	32	更换 SPM 控制电路板	SPM 控制回路部分检测异常(串行传递数据的 LSI 装置异常)
7n33	SPN_n_:SHORT-AGE POWER CHARGE	33	1. 检查修正电源电压; 2. 更换 PSM 单元	放大器中的电磁接触器打开时,电源回路部分支流电源电压充电不足(如开相以及电抗器失效等)

号码	信　息	SPM 显示(＊1)	失效位置和处理	内　容
7n34	SPN_n_:PARAM-ETER SETTING ER-ROR	34	根据说明修正参数值;如果参数号未知,连接主轴检测板,然后查看显示的参数	参数数据超过设定的允许值
7n35	SPN_n_:EX SET-TING GEAR RATIO	35	根据参数说明书修正数值	齿轮传动比数据超过设定的允许值
7n36	SPN_n_:OVER-FLOW ERROR COUNTER	36	检查位置环增益是否过大,修正数值	发生计数溢出错误
7n37	SPN_n_: SPEED DETECT PAR. ERROR	37	根据参数说明书修正数值	速度检测的脉冲数设定参数不正确
7n39	SPN_n_:1 - ROT Cs SIGNAL ERROR	39	1. 调整前置放大器的 1 转信号; 2. 检查电缆屏蔽; 3. 更换电缆	Cs 轮廓控制中检测到 1 转信号和 AB 相脉冲数的不匹配
7n40	SPN_n_:NO 1 - ROT Cs SIGNAL DE-TECT	40	1. 调整前置放大器的 1 转信号; 2. 检查电缆屏蔽; 3. 更换电缆	Cs 轮廓控制中没有 1 转信号
7n41	SPN_n_:1 - ROT POSCODER ERROR	41	1. 检查修正参数; 2. 更换电缆; 3. 重新调整 BZ 传感器信号	1. 主轴位置编码器(连接头 JY4)中的 1 转信号异常; 2. MZ 或 BZ 传感器的 1 转信号(连接头 JY2)异常; 3. 参数设定错误
7n42	SPN_n_:1 - ROT POSCODER DETECT	42	1. 更换电缆; 2. 重新调整 BZ 传感器信号	1. 主轴位置代码(连接头 JY4)中的 1 转信号异常; 2. MZ 或 BZ 传感器的 1 转信号(连接头 JY2)异常
7n43	SPN_n_:DISCON. PC FOR DIF. SP. MODE	43	更换电缆	SPM 3 型中的速度位置信号(连接头 JY8)异常
7n44	SPN_n_:CON-TROL CIRCUIT(AD) ERROR	44	更换 SPM 控制电路板	检测到 SPM 控制电路板异常(A/D 转换器异常)
7n46	SPN_n_:SCREW 1 - ROT POSCOD. ALARM	46	1. 检查修正参数; 2. 更换电缆; 3. 重新调整 BZ 传感器信号	螺纹切削操作过程中检测到与 41 号报警相同的异常状况

号码	信　息	SPM 显示(＊1)	失效位置和处理	内　容
7n47	SPN＿n＿: POS-CODER SIGNAL ABNORMAL	47	1. 更换电缆; 2. 重新调整 BZ 传感器信号; 3. 改善电缆布局(调整邻近电源线的走线)	1. 主轴位置编码器(连接器 JY4)中的 A/B 相信号异常; 2. MZ 或 BZ 传感器的 A/B 相信号(连接头 JY2)异常。A/B 信号和 1 转信号间的关联不正确(内部脉冲不符)
7n49	SPN＿n＿: HIGH CONV. DIF. SPEED	49	检查计算的微分速度值是否超过电机最大速度	在差异速度模式时,被换算至主轴速度的其他主轴速度超出允许值(差异速度通过其他主轴的速度乘上齿轮比得到)
7n50	SPN＿n＿: SPNDL CONTROL OVER-SPEED	50	检查计算数值是否超过电机最大速度	在主轴同步控制中,速度指令的计算值超过允许值(电机速度通过齿轮传动比乘上指定的主轴速度计算)
7n51	SPN＿n＿: LOW VOLT DC LINK	51	1. 检查改善电源电压; 2. 更换 MC	检测到输入电压降低(PSM 报警显示:4。瞬间电压消失或 MC 接触不良)
7n52	SPN＿n＿: ITP SIGNAL ABNORMAL Ⅰ	52	1. 更换 SPM 控制电路板; 2. 更换 CNC 上的主轴接口电路板	检测到 NC 接口异常(ITP 信号停止)
7n53	SPN＿n＿: ITP SIGNAL ABNORMAL Ⅱ	53	1. 更换 SPM 控制电路板; 2. 更换 CNC 上的主轴接口电路板	检测到 NC 接口异常(ITP 信号停止)
7n54	SPN＿n＿: OVER-LOAD CURRENT	54	查看负载状态	检测到过电流
7n55	SPN＿n＿: POWER LINE SWITCH ERROR	55	1. 更换电磁接触器; 2. 检查修正控制时序	选择主轴的电磁接触器的电源连接信号或输出信号异常
7n56	SPN＿n＿: INNER COOLING FAN STOP	56	更换 SPM 单元	SPM 控制回路的冷却风扇停转
7n57	SPN＿n＿: EX DECELERATION POWER	57	1. 减少加/减速变化; 2. 检查冷却条件(外围设备温度); 3. 如果风扇停转,更换电阻器; 4. 如果阻抗异常,更换电阻器	1. 再生阻抗检测到过载(PSMR 报警显示:8); 2. 检测到温度调节装置异常或短时间过载; 3. 再生放电电阻未连接,或检测到阻抗异常
7n58	SPN＿n＿: OVER-LOAD IN PSM	58	1. 检查 PSM 冷却状态; 2. 更换 PSM 单元	PSM 的散热器温度异常升高(PSM 报警显示:3)

号码	信　息	SPM 显示(*1)	失效位置和处理	内　容
7n59	SPN_n_:COOLING FAN STOP IN SPM	59	更换 SPM 单元	PSM 内的冷却风扇停转(PSM 报警显示:2)
7n62	SPN_n_:MOTOR VCMD OVERFLO-WED	62	检查以及修正参数(NO.4021,NO.4056~4059)	指定的电机速度过高
7n66	SPN_n_:AMP MODULE COMMU-NICATION	66	1. 更换电缆; 2. 检查连接	放大器间通讯错误
7n73	SPN_n_:MOTOR SENSOR DISCONN-ECTED	73	1. 更换反馈电缆; 2. 检查屏蔽措施; 3. 检查改正连接; 4. 调整传感器	没有电机传感器反馈信号
7n74	SPN_n_:CPU TEST ERROR	74	更换 SPM 的控制回路电路板	CPU 测试中检测到错误
7n75	SPN_n_:CRC ER-ROR	75	更换 SPM 的控制回路电路板	CPU 测试中检测到错误
7n79	SPN_n_:INITIAL TEST ERROR	79	更换 SPM 的控制回路电路板	初始化测试操作中检测到错误
7n81	SPN_n_:1-ROT MOTOR SENSOR ERROR	81	1. 检查修正参数; 2. 更换反馈电缆; 3. 调整传感器	电机传感器的 1 转信号不能被正确检测
7n82	SPN_n_:NO 1-ROT MOTOR SEN-SOR	82	1. 更换反馈电缆; 2. 调整传感器	电机传感器的 1 转信号没有产生
7n83	SPN_n_:MOTOR SENSOR SIGNAL ERROR	83	1. 更换反馈电缆; 2. 调整传感器	检测到不规则的电机传感器反馈信号
7n84	SPN_n_:SPNDL SENSOR DISCON NECTED	84	1. 更换反馈电缆; 2. 检查屏蔽措施; 3. 检查改正连接; 4. 检查修正参数; 5. 调整传感器	主轴传感器反馈信号不存在
7n85	SPN_n_:1-ROT SPNDL SENSOR ER-ROR	85	1. 检查修正参数; 2. 更换反馈电缆; 3. 调整传感器	主轴传感器的 1 转信号不能被正确检测
7n86	SPN_n_:NO 1-ROT SPNDL SEN-SOR ERROR	86	1. 更换反馈电缆; 2. 调整传感器	主轴传感器的 1 转信号没有产生

号码	信　息	SPM 显示(*1)	失效位置和处理	内　容
7n87	SPN _ n _: SPNDL SENSOR SIGNAL ERROR	87	主轴传感器没有产生 1 转信号	检测到不规则的主轴传感器反馈信号
7n88	SPN _ n _: COOL-ING RADIFAN FAILURE	99	更换 SPM 外部冷却风扇	外部冷却风扇停转
7n97	SPN _ n _: OTHER SPINDLE ALARM	97	更换 SPM	检测到其他不规则信号
7n98	SPN _ n _: OTHER CONVERTER ALARM	98	检查 PSM 报警显示	检测到 PSM 报警
9001	SPN _ n _: MOTOR OVERHEAT	01	1. 检查外围电气温度以及负载状态； 2. 如果冷却风扇停转,更换之	1. 电机线圈中安置的温度调节器发生作用； 2. 电机内部温度超过指定值； 3. 使用的电机超过额定负载状态,或冷却部分异常
9002	SPN _ n _: EX SPEED ERROR	02	1. 检查切削状况,减小负载； 2. 修正参数 NO. 4082	1. 电机速度不能达到指定值； 2. 检测到电机负载转矩过大； 3. 参数 NO. 4082 中的加/减速时间不足
9003	SPN_n_:FUSE ON DC LINK BLOWN	03	1. 更换 SPM 单元； 2. 检查电机绝缘状态； 3. 更换接口电缆	1. PSM 在准备好状态(显示00),但是 SPM 中的 DC link 电压太低； 2. SPM 中的 DC link 保险烧毁(电源设备损坏或电机接地)； 3. JX1A/JX1B 连接电缆异常
9006	SPN _ n _: THER-MAL SENSOR DIS-CONNECT	06	1. 检查修正参数； 2. 更换反馈电缆	电机的温度传感器未连接
9007	SPN _ n _: OVER-SPEED	07	顺序检查错误(例如,检查主轴同步控制是否在主轴不能转动的情况下被指定)	1. 电机速度超过额定速度的115%； 2. 主轴位置控制模式中,位置误差累积过大(主轴同步控制过程中 SFR 和 SRV 被关断)
9009	SPN _ n _: OVER-HEAT MAIN CIRCUIT	09	1. 改善散热片的冷却条件； 2. 如果散热片的风扇停转,更换 SPM 单元	电源放热管中异常温升
9011	SPN _ n _: OVER-VOLT POW CIRCUIT	11	1. 检查被选择的 PSM； 2. 检查输入电源电压以及电机减速时的电压变化。如果电压超过 253VAC(对于 200-V 系统)或 530VAC(对于 400-V 系统),改善电源的阻抗	1. PSM 的 DC link 部分检测到过电压(PSM 报警显示:7)； 2. PSM 选择错误(超出 PSM 的最大输出规格)

续表 B-1

号码	信 息	SPM 显示(＊1)	失效位置和处理	内 容
9012	SPN＿n＿: OVER-CURRENT POW CIRCUIT	12	1. 检查电机绝缘状况; 2. 检查主轴参数; 3. 更换 SPM 单元	1. 电机输出电流过高; 2. 电机相关参数与电机不匹配; 3. 电机绝缘不良
9015	SPN＿n＿: SP SWITCH CONTROL ALARM	15	1. 检查修正梯形图程序; 2. 更换 MC 开关	1. 主轴转换/输出开关操作的顺序异常; 2. MC 开关接触状态检测信号和指令不匹配
9016	SPN＿n＿: RAM FAULT	16	更换 SPM 控制电路板	SPM 控制回路部分检测到异常(外部数据 RAM 异常)
9018	SPN＿n＿: SUM-CHECK ERROR PGM DATA	18	更换 SPM 控制电路板	SPM 控制回路部分检测到异常(程序 ROM 数据异常)
9019	SPN_n＿: EX OFF-SET CURRENT U	19	更换 SPM 单元	SPM 部分检测到异常(U 相电流检测回路的初始值异常)
9020	SPN_n＿: EX OFF-SET CURRENT V	20	更换 SPM 单元	SPM 部分检测到异常(V 相电流检测回路的初始值异常)
9021	SPN＿n＿: POS SENSOR POLARITY ERROR	21	检查修正参数(NO. 4000#0, NO. 4001#4)	位置传感器的极性参数设定错误
9024	SPN_n＿: SERIAL TRANSFER ERROR	24	1. 将 CNC 到主轴的连接电缆远离电源电缆; 2. 更换电缆	1. CNC 电源关断(正常电源关断或电缆断线); 2. 传送到 CNC 的通讯数据检测到错误
9027	SPN_n＿: DISCON-NECT POS-CODER	27	1. 更换电缆; 2. 重新调整 BZ 传感器信号	1. 主轴位置编码(连接头 JY4)信号异常; 2. MZ 或 BZ 传感器的信号(连接头 JY2)幅度异常(电缆未连接,调整错误等)
9029	SPN＿n＿: SHOT-TIME OVERLOAD	29	检查改善负载状态	在一段特定时间内持续过载的状态(在激磁状态将电机换挡锁住,也发生此报警)
9030	SPN＿n＿: OVER-CURRENT POW CIRCUIT	30	检查改善电源电压	1. PSM 主回路检测到过电流(PSM 报警显示:1); 2. 电源电压不平衡; 3. PSM 选择错误(超出 PSM 的最大输出规格)
9031	SPN＿n＿: MOTOR LOCK OR V－SIG LOS	31	1. 检查改善负载状态; 2. 更换电机传感器电缆(JY2 或 JY5)	1. 电机不能到达指定的速度(持续出现低于 SST 等级的旋转速度); 2. 主轴检测信号异常

号码	信　息	SPM 显示(＊1)	失效位置和处理	内　　容
9032	SPN ＿ n ＿: RAM FAULT SERIAL LSI	32	更换 SPM 控制电路板	SPM 控制电路部分检测到异常（串行传输的 LSI 设备异常）
9033	SPN＿n＿:SHORT-AGE POWER CHARGE	33	1. 检查改善电源电压； 2. 更换 PSM 单元	当放大器的电磁接触器打开时（例如开相以及缺少放电电阻），电源回路部分的直流电充电不足
9034	SPN＿n＿:PARAM-ETER SETTING ER-ROR	34	修正手册上对应的参数值；如果不知道参数号，连接上主轴检测板，然后检查显示的参数	参数数据超过允许设定
9035	SPN＿n＿:EX SET-TING GEAR RATIO	35	修正手册上对应的参数值	齿轮比数据超过允许设定
9036	SPN＿n＿:OVER-FLOW ERROR COUNTER	36	检查位置增益值是否过大，修正该值	发生计数溢出错误
9037	SPN＿n＿:SPEED DETECT PAR. ERROR	37	修正手册上对应的参数值	速度检测器中的脉冲数参数设定不正确
9041	SPN＿n＿:1 - ROT POSCODER ERROR	41	1. 检查修正参数； 2. 更换电缆； 3. 重新调整 BZ 传感器信号	1. 主轴位置编码器（连接头 JY4）的 1 转信号异常； 2. MZ 或 BZ 传感器（连接头 JY2）的 1 转信号异常； 3. 参数设定错误
9042	SPN＿n＿:NO 1 - ROT. POSCODER DETECT	42	1. 更换电缆； 2. 重新调整 BZ 传感器信号	1. 主轴位置编码器（连接头 JY4）的 1 转信号没连接； 2. MZ 或 BZ 传感器（连接头 JY2）的 1 转信号没连接
9043	SPN＿n＿:DISCON. PC FOR DIF. SP. MODE	43	更换电缆	SPM 3 型中的微分速度位置编码器信号（连接头 JY8）异常
9046	SPN＿n＿:SCREW 1 - ROT POSCODER. ALARM	46	1. 检查修正参数； 2. 更换电缆； 3. 重新调整 BZ 传感器信号	螺纹切削操作过程中检测到相当于 41 号报警的异常状况
9047	SPN＿n＿:POS - CODER SIGNAL AB-NORMAL	47	1. 更换电缆； 2. 重新调整 BZ 传感器信号； 3. 调整电缆布局（邻近电源线的电缆）	1. 主轴位置编码器（连接头 JY4）的 A/B 相信号异常； 2. MZ 或 BZ 传感器的 A/B 相信号（连接头 JY2）异常。A/B 相和 1 转信号之间的关系不正确（脉冲间隔不匹配）

号码	信　息	SPM 显示(*1)	失效位置和处理	内　容
9049	SPN _ n _: HIGH CONY. DIF. SPEED	49	检查计算的微分速度值是否超过电机最大速度	在差异速度模式时,被换算至主轴速度的其他主轴速度超出允许值(差异速度通过其他主轴的速度乘上齿轮比得到)
9050	SPN _ n _: SPNDL CONTROL OVERS-PEED	50	检查计算值是否超过电机最大速度	主轴同步控制,速度指令的计算值超过允许值(电机速度通过主轴指令速度与齿轮比相乘得到)
9051	SPN _ n _: LOW VOLT DC LINK	51	1. 检查改善电源电压; 2. 更换 MC	检测到输入电压降低(PSM 报警显示:4。电源电压不稳或 MC 接触不良)
9052	SPN_n_: ITP SIG-NAL ABNORMAL I	52	1. 更换 SPM 控制电路板; 2. 更换 CNC 上的主轴接口印刷电路板	检测到 NC 接口异常(ITP 信号停止)
9053	SPN_n_: ITP SIG-NAL ABNORMAL II	53	1. 更换 SPM 控制电路板; 2. 更换 CNC 上的主轴接口印刷电路板	检测到 NC 接口异常(ITP 信号停止)
9054	SPN _ n _: OVER-LOAD CURRENT	54	查看负载状态	检测到过载电流
9055	SPN _ n _: POWER LINE SWITCH ER-ROR	55	1. 更换电磁接触器; 2. 检查改善顺序程序	选择主轴或输出的电磁接触器电源线状态信号异常
9056	SPN _ n _: INNER COOLING FAN STOP	56	更换 SPM 单元	SPM 控制电路的冷却风扇停转
9057	SPN_n_: EX DE-CELERATION POW-ER	57	1. 减少加/减速次数; 2. 检查冷却条件(外围电路温度); 3. 如果冷却风扇停转,更换阻抗; 4. 如果阻抗异常,更换阻抗	1. 再生放电检测到过载(PSMR 报警显示:8); 2. 温度调节器运行或短时间过载; 3. 放电电阻未连接或阻值不正确
9058	SPN _ n _: OVER-LOAD IN PSM	58	1. 检查 PSM 冷却状态; 2. 更换 PSM 单元	PSM 散热器温度异常升高(PSM 报警显示:3)
9059	SPN _ n _: COOL-ING FAN STOP IN PSM	59	更换 SPM 单元	PSM 中的冷却风扇停转(PSM 报警显示:2)
9066	SPN _ n _: AMP MODULE COMMU-NICATION	66	1. 更换电缆; 2. 检查改正连接	与放大器之间的通讯发生错误

号码	信　息	SPM 显示(＊1)	失效位置和处理	内　容
9073	SPN_n_: MOTOR SENSOR DISCONN-ECTED	73	1. 更换反馈电缆； 2. 检查屏蔽； 3. 检查改正连接； 4. 调整传感器	电机传感器反馈信号不存在
9074	SPN_n_: CPU TEST ERROR	74	更换 SPM 的控制印刷电路板	CPU 测试中检测到错误
9075	SPN_n_: CRC ER-ROR	75	更换 SPM 的控制印刷电路板	CPU 测试中检测到错误
9079	SPN_n_: INITIAL TEST ERROR	79	更换 SPM 的控制印刷电路板	初始化测试操作中检测到错误
9081	SPN_n_: 1 - ROT MOTOR SENSOR ERROR	81	1. 检查修正参数； 2. 更换反馈电缆； 3. 调整传感器	无法正确检测到电机传感器的1转信号
9082	SPN_n_: NO 1 - ROT MOTOR SEN-SOR	82	1. 更换反馈电缆； 2. 调整传感器	电机传感器的1转信号没发出
9083	SPN_n_: MOTOR SENSOR SIGNAL ERROR	83	1. 更换反馈电缆； 2. 调整传感器	检测到不规则的电机传感器反馈信号
9084	SPN_n_: SPNDL SENSOR DISCON-NECTED	84	1. 更换反馈电缆； 2. 检查屏蔽； 3. 检查改正连接； 4. 检查修正参数； 5. 调整传感器	主轴传感器反馈信号不存在
9085	SPN_n_: 1 - ROT SPNDL SENSOR ER-ROR	85	1. 检查修正参数； 2. 更换反馈电缆； 3. 调整传感器	无法正确检测到主轴传感器的1转信号
9086	SPN_n_: NO 1 - ROT SPNDL SENSOR ERROR	86	1. 更换反馈电缆； 2. 调整传感器	无法正确检测到主轴传感器的1转信号
9087	SPN_n_: SPNDL SENSOR SIGNAL ERROR	87	主轴传感器的1转信号没发出	检测到不规则的主轴传感器反馈信号
9088	SPN_n_: COOL-ING RADIFAN FAIL-URE	88	更换 SPM 的外部冷却风扇	外部冷却风扇停转
9097	SPN_n_: OTHER SPINDLE ALARM		检查 SPM 的报警显示	其他主轴报警

续表 B-1

号码	信 息	SPM 显示(*1)	失效位置和处理	内 容
9098	SPN_n_: OTHER CONVERTER ALARM		检查 PSM 的报警显示	其他转换报警
9110	SPN_n_: AMP COMMUNICATION ERROR	b0	1. 更换放大器与模块间的通讯电缆; 2. 更换 SPM 或 PSM 控制电路板	放大器与模块间的通讯错误
9111	SPN_n_:CONV. LOW VOLT CONTROL	b1	更换 PSM 控制电路板	转换控制电源电压低(PSM 显示:6)
9112	SPN_n_:CONV. EXDIS CHARGE POW	b2	1. 检查再生放电电阻; 2. 检查电机选择; 3. 更换 PSM	超出转换再生电源(PSM 显示:8)
9113	SPN_n_: CONV. COOLING FAN FAILURE	b3	更换冷却风扇	转换器散热片冷却风扇停转(PSM 显示:A)
9120	SPN_n_:COMMUNICATION DATA ERROR	C0	1. 更换 CNC 和 SPM 间的传输电缆; 2. 更换 SPM 控制电路板; 3. 更换 CNC 侧的主轴接口印刷电路板	传输数据报警
9121	SPN_n_:COMMUNICATION DATA ERROR	C1	1. 更换 CNC 和 SPM 间的传输电缆; 2. 更换 SPM 控制电路板; 3. 更换 CNC 侧的主轴接口印刷电路板	传输数据报警
9122	SPN_n_:COMMUNICATION DATA ERROR	C2	1. 更换 CNC 和 SPM 间的传输电缆; 2. 更换 SPM 控制电路板; 3. 更换 CNC 侧的主轴接口印刷电路板	传输数据报警

附录 C 串行主轴错误代码一览表

表 C-1 α 系列主轴放大器上错误显示

SMP 显示(*1)	故障位置和处理	内 容
01	请确认 *ESP, MRDY 的顺序[请注意 MRDY 信号的使用/不使用的参数设定(NO.4001#0)]	*ESP(紧急停止信号,包括 PMC 信号和 PSM 触点信号 *2 两种)及 MRDY(机械准备好信号)没有输入但却输入了 SFR(正转信号)/SRV(反转信号)/ORCM(定向指令)

SMP 显示 (∗1)	故障位置和处理	内　容
02	确认主轴电机速度检测器的参数 (NO. 4011#2,1,0)	装有高分辨率磁传感器的主轴电机(NO. 4001#6,5＝0, 1),速度检测器 128λ/rev 的设定(NO. 4011#2,1,0＝0,0,1) 不符合 128λ/rev 的设定。此时,电机不能励磁
03	确认 Cs 轮廓控制用检测器的参数 (NO. 4001#5,NO. 4018#4)	装有高分辨率磁传感器的设定(NO. 4001#5＝1)或 Cs 轮 廓控制功能的设定不对(NO. 4018#4＝1·),但输入了 Cs 控 制指令。此时电机不能励磁
04	确认位置编码器信号的参数(NO. 4001# 2)	使用位置编码信号的设定不对(NO. 4001#2＝1),但输入 了伺服方式(刚性攻丝、主轴定位)或主轴同步控制指令。 此时电机不能励磁
05	确认准停的软件选择	没有准停选择功能,却输入了准停指令(ORCM)
06	确认主轴输出切换软件的选择及动力线 状态信号(RCH)	没有设定输出切换的选择功能,却选择了低速线圈 (RCH＝1)
07	确认顺序(CON,SFR,SRV)	虽然指令了 Cs 轮廓控制方式,但 SFR/SRV 没有输入
08	确认顺序(SFR,SRV)	指令了伺服方式(刚性攻丝,主轴定位),但没输入 SFR/SRV
09	确认顺序(SPSYC,SFR,SRV)	指令了主轴同步控制方式,但没有输入 SFR/SRV
10	C 轴控制指令中,不要指令其他运行方 式,转移到其他方式之前,请解除 Cs 轮廓控 制指令	在 Cs 轮廓控制方式中,又指令了其他运行方式(伺服方 式,主轴同步控制、定向)
11	伺服指令方式中,不要指令其他运行方 式,在解除伺服指令方式后,再转移到其他 方式	伺服方式(刚性攻丝,主轴定位)中,指令了其他运行方式 (Cs 轮廓控制,主轴同步控制、定向)
12	在主轴同步控制指令中,请不要指令其他 运行方式,当解除主轴同步控制指令之后, 再转移到其他方式	在主轴同步控制中,指令了其他运行方式(Cs 轮廓控制、 伺服方式,定位)
13	在定向指令中,请不要指令其他运行方 式。解除定向指令之后再指令其他方式	在定向指令中,指令了其他运行方式(Cs 轮廓控制、伺服 方式、同步控制)
14	请输入 SFR/SRV 两信号中的一个信号	同时输入了 SFR 信号和 SRV 信号
15	请确认参数(NO. 4000#5)的设定和 PMC 信号	具有差速方式功能的参数设定(NO. 4000#5＝1)时,指令 了 Cs 轴轮廓控制
16	请确认参数(NO. 4000#5)的设定和 PMC 信号(DEFMD)	参数设定上是无差速方式功能(NO. 4000#5＝0),但输入 了差速方式指令(DEFMD)
17	确认参数(NO. 4011#2)的设定	速度检测器的参数设定(NO. 4011#2,1,0)不合适(无该 速度检测器)
18	请确认参数(NO. 4001#2)的设定和 PMC 信号(ORCM)	按不使用位置编码器设定的参数(NO. 4001#2＝0),却输 入了位置编码器方式的定向指令(ORCMA)
19	在定向指令中,不要指令其他运行方式。 在解除定向指令之后,再指令其他方式	在磁传感器方式定向中,指令了其他运行方式

SMP 显示 （*1）	故障位置和处理	内　容
20	请确认参数（NO. 4001#5，NO. 4014#5，NO. 4018#4）的设定	设定了有从属运行方式功能的参数（NO. 4014#5 = 1），并设定了使用高分辨率磁传感器（NO. 4001#5 = 1）或设定了用 α 传感器的 Cs 轮廓控制功能（NO. 4018#4 = 1）。这些不能同时设定
21	从属运行方式指令（SLV）请在通常运行方式状态中输入	在位置控制（伺服方式、定向等）动作中，输入了从属运行方式指令（SLV）
22	位置控制指令请在通常运行方式状态输入	从属运行方式中（SLVS = 1）输入了位置控制指令（伺服方式、定向等）
23	请确认参数（NO. 4014#5）的设定和 PMC 信号	在参数设定上没有从属运行方式功能（NO. 4014#5 = 0），却输入了从属运行方式指令（SLV）
24	请确认 PMC 信号（INCMD）。最初请用绝对指令进行定向	最初用增量指令（INCMD = 1）进行定向，接着又输入了绝对位置指令（INCMD = 0）
25	请确认主轴放大器规格和参数（NO. 4018#4）	不是 SPM4 型主轴放大器，却设定了 Cs 轮廓控制功能（NO. 4018#4 = 1）

附录 D　PMC 报警代码一览表

表 D-1　PMC - SB7 报警/系统报警

报　警　号	错误位置/修正措施	内　容
ER01 PROGRAM DATA ERROR	1. 重新输入顺序程序； 2. 更换主印刷电路板	顺序程序无效
ER02 PROGRAM SIZE OVER	1. 缩减顺序程序； 2. 与 FANUC 联系，取得更大梯图步数的选择功能	1. 顺序程序太大； 2. 顺序程序无效
ER03 PROGRAM SIZE ERROR （OPTION）	1. 缩减顺序程序； 2. 与 FANUC 联系，取得更大梯图步数的选择功能	顺序程序超出指定的梯图步数选择容量
ER04 PMC TYPE UNMATCH	使用离线编程工具，将顺序程序变成正确的 PMC 型式	顺序程序的类型设定与实际类型不符
ER06 PMC CONTROL SOFTWARE TYPE UNMATCH	与 FANUC 联系，确认相应的 PMC 型式	CNC 系统配置与 PMC 型式的组合无效（例如，PMC - SB5 用在一个 3 通道 CNC 系统）
ER07 NO OPTION （LADDER STEP）	1. 恢复备份的 CNC 参数数据； 2. 检查数据单，重新输入 CNC 参数； 3. 与 FANUC 联系，确认梯图步数选择的必要容量	没有找到梯图步数选择功能
ER08 OBJECT UNMATCH	与 FANUC 联系	顺序程序中使用了不支持的功能

续表 D-1

报 警 号	错误位置/修正措施	内　容
ER09 PMC LABEL CHECK ERROR PLEASE TURN ON POWER AGAIN WITH PUSHING '0'&'Z' (CLEAR PMC SRAM)	1. 同时按住"0"和"Z"键，再打开 CNC； 2. 若使用了搬运控制功能，CNC 开机的同时按住"5"和"Z"键； 3. 更换存储电池； 4. 更换主印刷电路板	进行了诸如 PMC 型式改变等操作，PMC 的保持型存储器必须进行初始化
ER10 OPTION AREA NOTHING (xxxx)	与 FANUC 联系，重新装载 PMC 管理软件	PMC 管理软件装载不正确
ER11 OPTION AREA NOTHING (xxxx)	与 FANUC 联系，重新装载 PMC 管理软件	PMC C 板管理软件装载不正确
ER12 OPTION AREA ERROR (xxxx)	与 FANUC 联系，重新配置 PMC 管理软件	PMC 管理软件无效（BASIC 和 OPTION 的版本不匹配）
ER13 OPTION AREA ERROR (xxxx)	与 FANUC 联系，重新配置 PMC 管理软件	PMC C 板的管理软件无效（BASIC 和 OPTION 的版本不匹配）
ER14 OPTION AREA VERSION ERROR (xxxx)	与 FANUC 联系，重新配置 PMC 管理软件	PMC 管理软件无效（BASIC 和 OPTION 的版本不匹配）
ER15 OPTION AREA VERSION ERROR (xxxx)	与 FANUC 联系，重新配置 PMC 管理软件	PMC C 板的管理软件无效（BASIC 和 OPTION 的版本不匹配）
ER16 RAM CHECK ERROR (PROGRAM RAM)	更换主印刷电路板	储存顺序程序的存储器初始化失败
ER17 PROGRAM PARITY	1. 重新输入顺序程序； 2. 更换主印刷电路板	顺序程序的奇偶校验无效
ER18 PROGRAM DATA ERROR BY I/O	重新输入顺序程序	顺序程序被读取时，产生了一个中断指令
ER19 LADDER DATA ERROR	再次显示梯图编辑画面，然后使用"<<"键退出编辑方式	梯图编辑过程中，使用功能键强行将系统切换到 CNC 画面
ER20 SYMBOL/COMMENT DATA ERROR	再次显示符号/注释编辑画面，然后使用"<<"键退出编辑方式	符号/注释编辑过程中，使用功能键强行将系统切换到 CNC 画面
ER21 MESSAGE DATA ERROR	再次显示信息数据编辑画面，然后使用"<<"键退出编辑方式	信息数据编辑过程中，使用功能键强行将系统切换到 CNC 画面
ER22 PROGRAM NOTHING	1. 重新输入顺序程序； 2. 更换主印刷电路板	顺序程序空
ER23 PLEASE TURN OFF POWER	CNC 关机再开机	进行了诸如 PMC 类型改变等操作，电源必须关断再打开
ER25 SOFTWARE VERSION ERROR (PMCAOPT)	与 FANUC 联系，重新配置 PMC 管理软件	PMC 管理软件无效（PMCAOPT 的编辑不正确）
ER26 PMC CONTROL MODULE ERROR (PMCAOPT)	1. 与 FANUC 联系，重新配置 PMC 管理软件； 2. 更换主印刷电路板	PMC 管理软件的初始化失败

报 警 号	错误位置/修正措施	内　容
ER27 LADDER FUNC. PRM IS OUT OF RANGE	修改顺序程序。将功能指令的参数号改到有效范围以内的值	使用功能指令 TMR、TMRB、CTR、DIFU 或 DIFD 的情况,指定了一个超出范围的参数号
ER32 NO I/O DEVICE	1. 检查 I/O 设备是否打开; 2. 检查 I/O 设备是否在 CNC 开机前打开; 3. 检查电缆连接	诸如 I/O Link 连接单元和 Power Mate 之类的 I/O 设备没有连接
ER33 I/O LINK ERROR	更换主印刷电路板	I/O Link 的 LSI 失效
ER34 I/O LINK ERROR (xx)	1. 检查连接到 xx 组设备的电缆; 2. 检查 I/O 设备是否在 CNC 开机前打开; 3. 更换安装 PMC 控制模块的 xx 组设备	xx 组的从属装置中,与 I/O 设备的传输时出现错误
ER35 TOO MUCH OUTPUT DATA IN GROUP (xx)	减少 xx 组输出数据总量	xx 组 I/O Link 的输出数据总量超出极限(33 字节),超出的数据无效
ER36 TOO MUCH INPUT DATA IN GROUP (xx)	减少 xx 组输入数据总量	xx 组 I/O Link 的输入数据总量超出极限(33 字节),超出的数据无效
ER38 MAX SETTING OUTPUT DATA OVER (xx)	修改每组输出数据,使总量少于 128 字节	I/O Link 的 I/O 空间不足(输出侧 xx 组后的任意组分配无效)
ER39 MAX SETTING INPUT DATA OVER (xx)	修改每组输入数据总量到少于 128 字节	I/O Link 的 I/O 空间不足(输入侧 xx 组后的任意组分配无效)
ER40 I/O LINK－Ⅱ SETTING ERROR (CHx)	重新配置 I/O Link－Ⅱ	I/O Link－Ⅱ 设定无效(CH1:主板,CH2:从板)
ER41 I/O LINK－Ⅱ MODE ERROR (CHx)	重新配置 I/O Link－Ⅱ	I/O Link－Ⅱ 方式设定无效(CH1:主板,CH2:从板)
ER42 I/O LINK－Ⅱ STATION NO. ERROR (CHx)	重新配置 I/O Link－Ⅱ	I/O Link－Ⅱ 位置号设定无效(CH1:主板,CH2:从板)
ER97 I/O LINK (CHxyyGROUP)	1. 检查 yy 组 I/O 设备的电缆连接是否正确; 2. 检查每个 I/O 设备的电源; 3. 检查 I/O link 分配数据选择功能的参数设定	yy 组中 I/O 模块的分配号码与实际 I/O 设备的连接不符。通过使用保持型继电器 K906.2,此报警可以控制检测功能的操作。K906.2 = 0:执行连接检测(初始值)。K906.2 = 1:不执行连接检测。
ER98 ILLEGAL LASER CONNECTION	修改 I/O 模块的分配	使用激光 I/O 设备时,I/O 模块的分配与实际 I/O 设备配置不符
ER99 X, Y96－127 ARE ALLOCATED	修改 I/O 模块的分配	使用激光 I/O 设备时,另一 I/O 设备分配了 X96－127/Y96－127。X96－127/Y96－127 是专用激光 I/O 设备的地址,不能用于其他设备
WN02 OPERATE ADDRESS ERROR	修改 PMC 系统参数设定的 0 系列操作面板地址	PMC 系统参数设定的 0 系列操作面板地址无效

报 警 号	错误位置/修正措施	内 容
WN03 ABORT NC – WINDOW/EX-IN	1. 检查梯图程序没有错误,然后重新启动梯图程序(使用 RUN 键); 2. CNC 关机再开机	梯图程序在 CNC 和 PMC 进行通讯的过程中停止; 功能指令 WINDR、WINDW、EXIN 以及 DISPB 可能没有正常执行
WN05 PMC TYPE NO CONVER-SION	使用离线编程工具,将顺序程序改为正确的 PMC 型式	顺序程序的类型设定与实际类型不符(例如,PMC – SB5 类型传送了 PMC – SA3/SA5 的梯图程序)
WN06 TASK STOPPED BY DEBUG FUNC	要重新启动一个已经停止的用户任务,停止顺序程序,然后再次执行	使用 PMC C 板的情况下,用户任务由于一个纠错功能的暂停被终止
WN07 LADDER SP ERROR (STACK)	修改顺序程序,使子程序的嵌套级数少于 8	使用子程序的调用功能指令 CALL 或 CALLU 时,嵌套级数过多(超过 8)
WN17 NO OPTION (LANGUAGE)	1. 恢复备份的参数数据; 2. 检查参数单,重新输入参数; 3. 与 FANUC 联系,确认 PMC C 程序选择功能的必要容量	使用 PMC C 板时,没有发现 PMC C 程序选项
WN18 ORIGIN ADDRESS ERROR	1. 在 PMC 系统参数画面,按"ORI-GIN"; 2. 设定 PMC 系统参数 LAN-GUAGE ORIGIN 到地图文件中的 RC_CTLB_INIT 所提示的地址中去	使用 PMC C 板时,PMC 系统参数 LANGUAGE ORIGIN 无效
WN19 GDT ERROR (BASE, LIM-IT)	在 link 控制状态或建立文件中修改用户定义的 GDT 设定	使用 PMC C 板时,用户定义的 GDT 中的 BASELIMIT 或 ENTRY 无效
WN20 COMMON MEM. COUNT O-VER	将共享的存储器数量改为 8 或更小; 修改共享存储器的 link 控制状态建立文件或其他类型文件	使用 PMC C 板时,共享存储器的数量超过 8
WN21 COMMON MEM. ENTRY ERROR	在 link 控制状态,修改共享存储器 GDT 中的 ENTRY	使用 PMC C 板时,共享存储器 GDT 中的 ENTRY 超出范围
WN22 LADDER 3 PRIORITY ER-ROR	在 link 控制状态,改变 TASK LEV-EL(LADDER LEVEL 3)的值为 0、10 ~99 或 – 1	使用 PMC C 板时,LADDER LEVEL 3 的优先权超出范围
WN23 TASK COUNT OVER	在 link 控制状态,改变 TASK COUNT 为 16 或更小(要改变 task count,需修改 link 控制状态,建立文件以及需要连接的文件配置)	使用 PMC C 板时,用户任务数量超过 16
WN 24 TASK ENTRY ADDR ER-ROR	在建立文件中改变 GDT 表格为 32 (20H) ~95(5FH)	使用 PMC C 板时,用户任务登录选择器超出范围
WN25 DATA SEG ENTRY ERROR	在 link 控制状态,改变 DATA SEG-MENT GDT ENTRY 的值以及在建立文件中改变 GDT 表格为 32(20H) ~ 95(5FH)	使用 PMC C 板时,数据段登录地址超出范围

报 警 号	错误位置/修正措施	内 容
WN26 USER TASK PRIORITY ER-ROR	在 link 控制状态,改变各个任务的 TASK LEVEL 值为 10~99,或 -1(注意 -1 被指定在只有一个任务的情况,包括第三级梯图)	使用 PMC C 板时,用户任务的优先权超出范围
WN27 CODE SEG TYPE ERROR	在 link 控制状态和建立文件中,按照段设定改变代码段的值	使用 PMC C 板时,代码段类型无效。在限制控制文件中的 RENA - MESEG 代码段设定错误
WN28 DATA SEG TYPE ERROR	在 link 控制状态和建立文件中,按照段设定,改变代码段的值	使用 PMC C 板时,数据段类型无效。在限制控制文件中的 RENA - MESEG 数据段设定错误
WN29 COMMON MEM SEG TYPE ERROR	在 link 控制状态和建立文件中,按照段设定,改变代码段的值	使用 PMC C 板时,共享存储器的段类型无效。在共享存储器中限制控制文件的 RENAMESEG 段设定错误
WN30 IMPOSSIBLE ALLOCATE MEM.	1. 检查在 link 控制状态的 USER GDT ADDRESS 以及建立文件中的代码段起始地址是否正确; 2. 改变 PMC 系统参数 MAX LAD-DER AREA SIZE 为最小值; 3. 改变 link 控制状态的堆栈容量为最小值	使用 PMC C 板时,数据、堆栈和其他存储器区域不能保留
WN 31 IMPOSSIBLE EXECUTE LI-BRARY	1. 检查是否是库表支持的类型; 2. 重新配置 PMC 管理软件并与 FANUC 联系	使用 PMC C 板时,库表功能不能执行
WN32 LNK CONTROL DATA ER-ROR	1. 检查 PMC 系统参数 LAN-GUAGE ORIGIN 是否设为 C_CTLNB _INIT 的地址; 2. 再次创建 link 控制状态	使用 PMC C 板时,link 控制状态(程序控制)数据无效
WN33 LNK CONTROL VER. ERROR	在 PMC C 程序中修改 link 控制状态	使用 PMC C 板时,link 控制状态数据编辑发生错误
WN34 LOAD MODULE COUNT O VER	改变独立装载模块的数量为 8 或更小	使用 PMC C 板时,独立装载模块的数量超过 8
WN35 CODE AREA OUT OF RANGE	在 RAM 范围内检查 link 图以及分配段	使用 PMC C 板时,代码段的区域超出 RAM 的范围
WN36 LANGUAGE SIZE ERROR (OPTION)	1. 缩减 PMC C 程序; 2. 与 FANUC 联系,确认选择大容量的 PMC C 程序	使用 PMC C 板时,PMC C 程序超过所指定的选择容量
WN37 PROGRAM DATA ERROR (LANG.)	初始化 PMC C 程序存储器([ED-IT] → [CLEAR] → [CLRLNG] → [EXEC])	PMC C 程序存储器必须进行初始化
WN38 RAM CHECK ERROR (LANG.)	更换主印刷电路板	初始化 PMC C 程序存储器失败

续表 D-1

报　警　号	错误位置/修正措施	内　　容
WN39 PROGRAM PARITY (LANG.)	1. 重新输入 PMC C 程序; 2. 更换主印刷电路板	PMC C 程序奇偶校验无效
WN40 PROGRAM DATA ERROR BY I/O (LANG.)	重新输入语言程序	读取 PMC C 程序时,给出了中断指令
WN41 LANGUAGE TYPE UNMAT-CH	1. 重新输入 PMC C 程序; 2. 更换主印刷电路板	使用 PMC C 板时,输入了不可用的 C 程序
WN42 UNDEFINE LANGUAGE ORIGIN ADDRESS	1. 在 PMC 系统参数画面,点"ORI-GIN"; 2. 设定 PMC 系统参数 LANGUAGE ORIGIN 为图文件中 RC_CTLB_INIT 所指定的地址	使用 PMC C 板时,PMC 参数 LANGUAGE ORIGIN 没设
WN48 UNAVAIL LANGUAGE BY CNC UNMATCH	去掉 PMC C 板	PMC C 板安装在了 CNC 中,CNC 上不能使用 PMC C 板

表 D-2　PMC - SA1 系统报警信息

信　　息	内 容 和 处 理
ALARM NOTHING	正常状态
ER00 PROGRAM DATA ERROR(ROM)	ROM 的顺序程序写入不正确。 (处理)交换顺序程序的 ROM
ER01 PROGRAM DATA ERROR(RAM)	调试用 RAM 的顺序程序不良。 (处理)清除调试用 RAM,再次输入梯形图。 选择了 RAM 但是没有安装调试用 RAM。 (处理)安装调试用 RAM 或安装顺序程序的 ROM,并设 K17#3 = 0 选择 ROM
ER02 PROGRAM SIZE OVER	顺序程序的容量,超过了梯形图(只对 PMC - SC)最大容量。 (处理)在 SYSPRM 画面转换 MAX LADDER AREA SIZE,然后重新启动系统
ER03 PROGRAM SIZE ERROR(OPTION)	顺序程序的容量超过了选择指定的容量。 (处理)增加指定容量或减少顺序程序的容量
ER04 PMC TYPE UNMATCH	顺序程序的 PMC 方式设定与实际方式不对应。 (处理)使用离线编程工具改变 PMC 方式设定
ER05 PMC MODULE TYPE ERROR	PMC 控制模块种类不符。 (处理)更换正确的 PMC 控制模块
ER07 NO OPTION (LADDER STEP)	没有选择梯形图步数
ER10 OPTION AREA NOTHING(系列名)	没有传送 PMC - SB 的管理软件。 (处理)所装的软件与订单不符合。与 FANUC 联系
ER11 OPTION AREA NOTHING(系列名)	没有传送 PMC - C 的管理软件。 (处理)所安装的软件与合同不符合。与 FANUC 联系
ER12 OPTION AREA ERROR(系列名)	PMC - RB 管理软件的 BASIC 和 OPTION 的系列不一致。 (处理)与 FANUC 联系

续表 D-2

信　　息	内　容　和　处　理
ER13 OPTION AREA ERROR(系列名)	PMC – C 管理软件的 BASIC 和 OPTION 的系列不一致。 (处理)与 FANUC 联系
ER14 OPTION AREA VERSION ERROR(系列名)	PMC – RB 管理软件 BASIC 和 OPTION 的版本不符合。 (处理)与 FANUC 联系
ER15 OPTION AREA VERSION ERROR(系列名)	PMC – C 管理软件 BASIC 和 OPTION 的版本不符合。 (处理)与 FANUC 联系
ER16 RAM CHECK ERROR (PROGRAM RAM)	调试用 PAM 不能正常读/写。 (处理)更换调试用 RAM
ER17 PROGRAM PARITY	顺序程序的 ROM 或调试用 RAM 发生了奇偶错误。 (处理)ROM:ROM 老化,更换顺序程序的 ROM。 RAM:进行一次 PMC 顺序程序编辑,仍发生错误时,更换调试用 RAM
ER18 PROGRAM DATA ERROR BY I/O	用脱机编程器等传送顺序程序时,发生了电源关断等中断。 (处理)清除顺序程序,再次传送顺序程序
ER19 LADDER DATA ERROR	在梯形图编辑中,发生了电源关断等中断,或者用操作键引起的 CNC 画面切换。 (处理)进行一次 PMC 编辑操作,或者再次输入梯形图
ER20 SYMBOL/COMMENT DATA ERROR	编辑符号注释时,发生了电源关断等中断。或者在编辑中用操作键切换了 CNC 画面。 (处理)用 PMC 进行一次符号、注释的编辑,或者再次输入符号、注释
ER21 MESSAGE DATA ERROR	在信息编辑中,发生了电源关断等中断。或在编辑中用操作键切换了 CNC 画面。 (处理)用 PMC 进行一次信息编辑。或者再次输入信息
ER22 PROGRAM NOTHING	无顺序程序
ER23 PLEASE TURN OFF POWER	变更了 LADDER MAX AREA SIZE 等的设定。 (处理)为使变更有效,重新接通电源
ER25 SOFTWARE VERSION ERROR(PMCAOPT)	PMC – SB 管理软件版本不符。 (处理)与 FANUC 联系
ER26 SOFTWARE VERSION ERROR(PMCAOPT)	不能进行 PMC – SB 管理软件的初始化。 (处理)与 FANUC 联系
ER27 LADDER FUNC. PRM IS OUT OF RANGE	功能指令 TMR,TMRB,CTR,DIFU 或 DIFD 的参数号不在范围内。 (处理)修正号码到范围内
ER32 NO I/O DEVICE	没有连接 DI/DO 单元,I/O 单元,连接单元等 I/O 设备。连接内置 I/O 卡时,此信息不显示。 (处理)使用内置 I/O 卡时:确认内置 I/O 卡是否连接正确。使用 I/O Link 时:确认 DI/DO 单元的电源是否打开,确认电缆的连接
ER33 SLC ERROR	I/O Link 的 LSI 不良。 (处理)请更换 PMC 驱动模块
ER34 SLC ERROR(xx)	与 xx 组的 DI/DO 单元的通讯发生了异常。 (处理)检查与 xx 组 DI/DO 单元电缆的连接。确认 DI/DO 单元是否在 CNC 和 PMC 启动之前打开。或者更换装在 xx 组的 DI/DO 单元上的 PMC 驱动模块

续表 D-2

信　息	内 容 和 处 理
ER35 TOO MUCH OUTPUT DATA IN GROUP(xx)	xx 组内的输入数据数超出最大值,超过 32 字节的数据无效。 (处理)每组的数据请参照下面的说明书: "FANUC I/O Unit – MODEL A 连接维修说明书"(B – 61813) "FANUC I/O Unit – MODEL B 连接维修说明书"(B – 62163)
ER36 TOO MUCH INPUT DATA IN GROUP(xx)	xx 组内的输入数据数超过最大值。超过 32 字节数据无效。 (处理)每组的数据请参照下面说明书: "FANUC I/O 单元 – MODEL A 连接维修说明书"(B – 61813) "FANUC I/O 单元 – MODEL B 连接维修说明书"(B – 62163)
ER38 MAX SETTING OUTPUT DATA OVER(xx)	某组的分配数据超过 128 字节。(xx 组输出侧或 xx 组之后的分配数据无效) (处理)减少各组的输出数据分配到 128 字节或更少
ER39 MAX SETTING INPUT DATA OVER(xx)	某组的分配数据超过 128 字节。(xx 组输入侧或 xx 组之后的分配数据无效) (处理)减少各组的输入数据分配到 128 字节或更少
ER98 ILLEGAL LASER CONNECTION	激光 I/O 单元数据分配不匹配。 (处理)检查梯图分配数据与实际 I/O 单元的配合
ER99 X,Y96 – 127 ARE ALLOCATED	使用激光 I/O link 时,梯图 I/O 指定了 X96 – X127 以及 Y96 – Y127。 (处理)删除 X96 – X127 和 Y96 – Y127 的 I/O 分配
WN02 OPERATE PANEL ADDRESS ERROR	FS – 0 操作盘的地址设定数据不正确。 (处理)修改地址设定数据
WN03 ABORT NC – WINDOW/EXIN	在 CNC – PMC 间的通讯中,LADDER 停止了。可能功能指令 WINDR、WINDW、EXIN、DISPB 等不能正常动作。 (处理)重新启动系统时,此报警会解除。确认梯形图是否存在问题,然后执行顺序程序(按 RUN 键)
WN04 UNAVAIL EDIT MODULE	不认 LADDER 编辑模块。(PMC – SAx/SBx = 1 到 3) (处理)确认插槽位置的安装;确认安装的模块
WN05 PMC TYPE NO CONVERSION	PMC – SA3/SA5 的梯图程序传送给了 PMC – SB5。 (处理)修正梯图类型
WN06 TASK STOPPED BY DEBUG FUNC	某些用户任务被调试功能中的停止点打断
WN07 LADDER SP ERROR(STACK)	使用功能指令 CALL(SUB65)或 CALLU(SUB66)时 LADDER 的堆栈存储器溢出了。 (处理)减少子程序的嵌套数,使之在 8 以内
WN17 NO OPTION(LANGUAGE)	没有 C 语言选择功能
WN18 ORIGIN ADDRESS ERROR	系统参数的 LANGUAGE ORIGIN 地址错误。 (处理)设定系统参数的 LANGUAGE ORIGIN 为图文件中的 RC_CTLB_INIT 符号地址
WN19 GDT ERROR (BASE,LIMIT)	用户定义的 GDT 中的 BASE、LIMIT 或 ENTRY 值不合法。 (处理)修正 link 控制状态的地址以及构造文件
WN20 COMMON MEM. COUNT OVER	公共存储数量超过 8。 (处理)减少公共存储的数量为 8 或更小。有必要修正公共存储器的 link 控制状态,构造文件和类型文件

信　　息	内 容 和 处 理
WN21 COMMON MEM. ENTRY ER-ROR	公共存储器的 GDT ENTRY 超出范围。 （处理）在 link 控制状态修正公共存储器的 GDT ENTRY 地址
WN22 LADDER 3 PRIORITY ERROR	LADDER LEVEL 3 的优先权超出范围。 （处理）在 link 控制状态修正 LADDER LEVEL 3 的值，可取范围为 0 或 10～99 或 -1
WN23 TASK COUNT OVER	用户任务的数量超过 16。 （处理）在 link 控制状态确认 TASK COUNT。任务数量改变时，有必要修正 link 控制状态，构造文件和要连接文件的组合
WN24 TASK ENTRY ADDR ERROR	用户任务的登录地址选择器超出范围。 （处理）修正构造文件中的 GDT 表，值的范围在 32(20H)～95(5FH)
WN25 DATA SEG ENTRY ERROR	数据段的登录地址超出范围。 （处理）修正 link 控制状态的 DATA SEGMENT GDT ENTRY 以及构造文件中的 GDT 表范围在 32(20H)～95(5FH)
WN26 USER TASK PRIORITY ER-ROR	用户任务的优先权超出范围。 （处理）修正 link 控制状态的 TASK LEVEL，范围在 10～99 或 -1
WN27 CODE SEG TYPE ERROR	代码段的类型不合法，限制控制文件中的 RENAMESEG 的代码段错误。 （处理）修正 link 控制状态的代码段条目，与构造文件中的条目对应
WN28 DATA SEG TYPE ERROR	数据段的类型不合法，限制控制文件中的 RENAMESEG 的数据段错误。 （处理）修正 link 控制状态的数据段条目，与构造文件中的条目对应
WN29 COMMON MEM SEG TYPE ERROR	公共存储器的段的类型不合法，公共存储器的限制控制文件中 RENAMESEG 的段错误。 （处理）修正 link 控制状态的公共存储器条目，与构造文件中的条目对应
WN30 IMPOSSIBLE ALLOCATE MEM.	数据和堆栈等的存储不能被分配。 （处理）确认构造文件中的代码段和 link 控制状态的 USER GDT ADDRESS 是否正确，或者减小系统参数的 MAX LADDER AREA SIZE 值以及 link 控制状态的堆栈容量
WN31 IMPOSSIBLE EXECUTE LI-BRARY	库表功能不能执行。 （处理）确认库表的目标模型，或者，有必要更换新版本的 PMC 系统 ROM
WN32 LNK CONTROL DATA ERROR	Link 控制状态数据不合法。 （处理）确认系统参数 LANGUAGE ORIGIN 是否设为图文件的 RC_CTLNB_INIT 地址。或者再次创建 link 控制状态
WN33 LNK CONTROL VER. ERROR	Link 控制状态数据版本错误。 （处理）在 C 程序中修正 link 控制状态
WN34 LOAD MODULE COUNT O-VER	独立加载模块数量超过 8 个。 （处理）减少独立加载模块的数量到少于 8 个
WN35 CODE AREA OUT OF RANGE	指定的代码区域超过地址范围。 （处理）修正 C 程序
WN36 LANGUAGE SIZE ERROR (OPTION)	C 程序的容量超过选择的容量。 （处理）减小 C 程序的容量

信　　息	内容和处理
WN37 PROGRAM DATA ERROR (LANG.)	某个 C 程序被毁坏。 (处理)重新传送 C 程序
WN38 RAM CHECK ERROR (LANG.)	某个 C 程序被毁坏。 (处理)重新传送 C 程序
WN39 PROGRAM PARITY (LANG.)	C 程序中的奇偶校验不匹配。 (处理)重新传送 C 程序
WN40 PROGRAM DATA ERROR BY I/O (LANG.)	C 程序的传送被打断,例如电源掉电等。 (处理)全清 C 程序,重新传送
WN41 LANGUAGE TYPE UNMATCH	C 程序类型不匹配。 (处理)修正 C 程序
WN42 UNDEFINE LANGUAGE ORIGIN ADDRESS	没设定语言源地址。 (处理)设定语言源地址

注：1. 发生 ER00 ~ ER27 报警时不能执行顺序程序；

　　2. 报警 WN17 到 WN42 显示 PMC 用户 C 程序相关的错误。

表 D-3　PMC - SB7 系统报警信息

序号	信　　息	内容和处理
1	PC004 CPU ERR xxxxxxxx : yyyyyyyy PC006 CPU ERR xxxxxxxx : yyyyyyyy PC009 CPU ERR xxxxxxxx : yyyyyyyy PC010 CPU ERR xxxxxxxx : yyyyyyyy	PMC 中发生 CPU 错误: 1. xxxxxxxx 和 yyyyyyyy 显示了内部错误代码。 2. 若发生此报警,主板可能失效。 (处理)更换主板,检查是否还发生错误。如果错误还发生,与 FANUC 联系,报知错误发生时的条件状况(系统配置,操作,时间以及错误发生的频率等)
2	PC030 RAM PARITY aa : bb	PMC 发生 RAM 奇偶校验错误: 1. aa 和 bb 显示了内部错误代码。 2. 若发生此报警,主板可能失效。 (处理)更换主板,检查是否还发生错误。如果错误还发生,与 FANUC 联系,报知错误发生时的条件状况(系统配置,操作,时间以及错误发生的频率等)
3	PC050 I/OLINK(CHx) aa : bb - aa : bb or PC050 I/OLINK CHx aabb - aabb : aabb	I/O Link 发生通讯错误: CHx 为通道号,aa 和 bb 显示了内部错误代码。 若发生此报警,可能的原因如下: 1. 使用 I/O 单元 A 时,分配了基本扩展,但是基本部分没有连接； 2. 电缆没有连接好； 3. 电缆失效； 4. I/O 设备(I/O 单元,Power Mate 等)失效； 5. I/O Link 的控制或驱动电源没有连接； 6. I/O 设备中的某 DO 脚发生短路； 7. 主板失效。 (处理) 1. 检查 I/O 分配数据与实际 I/O 设备是否相符； 2. 检查电缆连接是否正确； 3. 根据"FANUC I/O 单元 - MODEL A 连接维修说明书"(B - 61813) 和"FANUC I/O 单元 - MODEL B 连接维修说明书"(B - 62163),检查指定电缆是否有误； 4. 更换 I/O 单元接口模块、电缆或主板,然后检查错误是否还发生

序号	信　　息	内容和处理
4	PC060 FBUS xxxxxxxx:yyyyyyyy PC061 FL-R xxxxxxxx:yyyyyyyy PC062 FL-W aa:xxxxxxxx:yyyyyyyy	PMC 发生总线错误： 1. aa、xxxxxxxx 和 yyyyyyyy 显示了内部错误代码。 2. 若发生了此报警，硬件可能失效。 (处理)与 FANUC 联系，报知错误发生时的条件状况(系统配置，操作，时间以及错误发生的频率等)，显示的内部错误代码和各板的 LED 状态
5	PC070 SUB65 CALL(STACK)	执行梯图功能指令 CALL/CALLU 过程中发生堆栈错误。 (处理)检查 CALL/CALLU 指令与 SPE 指令的对应。如果错误不能定位，与 FANUC 联系，报知梯图程序和错误发生时的状况
6	PC080 SYS EMG xxxxxxxx:yyyyyyyy PC081 FL EMG xxxxxxxx:yyyyyyyy	其他软件引发的系统报警。 (处理)与 FANUC 联系，报知错误发生时的条件状况(系统配置，操作，时间以及错误发生的频率等)，显示的内部错误代码和各板的 LED 状态
7	PC097 PARITY ERR (LADDER) PC098 PARITY ERR (DRAM)	PMC 系统发生奇偶校验错误。 若发生此报警，主板可能失效。 (处理)更换主板，然后检查错误是否修正。如果更换后还发生报警，与 FANUC 联系，报知错误发生时的条件状况(系统配置，操作，时间以及错误发生的频率等)

表 D-4　系统报警信息(C 语言板)

序号	信　　息	内容和处理
1	PC1nn CPU INTERRT xxxxyyyyyy STATUS LED ☆★	CPU 错误(异常中断)， nn:特殊代码，i80486 的特殊代码。详情参照介绍 CPU 的相关说明 00：分割错误。分割指令中的除数为 0。 12：由于超过堆栈段限制等造成的错误。 13：由于超过堆栈段限制等造成的保护。 xxxx:系统发生错误的地点的段选择器。0103 到 02FB 的一个值显示了 C 执行的区域。 yyyyyy:系统发生错误的地点的偏置地址。 (处理)如果没有使用 C 程序，或者即使检查了 C 程序也无法定位错误，请与 FANUC 联系
2	PC130 RAM PRTY aa xxxxyyyyyy STATUS LED □★	C 语言板上的用户 RAM 或 DRAM 发生奇偶校验错误， aa:RAM 奇偶校验错误信息。 xxxx:系统发生错误处的段选择器。 yyyyyy:系统发生错误处的偏置地址。
5	PC160 F-BUS ERROR xxxxyyyyyy PC161 F-BUS ERROR xxxxyyyyyy PC162 F-BUS ERROR xxxxyyyyyy STATUS LED ★□	C 语言板发生总线错误， xxxx:系统发生错误处的段选择器。 yyyyyy:系统发生错误处的偏置地址。

序号	信　　息	内 容 和 处 理
6	PC170 F – BUS ERROR xxxxyyyyyy PC171 F – BUS ERROR xxxxyyyyyy PC172 F – BUS ERROR xxxxyyyyyy STATUS LED ★□	C 语言板发生总线错误， xxxx：系统发生错误处的段选择器。 yyyyyy：系统发生错误处的偏置地址。
7	PC199 ROM PARITY eeeeeeee STATUS LED ★☆	C 语言板上的系统 ROM 发生奇偶校验错误， eeeeeeee：ROM 奇偶校验错误信息

注：STATUS LED（绿色），□：关；■：开；☆★：闪烁。

表 D-5　在编辑梯形图过程中显示的报警信息（PMC – SB7）

报 警 号	错误位置/修正措施	内　　容
OVERLAPPED COM	如果 COME 丢失，在正确的位置添加上。 如果 COM 不必要，就去掉	没有 COME 对应此 COM
END IN COM END1 IN COM END2 IN COM	如果 COME 丢失，在正确的位置添加上。 如果 COM 不必要，就去掉	在 COM 和 COME 中间发现 END、END1、END2 或 END3
JMPE IN COM	JMPE 和对应的 JMP 必须有相同的 COM/COME 状态。查看 JMP 的范围和 COM 的范围，调整到相互不重叠：一个范围完全包含另一个范围是可以的	在 COM 和 COME 中间发现 JMPE、JMP 和对应的 JMPE 有不同的 COM/COME 状态
SP/SPE IN COM	如果 COME 丢失，在正确的位置添加上。 如果 COM 不必要，就去掉	在 COM 和 COME 中间发现 SP 或 SPE
COME WITHOUT COM	如果 COM 丢失，在正确的位置添加上。 如果 COME 不必要，就去掉	没有 COM 对应此 COME
DUPLICATE CTR NUMBER（WARNING）	如果 CTR 中有一些是不必要的，就去掉。如果所有都是必要的，在它们的参数中分配不同的号码，使之独立（如果两个或更多带有相同参数号的指令，从不在一次同时执行，梯图程序可能能正常工作。但是，从安全和维修的角度考虑，所有这些指令应该带有各自不同的参数号）	多数 CTR 有同样的参数号码（此为警告）
ILLEGAL CTR NUMBER	如果不必要，就去掉。根据 PMC 方式，分配不超过最大数值的正确号码	CTR 有的参数号超出范围
DUPLICATE DIFU/DIFD NUMBER（WARNING）	如果它们中的一些是不必要的，就去掉。如果所有都是必要的，在它们的参数中分配不同的号码，使之独立（如果两个或更多带有相同参数号的指令，从不在一次同时执行，梯图程序可能能正常工作。但是，从安全和维修的角度考虑，所有这些指令应该带有各自不同的参数号）	多数 DIFU 或 DIFD 有同样的参数号码（此为警告）
ILLEGAL DIFU/DIFD NUMBER	如果不必要，就去掉。根据 PMC 方式，分配不超过最大数值的正确号码	DIFU 或 DIFD 有的参数号超出范围

报 警 号	错误位置/修正措施	内　　　容
NO END NO END1 NO END2 NO END3	在正确的位置添加 END、END1、END2 或 END3	没有发现 END、END1、END2 或 END3
DUPLICATE END1 DUPLICATE END2 DUPLICATE END3	去掉多余的 END1、END2 或 END3	发现多重 END1、END2 或 END3
GARBAGE AFTER END GARBAGE AFTER END2 GARBAGE AFTER END3	去掉不必要的网格,将必要的网格移动到正确的位置,使它们能正常执行	在 END、END2 或 END3 后有网格,不能被执行
OVERLAPPED JMP	如果 JMPE 丢失,在正确的位置添加上。如果 JMP 不必要,就去掉	没有 JMPE 对应此 JMP
JMP/JMPE TO BAD COM LEVEL	JMP 和对应的 JMPE 必须有相同的 COM/COME 状态。查看 JMP 的范围和 COM 的范围,调整到相互不重叠:一个范围完全包含另一个范围是可以的	JMP 和对应的 JMPE 有不同的 COM/COME 状态
COME IN JMP	COME 和对应的 COM 必须有相同的 JMP/JMPE 状态。查看 COM 的范围和 JMP 的范围,调整到相互不重叠:一个范围完全包含另一个范围是可以的	在 JMP 和 JMPE 中间发现 COME,COM 和对应的 COME 有不同的 JMP/JMPE 状态
END IN JMP END1 IN JMP END2 IN JMP END3 IN JMP	如果 JMPE 丢失,在正确的位置添加上。如果 JMP 不必要,就去掉	JMP 和 JMPE 中间发现 END、END1、END2 或 END3
SP/SPE IN JMP	如果 JMPE 丢失,在正确的位置添加上。如果 JMP 不必要,就去掉	JMP 和 JMPE 中间发现 SP 或 SPE
JMPB OVER COM BORDER	JMPB 和它的目标必须有相同的 COM/COME 状态。查看 JMPB 的范围和 COM 的范围,调整到相互不重叠:一个范围完全包含另一个范围是可以的	JMPB 和它的目标有不同的 COM/COME 状态
JMPB OVER LEV-EL	JMPB 只能跳到相同的程序级,或在子程序内。如果 JMPB 不必要,就去掉。如果 JMPB 的 LBL 丢失,在正确的位置添加上。如果应该是 JMPC,将其改正	JMPB 跳到不同的程序级
LBL FOR JMPB NOT FOUND	如果 JMPB 不必要,就去掉。如果 JMPB 的 LBL 丢失,在正确的位置添加上	JMPB 无法找到正确的 LBL
JMPC IN BAD LE-VEL	JMPC 用来从一个子程序跳到第 2 级。如果 JMPC 不必要,就去掉。如果应该是 JMPB 或 JMP,将其改正	JMPC 没有在子程序中使用

报警号	错误位置/修正措施	内容
LBL FOR JMPC NOT FOUND	如果 JMPC 不必要,就去掉。如果 LBL 丢失,在正确的位置添加上:JMPC 跳到第 2 级。如果应该是 JMPB 或 JMP,将其改正	JMPC 无法找到正确的 LBL
LBL FOR JMPC IN BAD LEVEL	JMPC 用来从子程序跳到第 2 级。如果 JMPC 不必要,就去掉。如果辅程序中 JMPC 要跳的同一 L - 地址有另一个 LBL,那么给这两个 LBL 分配不同的 L - 地址。如果应该是 JMPB 或 JMP,将其改正	JMPC 的目标不是第 2 级
JMPC INTO COM	JMPC 的 LBL 必须被分配在一组 COM 和 COME 对以外。如果 JMPC 不必要,就去掉。如果 LBL 位置错误,将其移动到正确位置。如果 JMPC 的 L - 地址错误,修正之	在 COM 和 COME 之间,JMPC 跳到 LBL
JMPE WITHOUT JMP	如果 JMP 丢失,在正确的位置添加上。如果 JMPE 不必要,就去掉	没有 JMP 与此 JMPE 对应
TOO MANY LBL	去掉不必要的 LBL。如果此错误仍然发生,调整程序结构,减少使用 LBL	LBL 过多
DUPLICATE LBL	如果一些 LBL 不必要,就去掉。如果所有这些 LBL 都是必要的,那么给它们分配不同的 L - 地址,使它们独立	在多数 LBL 中使用了相同的 L - 地址
OVERLAPPED SP	如果 SP 丢失,在正确的位置添加上。如果 SPE 不必要,就去掉	没有 SP 与此 SPE 对应
SPE WITHOUT SP	如果 SP 丢失,在正确的位置添加上。如果 SPE 不必要,就去掉	没有 SP 与此 SPE 对应
END IN SP	如果 SPE 丢失,在正确的位置添加上。如果 END 在错误位置,将其移动到正确位置	SP 和 SPE 之间没有发现 END
DUPLICATE P ADDRESS	如果一些 SP 不必要,就去掉。如果所有这些 SP 都是必要的,给它们分配不同的 P - 地址,使它们独立	在多数 SP 中使用了相同的 P - 地址
DUPLICATE TMRB NUMBER (WARNING)	如果它们中的一些是不必要的,就去掉。如果所有都是必要的,在它们的参数中分配不同的号码,使之独立(如果两个或更多带有相同参数号的指令,从不在一次同时执行,梯图程序可能能正常工作。但是,从安全和维修的角度考虑,所有这些指令应该带有各自不同的参数号)	多数 TMRB 有同样的参数号码(此为警告)
ILLEGAL TMRB NUMBER	如果不必要,就去掉。根据各自 PMC 方式,分配不超过最大数值的正确号码	TMBR 有参数号超出范围
DUPLICATE TMR NUMBER (WARNING)	如果它们中的一些是不必要的,就去掉。如果所有都是必要的,在它们的参数中分配不同的号码,使之独立(如果两个或更多带有相同参数号的指令,从不在一次同时执行,梯图程序可能能正常工作。但是,从安全和维修的角度考虑,所有这些指令应该带有各自不同的参数号)	多数 TMR 有同样的参数号码(此为警告)

续表 D-5

报　警　号	错误位置/修正措施	内　　容
ILLEGAL TMR NUMBER	如果不必要,就去掉。根据各自 PMC 方式,分配不超过最大数值的正确号码	TMB 有参数号超出范围
NO SUCH SUBPROGRAM	如果调用了错误的子程序,修正之。如果子程序丢失,创建之	使用 CALL/CALLU 调用的子程序没找到
UNAVAILABLE INSTRUCTION	确认此梯图程序是否正确。如果是正确的,所有这些不支持的指令都必须删除	发现此 PMC 方式不支持的指令
SP IN BAD LEVEL	SP 可用在子程序的顶端修改程序,使 SP 不在其他位置出现	SP 发现在错误位置
LADDER PROGRAM IS BROKEN	此梯图程序必须进行一次全清,再次写入程序	梯图可能由于某些原因造成中断
NO WRITE COIL	添加正确的软件继电器线圈	没有找到必要的软件继电器线圈
CALL/CALLU IN BAD LEVEL	CALL/CALLU 必须使用在第 2 级或在辅程序中。不要用在其他位置	CALL/CALLU 用在错误位置
SP IN LEVEL3	如果 END3 位置错误,将其移到正确位置。如果 SP 不必要,就去掉	SP 在第 3 级被发现

表 D-6　在画面网格编辑过程中显示的报警信息(PMC – SB7)

报　警　号	错误位置/修正措施	内　　容
TOO MANY FUNCTIONAL INSTRUCTIONS IN ONE NET	一个网格中只能包含一个功能指令。如果必要,将网格分割成多个	一个网格中有过多的功能指令
TOO LARGE NET	将网格分割成多个,减少一个网格中的步数	网格太大。网格转换为目标程序时,超过 256 步
NO INPUT FOR OPERATION	线圈没有输入指令,或线圈连接到了不带输出的输出指令,造成此报警。如果线圈不必要,就去掉。如果需要,连接指定的输入	没有信号提供给逻辑操作
OPERATION AFTER FUNCTION IS FORBIDDEN	功能指令的输出不能被连接到继电器,或是连接到了将要被逻辑操作执行的其他信号上	除了软件线圈,带有功能指令的逻辑操作输出都是不允许的
WRITE COIL IS EXPECTED	在网格上添加正确的写入环	需要写入环,但是没有找到
BAD COIL LOCATION	线圈只能被定位在最右边列。任何其他位置上的线圈都必须清除,将必要的线圈放在正确的位置	线圈在错误位置
SHORT CIRCUIT	接触器短路,修正连接	接触器连接短路
FUNCTION AFTER DIVERGENCE IS FORBIDDEN	功能指令不能被用于网格的输出部分。如果必要,将网格分割成多个	功能指令用来输出部分网格
ALL COIL MUST HAVE SAME INPUT	一个网格的所有线圈左端都必须连接到相同的输入点	一个网格包含一个以上的线圈时,除了影响线圈的接触器外,线圈不应该带有任何接触器

报 警 号	错误位置/修正措施	内　　容
BAD CONDITION INPUT	检查功能指令所有条件输出的连接。尤其是含多个条件输出的功能指令,检查条件输出的连接是否相互干扰	输入功能指令的一些条件没有正确连接
NO CONNECTION	在需要连接处发现间隙,修正连接	有信号没连接
NET IS TOO COMPLICATED	测试每个连接,找出不必要的弯曲连接,或连接到不同点的线圈	网格太复杂,无法分解
PARAMETER IS NOT SUP-PLIED	输入所有的继电器地址,以及功能指令的参数	发现了带有空地址的继电器,或带有空参数的功能指令

表 D-7　PMC-SA1 系统报警信息

信　　息	内 容 和 处 理
ADDRESS BIT NOTHING	没有设定继电器/线圈地址
FUNCTION NOT FOUND	输入号码没有功能指令
COM FUNCTION MISSING	功能指令 COM(SUB29)没有正确执行; COM 和 COME(SUB29)没有正确对应; 或在不能指定数量的方式下指定 COM 控制的线圈的数量
EDIT BUFFER OVER	没有空余的缓冲区域进行编辑。 (处理)请在编辑下缩减 NET
END FUNCTION MISSING	功能指令 END1、END2、END3 和 END 不存在;或 END1、END2、END3 和 END 在错误网格;或 END1、END2、END3 和 END 不正确
ERROR NET FOUND	网格错误
ILLEGAL FUNCTION NO.	错误的功能指令号被查找
FUNCTION LINE ILLEGAL	功能指令连接不正确
HORIZONTAL LINE ILLEGAL	网格的水平线没有连接
ILLEGAL NET CLEARED	在编辑 LADDER 的时候电源关断,造成编辑中的一些网格被清除
ILLEGAL OPERATION	操作不正确; 数值未指定,以及只按了 INPUT 键; 地址数据输入不正确; 由于屏幕上显示指令的空间不足,功能指令不能被使用
SYMBOL UNDEFINED	输入的符号没有定义
INPUT INVALID	输入数据不正确; COPY、INSLIN、C-UP、C-DOWN 等没有数值输入; 输入地址被分配给软件线圈; 数据表分配了不正确的字符
NET TOO LARGE	输入网格比编辑缓冲大。 (处理)在编辑下缩减网格
JUMP FUNCTION MISSING	功能指令 JMP(SUB10)没有正确执行; 对应的 JMP 和 JMPE(SUB30)不正确; 在不能指定数量的方式下指定跳过的线圈的数量(只有在 PMC-RB/RC 能指定线圈数量)

信　　息	内 容 和 处 理
LADDER BROKEN	LADDER 中断
LADDER ILLEGAL	存在不正确的 LADDER
IMPOSSIBLE WRITE	尝试在 ROM 中编辑顺序程序
OBJECT BUFFER OVER	顺序程序区域满。 (处理)缩减 LADDER
PARAMETER NOTHING	功能指令没参数
PLEASE COMPLETE NET	LADDER 中存在错误网格。 (处理)修正错误网格后,继续运行
PLEASE KEY IN SUB NO.	请输入功能指令的号码。 (处理)如果不输入功能指令,请再次按软键"FUNC"
PROGRAM MODULE NOTHING	在既没有调试 RAM 又没有程序 ROM 的情况下,尝试了编辑
RELAY COIL FORBIT	存在不必要的继电器或线圈
RELAY OR COIL NOTHING	继电器或线圈不够
PLEASE CLEAR ALL	不能恢复顺序程序。 (处理)清除所有数据
SYMBOL DATA DUPLICATE	另一处定义了同样的符号名称
COMMENT　DATA　OVER-FLOW	注释数据区满。 (处理)减少注释的数量
SYMBOL DATA OVERFLOW	符号数据区满。 (处理)减少符号的数量
VERTICAL LINE ILLEGAL	网格中存在不正确的垂直线
MESSAGE DATA OVERFLOW	信息数据区满。 (处理)减少信息的数量
1ST LEVEL EXECUTE TIME OVER	LADDER 的第 1 级太大,无法按时执行完。 (处理)减少 LADDER 的第 1 级
PARA NO. RANGE ERR:	某功能指令的参数号不在范围内。 (处理)改正号码到范围内
PARA NO. DUPLICATE:	某功能指令的参数号使用了一次以上。 (处理)如果是重复的号码造成的问题,变换为一个未使用的参数号

表 D-8　Ladder 编辑完成后自动写入到快闪 ROM 时发生的错误信息

错 误 信 息	内 容 和 处 理
PROGRAM ALREADY EXISTS	程序已经存在于快闪 ROM 中(在 BLANK 里)
PROGRAM ALREADY EXISTS (EXEC?)	程序已经存在于快闪 ROM 中。 (修正)显示此信息时,再次按 EXEC 键进行写入或擦除操作(在写入或擦除时)
PROGRAM NOTHING	快闪 ROM 中没有程序

错 误 信 息	内 容 和 处 理
ERASE ERROR F – ROM WRITE ERROR 13 F – ROM WRITE ERROR 28	快闪 ROM 异常，需要更换。 与 FANUC 服务部门联系，寻求更换
WRITE ERROR F – ROM WRITE ERROR 12 F – ROM WRITE ERROR 29	
READ ERROR	
ANOTHER USED F – ROM WRITE ERROR 9 F – ROM WRITE ERROR 36	快闪 ROM 用在了 PMC 以外的地方
MUST BE IN EMG STOP NOT EMG STOP F – ROM WRITE ERROR 10 F – ROM WRITE ERROR 37	CNC 不在急停状态
NO OPTION	没有选择 ROM 盒
SIZE ERROR IMPOSSIBLE WRITE (SIZE O- VER) NO SPACE F – ROM WRITE ERROR 1 F – ROM WRITE ERROR 15 F – ROM WRITE ERROR 35	顺序程序过大，超过快闪 ROM 的容量（写入时）。 （修正）尝试使用压缩功能（EDIT/CLEAR 画面），如果还出现相同状况，则必须 加大快闪 ROM 的容量。 被读取的顺序程序过大，超过快闪 RAM 的容量（读取时）。 （修正）RAM 的容量必须扩大

表 D-9　分配数据编辑时发生的错误信息

信 息	内 容 和 处 理
ERR：GROUP NO. (0 – 15)	组号必须为 0 到 15
ERR：BASE NO. (0 – 1)	基本号码必须为 0 或 1
WARN：BASE NO. MUST BE 0	对 I/O Unit – B，基本号码必须为 0。基本号码强置为 0
ERR：SLOT NO. (1 – 10)	对 I/O Unit – A，插槽号码必须为 1 到 10
ERR：SLOT NO. (0,1 – 30)	对 I/O Unit – B，插槽号必须为 0 或 1 到 30 的数
ERR：SLOT NO MUST BE 0	当 I/O Unit – B 设定电源开/关信息时，插槽号码必须为 0
ERR：ILLEGAL NAME	输入指定名称不合法或不支持。输入正确的名称
INPUT INVALID	输入字符串不合法。以正确的输入格式输入字符串
IMPOSSIBLE WRITE	尝试编辑 ROM 数据。ROM 数据不能被编辑
ERR：ADDRESS ALREADY ASSIGNED	指定的地址已经被分配。分配另一地址。或者删除已经存在的 数据，再设定地址
ERR：ADDRESS OVER	设定地址超过最大值（X127，Y127）。检查单元上需要被设定的 地址
ERR：SLOT ALREADY DEFINED	指定的插槽已经分配。检查存在的数据
WARN：SLOT ALREADY DEFINED	指定的插槽已经分配。检查存在的数据
ERR：UNIT TYPE MISMATCH (IN OR OUT)	输入模块找不到某一个 X 地址，或者输入模块不能找到某一个 Y 地址
WARN：UNIT TYPE MISMATCH (MODEL)	I/O Unit – A 和 I/O Unit – B 被分配在同一组。这两种单元不能 存在于同一组中

表 D–10　I/O 报警信息

	错 误 信 息	内 容 和 处 理
FLASH ROM	PROGRAM ALREADY EXISTS	程序已经存在于快闪 ROM 中（BLANK 时）
	PROGRAM ALREADY EXISTS（EXEC?）	程序已经存在于快闪 ROM 中。 （修正）显示此信息后，再次按 EXEC 键进行写入或擦除操作（写入或擦除时）
	ERASE ERROR	快闪 ROM 异常。需要更换。与 FANUC 服务部门联系，协助更换
	WRITE ERROR	
	READ ERROR	
	ANOTHER USED	快闪 ROM 用在 PMC 之外的领域
	MUST BE IN EMG STOP NOT EMG STOP	CNC 没有在急停状态
	NO OPTION	没有选择 ROM 盒功能
	SIZE ERROR	顺序程序比快闪 ROM 的容量大（写入时）。 （修正）尝试使用压缩功能（EDIT/CLEAR 画面）如果还出现相同的现象，就必须扩大快闪 ROM 的容量。 被读取的顺序程序容量比 RAM 的容量大（读取时）。 （修正）必须扩大 RAM 容量
HOST. FDCAS. OTHERS	I/O OPEN ERROR nn	nn = −1：RS–232C 被用在 PMC 以外的领域。 （修正）检查是否 RS–232C 被用在 PMC 以外的领域。 在在线设定画面（翻看 8.5.1 部分的 III）检查 RS–232C 的显示是否为"NOT USE"。 nn = 6：没有找到 RS–232C 选择功能； nn = 20：RS–232C 连接不正确。 （修正）检查通道设定、连接、波特率以及其他设定是否正确
	I/O WRITE ERROR nn	nn = 20：RS–232C 连接不正确。 （修正）检查通道设定、连接、波特率以及其他设定是否正确。 nn = 22：通讯不能正常执行。 （修正）检查电缆是否损坏
	I/O READ ERROR nn	nn = 20：RS–232C 连接不正确。 （修正）检查通道设定、连接、波特率以及其他设定是否正确。 nn = 22：通讯不能正常执行。 （修正）检查电缆是否损坏
	ADDRESS IS OUT OF RANGE（xxxxxx）	非 PMC 调试 RAM 区域的数据被传输； xxxxxx：显示传输地址
	DATA ERROR	读取非法数据。 （修正）检查电缆和设定（速度）。 当 C 区程序被读入到 16i/18i/21i 中。 （修正）按软键"EDIT"、"CLEAR"、"CLRLNG"，然后按"EXEC"清除 C 区域
	PROGRAM DATA ERROR	尝试输出数据，但是数据不合法。 （修正）查看报警画面的报警号

	错 误 信 息	内 容 和 处 理
MEMORCARD	CREATE ERROR	指定的文件名不合法。 (修正)指定一个 MS – DOS 格式的文件名
	NO　MORE　SPACE　or WRITE ERROR	存储卡上没有足够的剩余空间。 (修正)删除一些文件,创建剩余空间
	NOT READY	没有安装存储卡。 (修正)检查存储卡是否安装
	MOUNT ERROR	没有格式化。 (修正)执行格式化
	WRITE PROTECT	存储卡写保护。 (修正)将存储卡的保护开关设为 OFF
	BATTERY ALARM	存储卡电池不足。 (修正)更换存储卡电池
	FILE NOT FOUND	指定的文件号码或文件名没有找到。 (修正)使用 LIST,检查文件名或文件号
	DELETE ERROR	文件不能删除。 (修正)改变文件属性
	PROGRAM ALREADY EXISTS	文件重名。 (修正)使用另一个文件名
	I/O WRITE ERROR nn I/O READ ERROR nn I/O COMPARE ERROR nn I/O DELETE ERROR nn I/O LIST ERROR nn I/O FORMAT ERROR nn	nn = 30:没有安装存储卡。 (修正)检查存储卡是否安装。 nn = 31:存储卡不能被写入。 (修正)将存储卡的保护开关设为 OFF,使用 S – RAM 卡代替存储卡。 nn = 32:存储卡电池不足。 (修正)更换存储卡电池。 nn = 102:存储卡上没有足够的剩余空间。 (修正)删除一些文件创建剩余空间。 nn = 135:存储卡没有格式化; nn = 105:存储卡没有格式化。 (修正)将存储卡进行格式化。 nn = 114:指定的文件没有找到。 (修正)使用 LIST,检查文件名或文件号。 nn = 115:指定的文件受保护。 (修正)检查文件属性
COMMON	COMPARE ERR XXXXXX = AA:BB CONT?(Y/N)	设备和 PMC 间数据有差异。 XXXXXX:地址; aa:PMC 上的数据; bb:设备上的数据。 (修正)要继续操作,输入 Y;否则,输入 N。然后按 INPUT 键
	DATA ERROR	读取了不合法数据。 (修正)检查电缆和设定(速度)。 当 C 区程序被读入到 16i/18i/21i 中。 (修正)按软键"EDIT"、"CLEAR"、"CLRLNG",然后按"EXEC"清除 C 区域
	PROGRAM DATA ERROR	尝试输出数据,但是数据不合法。 (修正)查看报警画面的报警号

参 考 文 献

［1］ 张超英,等.数控加工综合实训.北京:化学工业出版社,2003.

［2］ 李永刚,高荣坚.CAK－D 系列数控车床操作与保养.沈阳:沈阳第一机床厂.

［3］ 李锋,李智民.数控机床系统应用及维护.北京:化学工业出版社,2008.

［4］ 《数控机床维修技师手册》编委会.数控机床维修技师手册.北京:机械工业出版社,2007.

［5］ 夏燕兰.数控机床维修工(高级、技师).北京:机械工业出版社,2009.

［6］ 杨伟群.数控工艺培训教程(数控铣部分).2 版.北京:清华大学出版社,2006.

［7］ 陈廉清.数控技术.北京:机械工业出版社,2008.

［8］ 武桂香.数控机床安装调试与维修.哈尔滨:哈尔滨工业大学出版社,2008.

［9］ 邱言龙.铣工技师手册.北京:机械工业出版社,2003.

［10］ 王树逵,齐济源.数控加工技术.北京:清华大学出版社,2009.

［11］ FANUC SYSTEM 操作说明书.北京:北京发那科公司,1999.

［12］ FANUC SYSTEM CNC 连接说明书.北京:北京发那科公司,1999.

［13］ FANUC SYSTEM 维修说明书.北京:北京发那科公司,1999.

［14］ 中国机械工业教育协会组编.数控机床及其使用维修.北京:机械工业出版社,2007.

［15］ CNC 立式切削中心机操作说明书.台中县:艾格玛科技股份有限公司,2004.

［16］ CNC 立式切削中心机维护说明书.台中县:艾格玛科技股份有限公司,2004.

［17］ 王爱玲,张吉堂,吴雁.现代数控原理及控制系统.北京:国防工业出版社,2002.

［18］ 夏庆观.数控机床故障诊断与维修.北京:高等教育出版社,2002.

［19］ 廖怀平.数控机床编程与操作.北京:机械工业出版社,2007.

［20］ Siemens Co. Sinumerik 802D 操作编程手册.2004.

［21］ Siemens Co. 数控机床故障诊断与维修技术.2006.

［22］ 胡占齐,杨莉.机床数控技术.北京:机械工业出版社,2008.

［23］ 王兆义.可编程控制器教程.北京:机械工业出版社,1998.

［24］ 陈蔚芳,等.机床数控技术及应用.北京:科学出版社,2005.

［25］ 任玉田,等.新编机床数控技术.北京:北京理工大学出版社,2005.

［26］ 任玉田.机床计算机数控技术.北京:北京理工大学出版社,1996.

［27］ 罗学科等.数控机床编程与操作实训.北京:化学工业出版社,2001.

［28］ 胡玉辉.数控铣床加工中心.沈阳:辽宁科学技术出版社,2005.

［29］ 周凯.PC 数控原理、系统与应用.北京:机械工业出版社,2006.

冶金工业出版社部分图书推荐

书　　名	作　者		定价(元)
起重运输机械(本科教材)	陈道南	主编	32.00
机械安装与维护(高职高专)	张树海	主编	22.00
机械工程基础(高职高专)	韩淑敏	主编	29.00
工业设计概论(本科教材)	刘　涛	主编	26.00
产品创新与造型设计(本科教材)	李　丽	编著	25.00
计算机辅助建筑设计——建筑效果图设计	刘声远	等编	25.00
艺术形态构成设计	赵　芳	等编	38.00
机械振动学(本科教材)	闻邦椿	等编	25.00
机电一体化技术基础与产品设计(本科教材)	刘　杰	等编	38.00
机械电子工程实验教程(本科教材)	宋伟刚	等编	29.00
机器人技术基础(本科教材)	柳洪义	等编	23.00
机械优化设计方法(第3版)(本科教材)	陈立周	主编	29.00
机械制造装备设计(本科教材)	王启义	主编	35.00
机械可靠性设计(本科教材)	孟宪铎	主编	25.00
机械故障诊断基础(本科教材)	廖伯瑜	主编	25.80
现代机械设计方法(本科教材)	臧　勇	主编	22.00
液压传动(本科教材)	刘春荣	等编	20.00
液压与气压传动实验教程(本科教材)	韩学军	等编	25.00
现代建筑设备工程(本科教材)	郑庆红	等编	45.00
机械制造工艺及专用夹具设计指导(本科教材)	孙丽媛	主编	14.00
环保机械设备设计(本科教材)	江　晶	编著	45.00
真空获得设备(第2版)(本科教材)	杨乃恒	主编	29.80
真空技术(本科教材)	王晓冬	等编	50.00
真空镀膜技术	张以忱	等编	45.00
真空镀膜设备	张以忱	等编	45.00
真空工艺与实验技术	张以忱	等编	45.00
真空低温技术与设备	徐成海	等编	45.00
CATIA V5R17 高级设计实例教程	王　霄	等编	35.00
CATIA V5R17 工业设计高级实例教程	王　霄	等编	39.00
CATIA V5R17 典型机械零件设计手册	王　霄	等编	39.00
C++程序设计(本科教材)	高　潮	主编	40.00
机械原理(本科教材)	吴　洁	等编	29.00

双峰检